S.

RECUEIL

DE MÉMOIRES

D'AGRICULTURE

ET

D'ÉCONOMIE RURALE.

———

IMPRIMERIE DE Mᵐᵉ HUZARD,
RUE DE L'ÉPERON, 7.

RECUEIL

DE MÉMOIRES

D'AGRICULTURE

ET

D'ÉCONOMIE RURALE;

PAR M. DE GASPARIN,

PAIR DE FRANCE,

CORRESPONDANT DE L'ACADÉMIE DES SCIENCES, DE LA SOCIÉTÉ ROYALE
ET CENTRALE D'AGRICULTURE, ETC.

Tome Deuxième.

PARIS,

MADAME HUZARD (née VALLAT LA CHAPELLE), LIBRAIRE,

Rue de l'Éperon, 7.

1836.

GUIDE

DU

PROPRIÉTAIRE

DES BIENS SOUMIS AU MÉTAYAGE;

ET

CULTURE DE LA GARANCE,

DU SAFRAN

ET DE L'OLIVIER.

TABLE GÉNÉRALE DES MATIÈRES.

GUIDE.

GUIDE

DU PROPRIÉTAIRE

DES BIENS SOUMIS AU MÉTAYAGE.

INTRODUCTION.

Le *Guide des propriétaires des biens ruraux affermés,* qui forme le premier volume de cette collection, venait à peine d'être soumis au jugement de la Société centrale d'agriculture, que déjà je cherchais à étendre cette instruction aux autres classes de propriétaires. Une moitié des terres de la France est sous le régime du métayage, et nos écrivains n'avaient

encore daigné s'adresser aux propriétaires
de ces terrains que pour leur reprocher
leur incurie. J'ai cru qu'il y avait quelque chose de mieux à faire, qu'il fallait
examiner leur situation ; apprécier les
nécessités qui les y retenaient, et les
éclairer de conseils basés sur la connaissance exacte des faits. Cette étude était
facile pour moi, qui avais une partie de
mes propriétés soumises à ce mode d'exploitation. Le Mémoire sur le métayage
est le fruit de ce travail. Il devait suivre
immédiatement le *Guide des propriétaires
des biens affermés,* mais il devait aussi
être suivi par un Guide des propriétaires
exploitant par eux-mêmes. M. Mathieu
de Dombasle a rempli en partie le but
que je me proposais par un Mémoire inséré dans le dernier volume de ses *Annales de Roville.* Cette espèce de *trilogie,*
complétée par un maître aussi habile, ré-
pond à toutes les situations de la propriété.

Dès l'apparition du *Mémoire sur le
métayage,* il a reçu la sanction la plus

désirable, celle des pays où ce mode d'exploitation a été maintenu et a acquis son
plus haut développement. Il m'a valu
l'adoption de la Société des Géorgiphiles de
Florence; il a été traduit en italien; les
principaux journaux agricoles en ont rendu un compte détaillé; la *Bibliothèque
universelle de Genève* en a donné de
longs extraits. Ainsi, le retard de la pu-
blication, qui devait avoir lieu en 1827,
sous les auspices de la Société centrale,
n'a pas nui à son succès. Le rapporteur
de cette Société avait perdu la copie qui
lui avait été remise, et c'est la Société
d'agriculture de Lyon qui en a, la première,
ordonné l'impression en 1832.

Il y a, dans le principe du partage des
produits entre le travailleur et le capita-
liste, une vertu secrète qui s'adapte merveilleusement aux faiblesses de la nature
humaine, qui fait taire la jalousie et la
cupidité, et qui semble particulièrement
adaptée à la situation actuelle des peuples.
Dans les pays à métairies on ne voit pas

cette fureur aveugle contre la propriété qui anime les esprits dans ceux à fermage. Courir ensemble les mêmes chances, craindre les mêmes fléaux, se réjouir des mêmes événemens, pleurer des mêmes pertes, c'est établir une confraternité qui ne laisse pas prise aux mauvaises passions.

Dans mon mémoire, j'ai regardé le métayage comme la transition naturelle de l'esclavage ou du servage à une exploitation libre; je l'ai conseillé dans ces cas, et cette vue a été détaillée et appliquée à la position spéciale des colonies à esclaves, par M. de Sismondi.

Mais c'est moins encore l'application du principe du partage des produits aux travaux agricoles qu'à ceux de l'industrie manufacturière qui a fait naître l'envie des classes ouvrières, et qui a été invoquée comme la solution définitive du fameux problème social du salaire. Savans, ignorans, esprits positifs, esprits à système, chefs de commerce, simples ouvriers, tous ont vu avec espoir l'application aux travaux de l'industrie du système que l'on regardait dans l'agriculture comme un vieux reste des préjugés antiques : les tailleurs de Paris n'ont fait que redire, à cet égard, ce que les mutuellistes de Lyon avaient dit, imprimé, ce que M. Taylor avait fait dans le Cornouaille, et M. Babbage proposé pour les autres genres d'industrie manufacturière. Cela mérite d'autant plus d'attention que l'état de la société exige surtout que l'on recherche les moyens de faire cesser, entre les différentes classes, les oppositions d'intérêt, ou même l'opinion que leurs intérêts soient contraires, quoique souvent il n'en soit rien. Il ne s'agit pas, en ce moment, pour les pilotes, de choisir la voie la plus directe, mais celle que le vent permet de suivre, et ils auront mérité la reconnaissance du monde, s'ils ne perdent pas de terrain, et s'ils parviennent à soustraire le vaisseau à la lame qui ne cesse de le menacer.

Mais qu'on ne s'y trompe pas, ces

sociétés en participation sont tout autrement difficiles à introduire dans l'industrie que dans l'agriculture : un court
examen suffira pour le prouver. D'abord,
il existe dans les différens genres de fabrication une division de travail que l'on ne
trouve pas dans l'agriculture, et leurs
différentes parties exigent des degrés
d'habileté et de force qui méritent des
taux très variés de salaire. Un métayer
et sa famille accomplissent tout le cours
des travaux nécessaires pour effectuer
toute l'œuvre agricole : il laboure, il
sème, il fauche, il recueille ; mais, pour
faire un tissu, il faut des fileurs, des tein-
turiers, des tisseurs, etc., etc. De là une
difficulté presque insurmontable pour
établir la quote-part que chacun pourrait
réclamer dans la somme totale des produits. L'estimation du travail en argent
arrive, sous ce rapport, à une plus grande
précision, et la désertion de tel ou tel
genre de travail ne tarderait pas à annoncer la nécessité d'élever son salaire, s'il

était disproportionné à la peine et l'habileté qu'il exige comparativement aux autres travaux de la fabrique. Je crois que cette difficulté a fait échouer tous les essais faits pour créer de pareillesassociations.

Dans l'agriculture, les moyennes des produits des terres et les prix de chaque nature de ces produits sont assez bien connus pour que l'on puisse baser, d'une manière approximative, le rapport qui existe entre la valeur du capital et celle du travail employé pour le féconder. Rien de pareil n'a lieu dans une manufacture. Aussi n'a-t-on jamais vu conclure de bail d'un tel établissement; l'incertitude la plus grande règne sur les résultats des entreprises industrielles. Ainsi, il peut être facile d'apprécier la part qui revient au propriétaire de terres et à son métayer ou à son fermier; mais qui pourrait faire tomber d'accord des ouvriers et des fabricans sur la part proportionnellequiserait attribuée au capital

et au travail? C'est pourquoi l'on a
vu toutes les tentatives de sociétés en
participation entre des capitalistes et des
ouvriers finir par une vive discussion
sur la part exorbitante que l'on attribuait
au capital, au détriment de celle qui devait l'être au travail. Il est vrai que le
plus souvent ces tentatives n'étaient qu'un
véritable piége tendu aux ouvriers par
des personnes qui cherchaient à les exploiter en ayant l'air d'épouser chaude-
ment leur cause.

Dans les momens d'engorgement de
marchandises, où les ventes ne s'effectue-
raient pas, une pareille société ne pourrait non plus manquer de se dissoudre.
Dans la culture des terres, le métayer,
récoltant des denrées qui servent à sa
subsistance et à celle de sa famille, peut
attendre patiemment le moment de la
vente de celles qui sont destinées à des
besoins moins urgens; mais il n'en est pas
de même de l'ouvrier des fabriques, et
on fil, sa toile, sa quincaillerie ne peu-

vent le nourrir, le loger, le chauffer sans
être convertis en argent.

Enfin, il est à remarquer que de pareilles associations ne pourraient avoir lieu
qu'entre des ouvriers habiles qui ne manqueraient pas d'exclure ceux qui seraient
infirmes ou moins capables. Or, il est à
remarquer que l'amélioration que les
ouvriers recherchent dans leur sort
écherrait ici à ceux qui ont le moins de
besoin, et dont les salaires sont généralement suffisans; il est bien reconnu, en
outre, que le mécontentement et la révolte sont surtout fomentés par les pares-
seux, les maladroits, qui ne peuvent pas
gagner un salaire suffisant, et qui seraient repoussés des associations par l'intérêt même des associés, et qu'ainsi, sous
ce régime, ils ne pourraient obtenir le
moindre salaire, tandis que les maîtres
qui les font travailler à la tâche leur
paient au moins le prix de l'ouvrage
qu'ils peuvent confectionner.

Sous tous ces rapports, il est difficile

d'espérer que l'étude du métayage puisse fournir une utile application à l'industrie manufacturière; mais elle est d'une grande importance pour tous ceux qui étudient l'agriculture et les bases de l'ordre social, et je me félicite d'en avoir éclairci les élémens.

ooooooooooooooooooooooooooooooooooo

GUIDE

DU PROPRIÉTAIRE

DES BIENS SOUMIS AU MÉTAYAGE.

———————

L'esprit humain a un besoin irrésistible de
généraliser. C'est à cette faculté que nous devons
nos progrès dans les sciences : elle crée les théo-
ries quand elle est dirigée par une saine critique
et une juste appréciation des faits; mais quand
elle dépasse ses limites et substitue aux données
de l'expérience des vérités incomplètes ou des
analogies imaginaires, elle n'engendre que des
systèmes, assemblage artificiel de quelques faits
éloignés, que l'on rapproche par le moyen de
ressemblances partielles et d'un ordre secondaire,
et qui, utiles cependant pour arrêter l'esprit sur

certaines faces des objets, disparaissent bientôt
devant les vérités nouvelles ou mieux connues
qui ne peuvent trouver place dans leur cadre
rétréci.

C'est surtout dans les sciences nouvelles, comme
celles de l'économie politique et de l'agriculture,
que l'on court risque d'ériger des exceptions
en lois générales. Aussi c'est là qu'une critique
patiente rend des services aussi importans que la
force même du génie; car, si celui-ci devance les
faits et les devine quelquefois, l'autre, compa-
rant les faits nouveaux aux divinations du génie,
l'arrête à propos dans son élan téméraire, le
porte à revoir, à étendre, à coordonner ses principes, et rend sa marche plus sûre et plus lumineuse.

J'ai déjà cherché à montrer, dans un mémoire
sur les assolemens considérés par rapport aux
climats (1), que des analogies incomplètes avaient
fait porter un jugement hasardé sur des méthodes
de culture trop peu étudiées. Nous avons vu qu'il
faut être très prudent pour condamner en masse
des pratiques suivies par de nombreuses populations, et qu'avant de le faire il fallait apprécier
soigneusement toutes les circonstances qui les

---

(1) Inséré dans les *Mémoires de la Société centrale d'agriculture*, 1826, et qui fait partie de ce volume.

retenaient loin du mieux absolu et les forçaient à se contenter du bien relatif.

Aujourd'hui, un autre fait me frappe vivement. Il m'est démontré que, dans tout pays où les propriétés sont réparties de manière qu'il y ait des riches et des pauvres, le mode d'exploitation agricole par fermier est le plus parfait de tous ceux que nous connaissons. Or, comment se fait-il que ce mode ne soit pas général en Europe, et que plus de la moitié de la France, une grande partie de l'Italie et de la Suisse ne connaissent que des métayers? Est-ce une teinte de plus à ajouter à la carte de la France obscure, une nouvelle preuve de son ignorance? Y aurait-il, au contraire, une nécessité réelle et impérieuse, une cause matérielle qui enchaînerait ces peuples à une méthode imparfaite? Cela vaut la peine d'être examiné, et c'est une question qui me paraît avoir été tranchée trop hardiment par nos devanciers.

Le but de ce travail est donc d'examiner en lui-même le contrat de métayage, d'apprécier ses avantages et ses inconvéniens, ses effets sur la société et sur ceux qu'elle engage, de le comparer aux autres modes d'exploitations, enfin de montrer par quelle voie on y entre et à quelles conditions on en sort. L'économie politique appliquée à l'agriculture est une branche trop importante et trop nouvelle de la science, pour que l'on n'attache pas quelque intérêt aux tentatives que je vais faire pour y répandre quelques lumières.

ARTICLE PREMIER.

CE QUE C'EST QUE LE MÉTAYAGE.

L'exploitation de la terre exige, comme celle de toutes les industries, l'emploi d'une intelligence directrice, de forces et de matériaux. Les matériaux sont la terre, les végétaux et les instrumens agricoles; la force est fournie par les hommes et les animaux; l'intelligence humaine préside à la distribution la plus avantageuse de cette force. Un seul individu peut quelquefois disposer de ces différens élémens; il peut être propriétaire du sol, employer ses bras à sa culture, et ses facultés intellectuelles à sa direction. Mais plus souvent le propriétaire ne possède que le sol, et il doit chercher ailleurs des agens chez lesquels se rencontrent les conditions qui lui manquent et sans lesquelles il n'est point de culture. De là sont nés les divers contrats de fermage, d'emphytéose, de redevances féodales, et enfin de métayage, dont il est question.

Tous ces contrats ont bien la même cause,

mais ils partent pourtant de circonstances différentes. Tantôt, comme dans le régime féodal et
l'emphytéose, il convient aux propriétaires de
céder leur propriété pour un temps indéterminé,
ne s'en réservant pour ainsi dire que l'honorifique
et la faculté d'y rentrer dans certaines circonstances, le tout sous la condition d'une rente fixe
dont le taux est invariable. Le fermage en diffère
en ce que la durée du bail est définie, et que les
conditions peuvent varier à chaque bail selon
l'état du sol et les circonstances commerciales.
Dans ces différens cas, le propriétaire fournit la
terre ; l'intelligence directrice et les forces sont
fournies par le tenancier.

Ces contrats supposent donc : 1° que le propriétaire ne peut disposer ni de son temps pour
diriger la culture, ni d'aucun capital pour mettre les forces en action ; 2° que les tenanciers ont
la capacité de se charger de cette direction, soit
par leurs facultés intellectuelles, soit par les capitaux accumulés ou les forces dont ils peuvent
disposer.

Mais il peut se trouver un autre cas, c'est celui où le propriétaire, ne pouvant pas diriger la
culture, ne rencontre que des tenanciers qui n'ont
pas un capital suffisant pour l'exploitation de la
propriété.

Ce capital peut être présenté comme divisé en trois portions : 1° l'une consistant en travaux annuels ; 2° l'autre en instrumens de culture et de récolte, parmi lesquels on doit comprendre les bestiaux ; 3° enfin une troisième destinée à payer la rente du propriétaire ou à en répondre.

Pour prendre d'abord le cas le plus simple, supposons que cette dernière portion manque seule au colon. Il est clair que le paiement du propriétaire dépendra du succès des récoltes et de leur bonne vente. Il dépendra de plus, ce qui est bien plus important, de l'économie et de la prévoyance du tenancier dans les bonnes années, vertus qui l'engageront à former une réserve pour pourvoir au déficit des mauvaises. Ainsi, dans un pays où le succès des récoltes serait incertain, où les débouchés seraient rares et où les colons seraient peu instruits, les chances de perte seraient nombreuses pour les propriétaires hypothéqués sans cesse sur la récolte à venir, et qui ne pourraient puiser dans une récolte surabondante un fonds de prévoyance, pour garantie de leur paiement, quand il en arriverait d'insuffisantes. On voit donc la presque impossibilité de conclure des fermages d'argent, quand on se trouve dans cette position.

Que si, en outre, le fermier ne possède pas les

deux autres portions du capital qui lui est nécessaire, le propriétaire doit en faire l'avance ; il
devra pourvoir sa ferme de bestiaux, d'instrumens, fournir peut-être à la subsistance des colons pendant la première année, et, dans ce cas,
le paiement de l'intérêt de ses avances n'aura pas
une meilleure garantie que celle du fermage.

Le métayage résout ces difficultés. En prenant
une part proportionnelle de la récolte dans les
bonnes comme dans les mauvaises années, part
dont la valeur moyenne représente la valeur du
fermage et celle de l'intérêt de ses autres avances,
le propriétaire ne fait autre chose que de former,
dans les bonnes, le fonds de prévoyance qui doit
suppléer aux mauvaises. En percevant ainsi son
fermage à mesure des produits, il se met à couvert des effets de la mauvaise économie de son
fermier, de son peu d'habileté ou de facilité à
vendre, et enfin il garantit celui-ci des ventes
précipitées faites par besoin d'argent et qui sont
trop souvent la cause de sa ruine.

Cet exposé nous met à portée de comprendre
et de définir le métayage. *C'est un contrat par
lequel, quand le tenancier n'a pas un capital
ou un crédit suffisant pour garantir le paiement
de la rente et des avances du propriétaire, celui-ci prélève cette rente par parties proportion-*

2

nelles sur la récolte de chaque année, de manière que la moyenne arithmétique de ces portions annuelles représente la valeur de la rente.

ARTICLE II.

HISTOIRE DU CONTRAT DE MÉTAYAGE.

La plus ancienne mention qui soit faite du contrat de métayage se trouve dans Caton (1), où le métayer est désigné par les noms de *politor* et de *partuarius.* Nous n'en trouvons pas vestige chez les nations qui ne sont pas d'origine latine ou qui n'ont pas fait partie de l'empire romain, mais on le retrouve plus ou moins dans tous les pays qui ont été soumis à sa domination. C'est donc à Rome que nous devons étudier son origine. Les premiers Romains cultivaient la terre de leurs bras, et même, quand leurs richesses vinrent à s'accroître, ils dirigèrent leurs exploitations ou par eux-mêmes ou par leurs agens et leurs affranchis sous leur inspection immédiate, et y employaient les bras de leurs nombreux esclaves. La loi Licinienne, en limitant l'étendue des possessions rurales et le nombre des esclaves qu'on pourrait y tenir, et enjoignant de se servir d'hommes libres pour la culture,

(1) De re rusticâ. *Cap.* 136 et 137.

força les riches à avoir recours à leurs concitoyens pauvres. Alors, sans doute, la coutume de
partager les fruits de la terre entre le propriétaire
et le cultivateur, ou le métayage, prit naissance.
Après la chute des lois agraires, on introduisit
de nouveau dans la culture cette foule d'esclaves,
genre de propriété qu'il fallait utiliser; le métayage
fut presque aboli, et sous les premiers empereurs,
il était tellement réduit, que Columelle ne daigne
pas faire mention d'un mode d'exploitation dont
Caton parlait comme étant général : il ne connaît
plus que l'exploitation servile ou le fermage à
prix d'argent. Il n'y eut jamais, chez les Romains,
qu'un petit nombre de véritables fermiers (*coloni
liberi*), et Columelle en parle même comme d'un
pis-aller que l'on est forcé d'accepter quand les
biens sont éloignés de la résidence du propriétaire, et qu'on ne peut se procurer un bon régis-
seur. Il limite leur usage aux terres à grain, que
l'on ne peut pas dégrader facilement et seulement dans des lieux stériles et des climats rigoureux (1). On voit bien par là que les Romains
n'ont jamais beaucoup penché pour remettre la
culture en main d'autrui, ce qui devait provenir
de la pauvreté de ces colons libres, qui ne leur

(1) Columelle, lib. I, cap. 7.

permettait pas de donner de bonnes cultures, et de leur défaut de solvabilité, comme le même auteur le fait très bien sentir.

Ainsi, pendant long-temps le métayage et le fermage ne furent que des cas d'exception, et la règle fut la régie du domaine sous l'autorité du maître et de ses agens, et par les forces de ses esclaves. Ce système de culture servile fut arrêté ou au moins fortement entravé, quand les frontières de l'empire furent enfin fixées; les populations entières ne purent plus être livrées à l'esclavage par la conquête ; l'importation des esclaves cessa, et leur nombre diminua rapidement. Alors il fallut bien recourir aux colons libres, et on adopta généralement l'exploitation par métayers. Une lettre de Pline le jeune nous apprend positivement dans quel cas et pour quels motifs les Romains se trouvaient alors entraînés à adopter le métayage. Ce document curieux en dit beaucoup plus sur ce point que les auteurs agronomiques qui nous restent et qui vivaient la plupart à une époque antérieure et plus heureuse (1).

(1) Au moins Caton, Varron, Columelle. Ceux qui sont venus après ne sont que des copistes, et se sont tus sur ce sujet, parce que leurs originaux n'en avaient rien dit.

Dans cette lettre, Pline s'adresse à Paulin son ami :

« Je suis ici retenu, lui dit-il, par la nécessité
» de trouver des fermiers. Il s'agit de mettre des
» terres en valeur pour long-temps et de changer
» tout le plan de leur régie ; car, les cinq der-
» nières années, mes fermiers sont demeurés fort
» en reste malgré les grandes remises que je leur
» ai faites. De là vient que la plupart négligent
» de payer des à-compte, dans le désespoir de se
» pouvoir entièrement acquitter. Ils arrachent
» même et consument tout ce qui est déjà sur la
» terre, persuadés que ce ne serait pas pour eux
» qu'ils épargneraient. Il faut donc aller au de-
» vant d'un désordre qui augmente tous les jours
» et y remédier. Le seul moyen de le faire, c'est
» de ne point affermer en argent, mais en par-
» ties de récolte à partager avec le fermier, et de
» préposer quelques uns de mes gens pour avoir
» l'œil sur la culture des terres, pour exiger ma
» part des fruits et pour les garder. D'ailleurs,
» il n'est nul genre de revenu plus juste que ce-
» lui qui nous vient de la fertilité de la terre,
» de la température de l'air et de l'ordre des
» saisons ; cela demande des gens sûrs, vigilans
» et en nombre. Je veux pourtant essayer et
» tenter, comme dans une maladie invétérée,

» tous les secours que le changement de remède
» pourra donner (1). »

Pline, éloigné de ses propriétés, en avait quitté
l'exploitation, il avait essayé des colons libres;
mais ces fermiers n'avaient pas un capital
proportionné à leur entreprise : ils ne payaient
pas, et il fallut avoir recours à des métayers.

On voit donc que, sous Trajan, les circonstances qui donnaient de l'extension au métayage
et devaient le généraliser se présentaient aux
meilleurs esprits comme une nécessité impérieuse, comme un remède au mal qui envahis-
sait de tous côtés la culture. Cet usage se répandit
bientôt de toutes parts, et les barbares, en en-
vahissant le monde romain, durent le trouver
établi dans tout l'occident de l'Europe, si l'on
en juge par les traces qu'il y a laissées. On peut
aujourd'hui tracer sa ligne au nord par la Fran-
che-Comté, la Bourgogne, le Nivernais, le Berry,
l'Anjou, le Poitou, qui y sont soumis en grande
partie, et celle au midi par l'Aragon, la Catalogne, qui en conservent des vestiges, la Méditerranée tout autour de l'Italie, jusqu'aux pays
occupés par les peuples slaves. Dans toutes ces
contrées, il y a sans doute de nombreuses excep-

(1) Lib. IX, épist. 37. J'ai suivi en grande partie la traduction
de Sacy.

tions, mais elles dérivent de circonstances locales et particulières que nous examinerons dans les articles suivans.

Dans son *Histoire des républiques italiennes* (1), M. Sismondi suppose au métayage une origine plus moderne que celle que nous avons indiquée d'après les monumens, et qui la reporte aux plus anciens temps de la république romaine. Voici son hypothèse :

« Les barbares, dit-il, au lieu de ravager les » provinces de l'empire, vinrent s'y établir à » demeure fixe. On sait qu'alors chaque capi- » taine, chaque soldat du nord, vint loger chez » un propriétaire romain, et le contraignit à » partager ses terres et ses récoltes. Tout ce qui » restait en Italie d'anciens esclaves demeura » dans la même condition ; mais les cultivateurs » libres, obligés à reconnaître un maître dans » le Germain ou le Celte qui se nommait leur » hôte, furent contraints à rapprendre eux- » mêmes à travailler.

» Indépendamment de la partie inculte du » terrain que celui-ci se fit céder pour y parquer » ses troupeaux, il voulut encore entrer en par- » tage des récoltes des champs, des oliviers, des

(1) Tome XVI, pag. 564.

» vignes ; ce fut alors que commença sans doute
» ce système de culture à moitié fruit qui subsiste
» encore dans presque toute l'Italie , et qui a si
» fort contribué à perfectionner son agriculture
» et à améliorer la condition de ses paysans. »

C'est assurément une vue fort ingénieuse que celle d'attribuer l'origine du métayage à cette violence de la conquête, qui, faisant dégénérer des hôtes en maîtres qui exigeaient la moitié de la récolte au lieu de la moitié du terrain, forçait le propriétaire à reprendre la bêche et à la mettre dans la balance pour contre-poids à l'épée du soldat. Mais les textes que nous avons cités ne nous permettent pas de l'admettre comme vraie. C'est à des temps plus anciens et à une autre organisation sociale qu'ont appartenu l'invention, l'introduction et l'extension de ce mode d'exploitation. Il nous reste à faire voir ce qu'il devint dans des temps postérieurs, comment il se conserva et comment il disparut dans les différentes contrées qui l'avaient reçu avec la civilisation romaine.

ARTICLE III.

MOTIFS QUI ONT BORNÉ LE MÉTAYAGE A LA CONTRÉE DÉSIGNÉE.

Après la chute de l'empire romain, les barbares, qui se rendirent maîtres de la Gaule et l'Italie, devinrent, comme on vient de le dire, les hôtes des propriétaires des terres, et, en cette qualité, ils exigèrent le partage de ces terres ; quelques uns, comme les Francs, paraissent s'être emparés des domaines qui étaient à leur convenance, sans règle, par violence; d'autres, tels que les Bourguignons et les Wisigoths, s'attribuèrent les deux tiers des terres, stipulant que les hommes de leur nation qui arriveraient plus tard n'en recevraient que la moitié (1). Il paraît donc qu'il s'en faut de beaucoup que toutes les terres aient été soumises à ce partage, et que le poids de la conquête ne tomba que sur celles qui se trouvèrent d'une nature et dans une position particulièrement agréables aux vainqueurs. Ainsi les peuples vaincus conservèrent une grande partie de leurs possessions. Mais, par la nature des guerres qui eurent lieu alors, le nombre des esclaves conti-

(1) Montesquieu, *Esprit des lois*, liv. XXX, et Guizot, *Essais sur l'histoire de France*, IVe essai.

à diminuer, et après Charlemagne la réduction de toute la population devint si considérable, que beaucoup de terres restèrent en friche et tombèrent dans le domaine des seigneurs. Pendant toute cette période, les motifs que Pline donnait sous Trajan pour introduire le métayage dans ses domaines devinrent toujours de plus en plus graves, et il ne dut plus exister d'autre mode d'exploitation dans tous les pays qui avaient déjà appris à le connaître sous l'empire des Romains.

Quand plus tard les seigneurs voulurent remettre en valeur une partie de leurs immenses friches, ils ne purent l'obtenir qu'en se dessaisissant de leurs propriétés contre une redevance annuelle d'une mince valeur. Ce fut l'origine des rentes féodales, et cette culture, en prenant une grande extension, remit la propriété entre les mains du peuple qui en avait été si long-temps privé. La plupart de ces rentes étaient stipulées en denrées et étaient une espèce de fermage, sauf les conditions du service personnel qui y étaient attachées. Cette inféodation s'étendit rapidement à toutes les terres qui entouraient les châteaux, les villages, les villes; mais pour les corps de domaine éloignés du centre de la population, ils durent chercher un autre mode d'exploitation, et ils le trouvèrent dans les traditions et les usages qui avaient traversé l'épouvantable subversion d'où l'on sortait. Il fallut établir des colons, les aider à se former un capital, et n'exiger d'eux qu'une portion de la récolte; car, à coup sûr, l'état du commerce et celui des familles de cultivateurs n'eussent pas permis d'en espérer une rente en argent. Le métayage fut donc adopté de nouveau ou continué tout naturellement, parce qu'il était dans les coutumes et l'esprit de la population. C'est dans la conservation des traditions que l'on doit en chercher la véritable cause. Ainsi on le vit prendre de nouvelles forces dans les pays autrefois soumis à l'empire romain où il avait existé autrefois, et où probablement il n'avait jamais entièrement cessé.

Hors de ces limites, les peuples teutoniques et slaves commencèrent, comme les Romains, par la culture servile; mais, quand l'étendue de leurs défrichemens rendit la surveillance du travail des serfs trop pénible, quand ils voulurent se décharger des chances et des soucis de l'entretien d'une nombreuse population réduite en servitude, ils eurent à résoudre le même problème que les Romains du temps de Trajan, et cependant leur position était bien différente. Chez les premiers, les esclaves étaient un mélange des peuples les plus divers, ne respirant que la révolte et le retour dans leurs foyers, en dehors des lois civiles, privés des liens de famille, abandonnés à la plus hideuse corruption ; cette race ne pouvait s'accroître par elle-même, et elle vint à dépérir quand la traite armée cessa. Au contraire, chez les Slaves et les Germains, les serfs étaient une partie intégrante de la nation, jamais ils ne manifestèrent un esprit d'insubordination ; les guerres serviles sont inconnues chez ces peuples, soumis à des règles et à des usages constans : leur esclavage ne fut jamais dur ; leurs serfs jouissaient de toutes les douceurs que le mariage et la paternité répandent sur la vie. Aussi leur nombre se maintint-il au niveau du reste de la population. Ce n'était donc pas la disette de bras qui forçait les seigneurs de ces contrées à chercher un nouveau mode d'administration ; c'étaient plutôt leur surabondance et la difficulté de surveiller les travaux. D'un autre côté, si les esclaves faisaient la faiblesse de l'empire romain, les serfs faisaient la force de leurs seigneurs ; c'était parmi eux qu'ils choisissaient leurs compagnons d'armes, sans se croire obligés de changer leur condition, tandis que les Romains craignaient tellement une épée aux mains d'un esclave, qu'en les appelant dans leurs armées, ils commencèrent toujours par les affranchir.

Or, il s'agissait, dans l'un et dans l'autre cas, de se décharger de l'entretien des serfs, tout en retirant de la terre les revenus qu'elle peut offrir. Contracter un contrat de métayage, c'était affranchir en quelque sorte l'homme, pour se réserver la propriété de la terre. En effet, le serf, devenu métayer, devenait maître de son temps; il avait des intérêts journaliers à débattre avec son maître, ce qui suppose la possibilité d'en appeler à la justice d'un tiers pour les accorder; en un mot, c'était un contrat synallagmatique dans lequel chaque contractant reprenait son individualité. Mais les peuples slaves et teutons ne pouvaient l'entendre ainsi; ils préféraient aliéner la terre et conserver l'homme : aussi prirent-ils une autre voie et adoptèrent-ils une autre solution que les Romains. Au lieu de partager la récolte de leurs serfs, ils partagèrent leur temps, leur abandonnèrent des terres à cultiver en propre, et se réservèrent un certain nombre de jours de la semaine pour en disposer à leur profit. C'est ce qu'on appelle l'exploitation par corvées.

Il est facile de voir que, dans cet arrangement, en partageant le temps, on ne partage ni le travail ni les produits comme dans le contrat de métayage. Le temps des corvées exigé par le propriétaire, pour être d'une même durée que celui qui

reste au serf, n'est jamais aussi bien employé ;
l'ouvrage se fait mal et négligemment pendant sa
durée. J'ai vu, en Pologne, des terres cultivées
par corvées. Au premier aspect, une vaste étendue de plus de cinquante hectares, qui venait
d'être passée à la charrue, était satisfaisante à
l'œil ; mais, cherchant à me rendre compte de
l'état réel de l'ouvrage, je vis bientôt que le corvéable n'avait travaillé en réalité que la moitié
du terrain, et qu'écartant beaucoup ses sillons,
il avait seulement recouvert la partie qui était
demeurée intacte de la terre renversée par l'o-
reille de la charrue. Ainsi il semblait avoir mis bien
à profit son temps en labourant un vaste espace,
et cependant le travail était mauvais et ne pouvait être utile au propriétaire. Il en est de même
de tous les travaux par corvées, il ne faut pas aller en Pologne pour s'en convaincre. Il suffirait
pour cela d'examiner le travail de nos chemins
vicinaux faits par ce détestable mode, qui consomme une quantité énorme de travail pour produire un modique résultat. Ce n'est donc que le
désir de conserver une autorité et une action
plus immédiates sur leurs serfs, qui a pu engager
les peuples du Nord à se contenter du système
des corvées et à le préférer au métayage.

Le métayage a existé en Angleterre, et proba-

blement en Flandre; mais on s'explique facilement comment les propriétaires de ces pays et
ceux de la Normandie et du Milanais ont pré-
féré le fermage au métayage, puisqu'ils ont su se
procurer, grâce à la richesse du pays et à la certitude de ses récoltes, des fermiers qui offraient
une garantie. C'est tout simplement un degré de
plus de l'échelle des progrès agricoles qu'ils sont
parvenus à franchir; mais que l'Espagne presque entière ait aussi adopté le fermage, c'est ce
qu'on ne comprend pas bien d'abord et ce qui demande un examen plus attentif.

Dans une grande partie de ce pays, la terre fut
inféodée par portions aux habitans, moyennant
une rente modique; dans le nord, les cultivateurs restèrent propriétaires du sol, et les petites
propriétés y sont très multipliées et très produc-
tives dans le Guipuscoa, les Asturies, la Galice.
En Catalogne et dans le royaume de Valence,
les terres arrosées sont affermées à des prix assez
hauts et par très petits lots. Dans l'Andalousie et
les Castilles il y a des terrains inféodés, mais en
plus petit nombre, et de très grandes fermes. Il
reste un petit nombre de métairies dans les provinces du nord, comme une trace de leur ancienne existence dans le pays. Ainsi, mettant à
part les terres cultivées par leurs propriétaires et

celles infondées depuis long-temps, c'est le fermage et non le métayage qui est le mode général d'exploitation en Espagne.

Si nous comparons ce fait à l'état du pays, nous trouverons la propriété entre les mains des grands et celles de l'église, les uns retenus à la cour et dans les villes, les autres à leurs fonctions, et ne pouvant ni les uns ni les autres surveiller l'administration de leurs biens, premier motif d'exclusion pour le métayage, qui veut l'œil du maître.

Dans ce pays, une faible partie de la population comparativement soit à la population totale, soit à l'étendue du sol, est occupée à la culture de la terre, surtout dans les provinces centrales et méridionales. Parmi ceux qui s'en occupent, un très petit nombre possède les capitaux nécessaires à l'exploitation des grandes fermes : les fermiers forment donc, comme aux environs de Rome, une espèce de corps sans concurrens, et qui exerce le monopole des fermes ; ils peuvent donc dicter la loi et obtenir des fermages à des taux excessivement bas.

De plus, les produits agricoles sont généralement insuffisans à la consommation de la Péninsule ; leur valeur est donc augmentée de toute celle des frais de transport des denrées apportées en concurrence; d'où il résulte que ces produits se vendent facilement et à de bons prix. De ces deux faits vient la possibilité de trouver des fermiers qui trouvent leur compte même avec une culture défectueuse. Avec ces conditions, on établira le fermage partout comme en Espagne et dans l'*agro romano*. Chargé des pleins pouvoirs des propriétaires, je me fais fort de louer toutes leurs métairies à prix d'argent, en ne disputant pas sur le prix, et ils auront bientôt des fermiers riches, qui ne tarderont pas à adopter une culture aisée et nonchalante, qui fera déserter le pays par les ouvriers, et perpétuera ce système de misère où eux seuls trouveront leur compte, et qui est la corruption du système admirable de fermage fondé sur une concurrence libre, suffisante; produit naturel du temps, de progrès lents et constans, que ne peut produire un régime social faux, dépravé, fruit de l'oubli et de la corruption des principes, et qui corrompt nécessairement tout ce qu'il touche.

ARTICLE IV.

CAUSES QUI PERPÉTUENT LE MÉTAYAGE DANS LES PAYS OU IL EST ÉTABLI.

On doit sans doute compter pour quelque chose, dans les causes qui perpétuent le métayage, la

3

force d'une habitude prise depuis long-temps et
qui agit à la fois sur le tenancier et le propriétaire.
Cependant on se tromperait beaucoup si on lui
attribuait ici la plus grande part. J'ai toujours vu
les métayers riches désirer vivement l'état de fermier et y passer avec facilité, si les conditions
qu'on leur faisait étaient tolérables. Mais un fermier aisé refuse absolument de devenir métayer,
et il n'y consent pas, s'il n'est complétement
ruiné, à moins que ce ne soit une occasion pour
résilier un bail trop onéreux. Quant aux propriétaires, ils sont toujours assez portés à changer la position incertaine et pénible dans laquelle
les retient le métayage, contre un revenu certain, exempt de peines, de soin, d'embarras et
de surveillance. Le premier, le plus grand obstacle
à ce changement, est donc bien plus la pauvreté
des métayers que leur obstination mal entendue.

Une des causes les plus puissantes qui retiennent
les colons dans cette pauvreté, c'est, sans con-
tredit, la casualité des récoltes. Rarement l'homme
est doué d'assez de prévoyance et d'énergie pour
mettre en réserve, sur le produit des bonnes années, ce qui doit lui manquer dans les mauvaises.
Aussi peut-on assurer que les pays dont le climat
est inconstant et où d'autres causes irrégulières
viennent souvent troubler l'équilibre des produits

sont ceux que la nature condamne le plus irrévo-
cablement à la continuation du métayage. Ainsi,
dans des lieux exposés à des grêles, à des pluies
pendant la floraison des blés, à des brouillards
pendant leur maturation, à des inondations, à des
gelées printanières ; dans les pays même de pâturage, de tous les plus propres au fermage,
où les troupeaux sont sujets à des épizooties,
on courra de grands dangers en contractant
un fermage avec des tenanciers qu'une continuité
de désastres peut rendre insolvables, et l'on
sera toujours forcé à s'en tenir à un autre mode
d'exploitation.

Les fréquentes oscillations du prix des denrées
produisent les mêmes effets. D'abord, elles rendent difficile l'estimation du véritable prix de la
rente, et dès lors l'un ou l'autre des contractans
risquera de se tromper beaucoup dans cette évaluation. Ainsi, dans un bail pendant lequel les
prix se seront maintenus constamment hauts, le
fermier aura fait de grands bénéfices et consen-
tira à une augmentation exigée par le propriétaire et rendue inévitable par le nombre des concurrens qui voudront succéder à son heureuse
position. Mais viendront les années de baisse,
pendant lesquelles le fermier épuisera non seulement ses économies précédentes, si tant est

qu'il en ait fait, mais encore ses propres capitaux. Dès lors il faudra consentir pour le bail
suivant à une réduction énorme du prix de la
rente ou rentrer dans le métayage.

Ce que j'écris est justement l'histoire de ce qui
s'est passé dans le Midi. Les hauts prix et les bonnes récoltes de 1815 à 1821 engagèrent un grand
nombre de métayers à devenir fermiers, et les
fermiers existans à offrir une forte augmentation
de rente. Les propriétaires se hâtèrent de profiter
de cette heureuse conjoncture. Or, il est arrivé
que tous les fermages conclus à ces taux exa-
gérés ont amené, dans les années subséquentes,
où les prix ont été bas et les récoltes mauvaises,
la ruine et l'insolvabilité des fermiers, la résilia-
tion des baux, l'abandon des fermages ou la con-
version de ces baux en contrats de métayage.
Ainsi quelques années ont vu la tentative et le
non-succès. Deux causes luttaient ici pour produire ce résultat, et il suffisait bien d'une seule.
Pareil malheur ne serait peut-être pas arrivé, si les
propriétaires plus modérés eussent basé le taux
de leur rente sur le prix moyen des denrées, ce
qui eût permis aux fermiers d'accumuler des capitaux et de pourvoir aux désastres des années
qui ont succédé ; mais peut-être aussi ces fermiers,
peu accoutumés à ce nouveau régime et regar-

dant les bénéfices comme acquis, n'eussent pas
consenti à se lier par un nouveau bail aux mêmes
conditions modérées, où il y avait encore à perdre
pour eux. Quoi qu'il en soit, ce moyen était le
seul qui pût faire espérer le changement de métayage en fermage dans cette contrée, s'il était
possible de se promettre assez de modération et
prévoyance dans les deux contractans, pour bien
apprécier leur position et sacrifier le présent à
l'avenir. Mais comment espérer de faire goûter
aux propriétaires cette maxime : *voulez-vous
avoir des fermiers solvables ? commencez par les
enrichir ;* comment surtout le faire entendre à la
masse des propriétaires, car c'est la masse qu'il
faudrait persuader !

La division des propriétés dans un pays produit des effet divers, dont les uns tendent à per-
pétuer le métayage sur les grands domaines qui
restent au milieu des propriétés divisées, et les autres donnent aux propriétaires des facilités pour en
sortir. Ainsi l'ambition trop peu réfléchie des métayers les porte à acheter des terres au fur et à mesure de leurs petites économies et avant de s'être
assuré une existence indépendante. Ce placement,
le plus solide de tous, ne peut leur donner, à
cause de l'exiguité de l'intérêt, les mêmes chances ascensionnelles que le ferait le même capital

placé convenablement en augmentation de leur cheptel ou en perfectionnement de leur culture ; mais ils suivent la pente générale qui est de parvenir à l'état et à la considération de petits propriétaires.

D'un autre côté, cette cause agit en perfectionnant la culture ; les soins donnés aux petites propriétés introduisent dans le pays une foule de cultures industrielles et lucratives, entraînent à la remorque la culture des grands domaines et les forcent à adopter une partie de leurs progrès. Mais cette imitation est ordinairement si lente et si faible, qu'un intervalle immense sépare les terres divisées de celles qui sont restées réunies. Ainsi tout concourt à porter les propriétaires à faire de petites fermes, dans des proportions qui s'adaptent à la culture perfectionnée et aux facultés générales du pays. Dès lors non seulement sa rente augmentera de prix par ces perfectionnemens, mais il pourra passer du métayage au fermage, parce que le capital nécessaire à l'exploitation sera proportionné aux ressources des habitans qui y placeront leurs économies dormantes, toujours très considérables dans ces pays où l'on accumule pour attendre les occasions d'acheter.

Quand un pays est éloigné des grands marchés et des communications qui y aboutissent, les ventes sont bornées à la consommation du pays, et il devient difficile à un fermier de réaliser à point nommé les produits de ses cultures. Dans une telle situation, le fermage des biens en pâturages est le seul possible ; mais, quant aux terres à blé, le métayage est presque forcé, parce que le métayer, qui consomme la plus grande partie des denrées qu'il récolte et n'a qu'un faible excédant à vendre, est assez indifférent à la difficulté de la vente.

Enfin on ne peut disconvenir que l'ignorance, le défaut d'industrie et d'activité n'agissent puissamment pour retenir dans le métayage les pays même favorisés sous d'autres rapports. En éclairant les paysans, les propriétaires trouveront l'avantage de les rendre susceptibles de calculer leur position, d'apprécier les avantages de l'indépendance du fermier, de comparer les bénéfices qu'il peut se promettre à ceux bien inférieurs qu'il doit attendre en achetant des terres, de leur faire désirer d'atteindre à un sort meilleur et de sortir de la médiocrité indéfinie dans laquelle les retient le métayage : médiocrité inhérente à ce mode de culture. En général, les propriétaires ne savent pas assez ce qu'ils gagnent à avoir affaire à des tenanciers instruits ; quand l'ignorance calcule, comme elle est dans le vague, elle a toujours soin de faire pencher fortement la balance de son côté; de là l'impossibilité de contracter avec elle. J'ai toujours trouvé bien plus de ressources, soit pour la nature de mes transactions, soit pour leur exécution, avec les paysans instruits qu'avec ceux qui ne le sont pas, et l'habitude qu'ils pourraient acquérir de l'arithmétique et de la comptabilité substituerait, je n'en doute pas, un grand nombre de fermes à des métairies que le défaut de confiance en leurs propres lumières les fait s'obstiner à conserver.

ARTICLE V.

CONDITION DU CONTRAT DE MÉTAYAGE.

Considéré sous la forme la plus simple, le contrat de métayage est donc celui où le preneur se charge de la culture d'un terrain, garde une portion de la récolte pour représenter le prix de son travail, en rend une autre portion au propriétaire, comme prix de la rente de ce terrain.

Mais il est évident que la variété des terrains et des circonstances de culture ne comporte pas un rapport uniforme entre ces deux portions de la récolte, et que, quoiqu'on ait souvent appelé le métayage fermage à mi-fruit, la rente doit être représentée tantôt par la moitié, tantôt par plus, et d'autres fois par moins de la moitié de la récolte.

Si nous examinons d'abord les variations cau-
sées par la nature du sol, nous verrons que, sous
un même climat, des terres d'égale ténacité, de-
mandant des frais égaux de culture, peuvent être
rangées dans la classe des bonnes ou mauvaises
terres, selon la richesse de leurs principes organiques. Ainsi, soit un hectare qui produise en
moyenne 24 hectolitres de blé, et une autre terre
de même ténacité qui n'en produise que 10,
toutes deux cultivées par le propriétaire avec les
procédés de nos métayers du Midi (1).

	fr.	c.
La première coûtera de culture. . . .	59	60
Pour remplacement du cheptel usé. .	10	40
	70	00

Le produit sera :

La ½ de 24 hect. de blé à 24 fr. . . .	288	00

L'autre moitié représente l'année
de jachère.

Reste pour la rente du propriétaire.	218	00

Ou les $\frac{76}{100}$ du produit brut, environ
les $\frac{3}{4}$.

La seconde, dont les frais seront

aussi de.	70	00
Produira la moitié de 10 hectolitres.	120	00
Reste pour le propriétaire.	50	00

(1) Voyez, pour les élémens de ces calculs, mon Mémoire sur la
culture du blé dans le Midi, réimprimé dans ce volume, à la
suite de cet ouvrage.

Les $\frac{42}{100}$ ou les $\frac{5}{12}$ de la récolte.

Si, la fécondité restant la même, on fait varier la ténacité, les frais de culture variant aussi, la rente subira des changemens proportionnels. Les autres qualités du terrain, comme sa facilité à se dessécher, en augmentant ou diminuant les difficultés des travaux, contribuent également aux variations de la portion disponible de récolte affectée au paiement de la rente.

Le climat a aussi une grande part dans ces variations, en rendant le sort des récoltes plus ou moins chanceux. Ainsi, dans un pays où les récoltes courraient une chance de destruction tous les cinq ans, on trouverait dans le premier cas que la récolte complète pendant ce laps de temps étant de. 1440

La chance, à cause de l'année de jachère,
étant pour la perte de récolte $\frac{1}{10}$. 144
_____

Il resterait pour récolte. 1296
Que les cultures compteraient toujours
pour 5 ans. 350
_____

946

Que, par conséquent, la part du propriétaire ne devrait être que de 189 fr. 20 c. par an, ou les $\frac{65}{100}$ environ, au lieu des $\frac{76}{100}$ de la récolte, et dans le second cas, récolte complète de 5 ans. 600

Diminuée d'un dixième. 60

————

540

Moins la culture. 350

————

190

C'est à dire qu'il resterait pour le propriétaire 38 fr. par an ou les $\frac{31}{100}$ de la récolte au lieu des $\frac{42}{100}$.

L'état de l'industrie et du commerce peut aussi influer sur cette part, car il y a toujours une portion de la dépense de culture, celle qui consiste en achats de bestiaux et d'instrumens, qui peut varier selon le prix de ces objets, et la rendre plus ou moins coûteuse.

Enfin le plus ou moins de perfection de l'agriculture contribue puissamment dans le rapport qui existe entre le produit brut et le produit net; car une terre peut donner une récolte de 4 avec 1 de culture, et une de 5 avec 2 de culture. Dans le premier cas, le propriétaire aura à prétendre les $\frac{3}{4}$, dans le second cas il n'aura que les $\frac{3}{5}$, et cependant il obtiendra 3 dans l'un comme dans l'autre cas. Or, il serait souverainement injuste que l'excédant de produit du second cas, ne provenant que d'une augmentation de frais de culture, vînt en augmentation de sa part.

Cette raison, jointe à l'invariabilité générale des conditions des baux de métayage, est celle qui arrête le progrès de la culture dans ce genre de bail.

Il est donc vrai de dire que les parts respectives du propriétaire et du fermier devraient varier non seulement sous le rapport constant du sol, du climat, mais encore sous celui bien plus mobile du plus ou moins de perfection de la culture, considérée non seulement dans le pays, mais dans l'individu qui l'exerce. Le fermage à prix d'argent se prête merveilleusement à ces circonstances diverses; il se fractionne aisément, il atteint le dernier degré de précision que l'on veut lui donner; le propriétaire et le fermier d'accord une fois de la valeur de la rente, ce dernier peut porter sa culture à toute l'intensité possible, sans craindre d'en voir sa condition empirée. Il n'en est pas ainsi des portions fixes de récoltes, dont les dénominateurs compliqués ne seraient pas compris des cultivateurs ordinaires, et qui, par leur inflexibilité, ne se prêtent pas à d'autres combinaisons de culture que celles pour lesquelles elles ont été fixées, et forment un régulateur invariable qu'il semble impossible de dépasser.

Cependant quand il ne s'agit que d'apprécier et de niveler des situations différentes et bien déterminées, on y parvient très bien au moyen

du métayage, n'y ayant jamais que l'imprévu et
l'inusité qu'il se prête mal à admettre. Ainsi
s'agit-il d'un terrain d'une meilleure qualité
qu'un autre; dans le premier, le fermier four-
nira la semence; dans l'autre, elle sera prise sur
le tas commun avant le partage, et s'il est encore
inférieur, le propriétaire en sera chargé. D'autres moyens se présentent encore, en laissant
intacte la condition du partage égal des fruits.
Dans le cas où il s'agit de favoriser le métayer,
le propriétaire peut fournir le cheptel en entier
ou l'entretenir de moitié avec le fermier; il peut
lui abandonner le produit entier du bétail de
rente, etc.; comme aussi, quand il s'agira d'avan-
tager le propriétaire, le métayer peut ajouter à
sa part une quantité déterminée de fruits pris
sur la sienne, et peut payer une rente en argent
plus ou moins considérable, représentant la valeur du bétail de rente, etc. Enfin les récoltes
industrielles, telles que les cocons, la garance,
le vin, etc., sont soumises à une foule de conditions qui servent à égaliser les positions respectives des deux contractans.

Aussi est-il toujours très difficile de se faire une
juste idée du produit d'une métairie, si l'on n'entre dans une foule de détails accessoires qui établissent ces différentes compensations.

Cette estimation est infiniment plus simple dans les pays où l'on se résout à faire varier les fractions qui indiquent la part des produits, et à l'étendre uniformément à tous ceux de la métairie. C'est ce qui se pratique dans le Berry et ailleurs, et c'était aussi le moyen employé par les Romains. Mais, comme nous l'avons déjà dit, ce système absolu se prête moins bien à représenter toutes les positions, parce que l'on n'altère jamais la fraction au point qui serait nécessaire pour cela. Ainsi, au lieu de percevoir la moitié, on ne perçoit que le tiers; mais ces deux fractions produisent déjà une assez grande différence, et il serait bien difficile de persuader aux paysans et même aux propriétaires d'y substituer des fractions qui eussent des dénominateurs plus forts, et qui ne produiraient pas une idée claire dans leur intelligence.

Il faut donc convenir que la constance de rapport dans les portions de récoltes principales, en admettant comme variables toutes les conditions du second ordre, est un moyen bien plus exact, bien plus commode : elles ont d'ailleurs cet excellent côté, que, quand on fait varier les parts, leur rapport s'établit tyranniquement dans le pays, et s'étend à des sols très divers de qualité, mais qui ne le semblent jamais assez pour exiger une

aussi grande réduction que le serait celle du
sixième de la récolte, que l'on opérerait en portant
la part de propriétaire de $\frac{1}{3}$ à $\frac{1}{4}$, tandis que les
détails secondaires comportent une variété infinie
de différences, qui se prêtent à toutes les situations et à tous les domaines en particulier ; ce
qui fait que l'expérience acquise par les métayers leur permet d'arriver, par ces combinaisons, presque aussi juste à la valeur réelle de la
rente, que s'ils l'estimaient toute en argent.

Il n'est pas inutile d'examiner ce que prati-
quaient les anciens avec leurs colons *partiarii ;*
cette étude nous mettra à portée d'éclaircir encore mieux cette question. Nous savons par
Caton (1) que, dans les meilleures terres de Casinum et de Vénafre, les *politors* avaient la huitième corbeille ; dans celles de la seconde espèce,
la 7me ; et enfin la 6me dans celles de la troisième.
Le blé mesuré à la corbeille était probablement
en épis, car il remarque que, dans cette dernière espèce, il avait la 5me partie, si le blé était
mesuré au *modius.* La différence représentait
donc les frais du dépiquage.

L'exiguité de cette part nous prouve d'abord
que tout le cheptel était fourni par le propriétaire.

(1) Cap. 236.

Voyons donc, dans ce cas, ce qui devait revenir au fermier.

D'après Caton et Varron (1), les terres de l'Etrurie, où était situé Casinum, rendaient quinze fois la semence, qui consistait en 5 modius par jugerum, ce qui revient à 1,68 hectolitre de semence par hectare, et à une récolte de 25,20 hectolitres pour cette mesure de terre. Le fermier, ayant la huitième partie, recevait donc 3,15 hectolit. pour sa part de la récolte de blé. Or, cette récolte ne représentait que son travail, qui peut être estimé à 28 journées par hectare de terre semé en grain. Il y avait donc, au prix que nous avons supposé plus haut, la moitié de la valeur de 3,15 hectolitres, ou 37 fr. 80 c. pour ces 28 journées, ou 1 fr. 35 c. par journée moyenne. — On voit donc que le travail était suffisamment payé, et plus que les ouvriers ne reçoivent aujourd'hui dans la même contrée.

D'après le calcul fait au commencement de cet article, le métayer aurait dû recevoir le $\frac{1}{4}$ du produit; c'est donc environ un $\frac{1}{8}$ qui représente ici l'intérêt de la valeur capitale des animaux, leur remplacement, l'usé des outils, etc. On va voir que ce n'est pas trop.

(1) Varron, lib. I, cap. 44; Caton, 136.

Columelle (1) nous·dit que chez les Romains une paire de bœufs labourait une surface de terre suffisante pour ensemencer 125 modius de froment ou 25 jugera, qui font environ 10 hectares, mais qu'en même temps ils étaient employés à ensemencer une quantité égale de terre en légumes et blé de printemps. Il est donc évident que la culture du froment n'employait que la moitié du travail des bœufs. Ainsi un hectare de froment représentait $\frac{1}{20}$ de ce travail.

Si maintenant nous admettons avec Dickson (2) que la valeur du cheptel d'une ferme, en tant qu'elle est employée à la culture du blé, soit ainsi qu'il suit :

	Valeur en modius de blé	le 20me
Deux bœufs.	220.	11
Deux charrues.	40.	2
Une charrette	125.	6
Herses et instrumens divers.	25.	2 2
L'entretien des bœufs. .	275. . . .	13 7
Total . . .		34m,9

(1) Lib. II, cap. 13.

(2) *Agriculture des anciens*, tome II, page 136, de la traduction.

Dont l'intérêt à 6 p. 100. . . . . 2 1

L'entretien, $\frac{1}{10}$. 3 5

Total par an. . . . 5 6

Et pour deux ans, à cause de la jachère.. 11 2

La semence. 20 7

Total. 31 9

Dont la moitié pour un an. 15 9

Ce qui, ajouté à la part du fermier. . . . 36 6

Donne. . . . 52 5

Ce qui équivaut à . . . . 4^{h}4

Or, il revient au propriétaire, selon nos
calculs. 9 40

Ce qui, réuni, donne bien. 13 44
un peu plus que la récolte, que nous avons
dit être de 25,20 en deux ans, et pour un an de
12,6 hectol. Ainsi la part du propriétaire ne serait même pas tout à fait ce qu'il a à prétendre
sur des terres de cette qualité. On voit donc que
le *partuarius* romain n'était pas plus maltraité
que nos métayers.

Il est donc bien facile de se tromper sur les
apparences, dans les conditions de ce genre de
tenure. Certainement, dans un pays où l'usage
est de tout diviser en deux parts égales, un mé-

tayer à qui l'on proposerait de ne prendre que
le quart et d'être déchargé de l'entretien du
cheptel ne manquerait pas de se récrier, et croi-
rait traiter avec bien du désavantage. Nos métayers trouvent leur garantie contre toutes ces
erreurs dans un grand attachement aux usages
locaux, qui se sont modifiés peu à peu, au point
de rendre les conditions égales, et les dispensent
de calculs que leur ignorance ne leur permettrait
pas de faire.

ARTICLE VI.

EFFETS DU MÉTAYAGE SUR LA CONDITION DES PROPRIÉTAIRES.

L'effet que redoutent le plus les propriétaires
dans le métayage, c'est l'incertitude de la valeur
annuelle de la rente. En effet, elle varie à la fois
comme la masse des récoltes et comme leur prix.
Elle subit donc une alternative continuelle de
hausse et de baisse, qui ne permet jamais d'établir les calculs économiques d'une famille sur
des bases solides; ce n'est que par un grand
esprit d'ordre que, dans ces alternatives d'aisance et de gêne, on peut niveler ses dépenses
sur un taux moyen, en économisant sur les bonnes années de quoi pourvoir au déficit des mauvaises. Cet esprit de prévoyance est trop souvent

étroit, et peut conduire à l'avarice et à la lésine.
Il retient le propriétaire dans une position bornée, inférieure à celle qu'il pourrait prendre si
ses rentes étaient mieux assurées; il le détourne
de ces grandes opérations dont il faudrait attendre long-temps le profit, et lui fait redouter les
innovations, qui présentent toujours des chances
de perte à côté de celles de succès. C'est l'effet
nécessaire d'un état dans lequel les bénéfices ne
semblent jamais acquis, mais sont toujours hypothéqués aux malheurs de l'avenir.

Pline avait bien senti un des principaux inconvéniens du métayage pour le propriétaire
riche qui possède un grand nombre de métairies.
Il consiste dans les soins et la surveillance exacte
dont il ne peut se dispenser, surtout aux momens
des récoltes, surveillance qui devient d'autant
plus pénible qu'elles sont plus variées. Mais n'eût-il
même que celle du blé, il ne peut l'abandonner
un instant depuis qu'il a commencé à mûrir; la
mauvaise foi peut s'exercer soit dans le transport
des gerbes à l'aire ou à la grange, soit lors du
dépiquage, et bien plus facilement encore si le
battage se fait successivement, soit lorsque le
blé est vanné, jusqu'à ce qu'il soit mesuré. Enfin
il n'est garanti de la fraude que quand il tient la
récolte sous sa clef, dans son grenier. En vain

dirait-on que l'on ne doit prendre un colon qu'a-
près avoir connu sa probité, et qu'ensuite il faut
avoir pour lui de la confiance. Une surveillance
exacte n'en est pas moins nécessaire pour prévenir la naissance des abus et la tentation de mal
faire, que la misère et la facilité peuvent engen-
drer trop facilement.

Mais si les récoltes exigent la principale action
du propriétaire, il a à veiller encore sur les cultures, qui peuvent être faites d'autant plus négligemment que le métayer a des terres en propre,
où il recueille en entier le produit de son travail,
tandis qu'il n'en perçoit que la moitié sur les
terres d'autrui. Il doit s'assurer qu'il ne tire pas
profit de son temps en allant travailler à prix
d'argent pour ses voisins avec les animaux nourris sur le domaine, et que les fumiers n'en sortent pas pour engraisser d'autres terres. En un
mot, si le propriétaire des terres à mi-fruit est
déchargé de la sollicitude des cultures, s'il n'a
pas à penser à leurs menus détails, cette surveillance habituelle, qu'il ne peut négliger, est pour
lui la nécessité la plus fâcheuse.

Comme dans les métairies il y a toujours certains genres de récoltes qui sont entièrement au
profit du métayer et de son bétail, sa tendance
sera toujours d'en augmenter l'étendue aux dé-

pens de celles dont les produits se partagent.
Ainsi, dans le cas où le bétail est à son compte,
il accroîtra outre mesure ses fourrages et ses dé-
paissances; mais les résultats de ces empiétemens
peuvent être avantageux au propriétaire de plusieurs manières : en augmentant les engrais et la
fertilité des terres, en accroissant les revenus
des bestiaux et en lui donnant par la suite la facilité d'augmenter la rente qu'il en tire. Il doit
donc être très libéral dans les concessions de ce
genre. Il n'en est pas de même des cultures jardinières que le métayer cherche à étendre chaque
année. Là il emploie une grande masse de fumier
pour mettre dans un grand état d'opulence les
terres les plus voisines de la ferme, et surtout
celles qui peuvent s'arroser, aux dépens de la
fertilité du reste du domaine. Il sait d'ailleurs
qu'il tire toujours la plus forte part des produits
des jardins, parce que la jouissance en reste in-
divisé et qu'il se trouve sur les lieux pour en
profiter à toute heure. On voit par ces détails,
que je pourrais étendre indéfiniment, comment
le système de métayage devient d'autant moins
avantageux au propriétaire, qu'il ne peut toujours
le surveiller facilement et se prévaloir de tous ses
produits, et qu'outre la gêne de cette surveillance
incommode, il peut être lésé de plusieurs manières,

ou directement par la fraude dans le partage des récoltes, ou indirectement par la soustraction d'une partie du temps du métayer et des animaux nourris sur sa ferme, ou par celle d'une portion des terres et des engrais qui devraient lui apporter un revenu, et que le métayer tourne à son avantage. Ces inconvéniens, qui ne se rencontrent pas dans un fermage à prix d'argent, rendent le métayage d'autant plus onéreux au propriétaire, que sa résidence est plus éloignée de son domaine et que ses visites peuvent y être moins fréquentes.

Mais ce n'est pas tout encore : il faut qu'il ajoute à tous ses embarras celui de la vente des denrées qui constituent son revenu. Cette gêne, qui serait peu sentie dans une grande ville, où l'on peut vendre en gros, dès qu'on le désire, tous les genres de marchandises, s'étend sur tous les momens dans des circonstances moins favorables. Elle assujettit à des détails, à des délais, à des démarches sans relâche, et qui, dans les années d'abondance et de bas prix, prennent un temps considérable, et empêchent un grand propriétaire de pouvoir disposer aussi librement de sa vie que sa fortune semblerait devoir le permettre, d'autant plus que ces ventes se font souvent à crédit et à terme, et que le paiement vous met en rapport avec des débiteurs dont tous ne

sont pas exacts ou solvables, ce qui entraîne dans
des discussions multipliées. Heureux encore s'il
réalise avant la fin de l'année la plus grande partie de ses revenus, et s'il ne lui reste pas beaucoup
de marchandises qui demandent des soins particuliers, quelquefois de grands établissemens pour
leur conservation, et enfin qui, malgré ces soins,
peuvent encore s'avarier et périr entre ses mains.

Ce tableau n'est pas chargé ; il n'est que la
peinture trop fidèle de ce qu'éprouvent les possesseurs de métairies ; mais, d'un autre côté, si
nous comparons leur sort à celui des propriétaires, obligés, sans vocation, à faire valoir eux-
mêmes leurs terres, et de l'autre celui des obstacles que l'on éprouve en s'obstinant à conclure des baux à ferme, quand le pays ne présente
ni les capitaux, ni les hommes qui pourraient
concourir à l'exécution de ce plan, on jugera que
tous les inconvéniens que nous venons d'indiquer
sont encore les moindres que l'on puisse choisir ;
que si, d'un côté, on ne peut, comme le propriétaire qui exploite, adopter facilement un système
progressif d'amélioration, d'un autre côté, on
n'est pas toujours alors en position de faire les
avances qui sont nécessaires pour leur exécution
et qu'alors la culture de ce propriétaire est pire
même que celle des métayers, et qu'en se décidant

à faire les dépenses nécessaires, ces plans ne sont pas inexécutables, même avec des métayers, comme nous le verrons plus loin. On verra que si l'on est engagé dans des soins de surveillance et dans des détails pénibles, au moins ils n'occupent pas toute la vie, comme le fait l'exploitation dont on se charge, et qu'il reste du loisir et du temps à donner à d'autres affaires, et que si l'on vient à comparer le métayage bien conduit à un fermage hasardé la comparaison n'est pas moins favorable au premier, en ce qu'on est assuré de tirer une rente de sa terre; que cette rente est aussi complète que le comporte la localité, tandis qu'un fermage conclu en dépit des circonstanees fait courir le hasard de tout perdre, et qu'on ne peut jamais le conclure dans les pays où il n'est pas usité, qu'au moyen de grands sacrifices et en abandonnant une partie de la rente à celui qui veut bien s'en charger.

ARTICLE VII.

EFFET DU MÉTAYAGE SUR LA CONDITION DU COLON.

L'incertitude où se trouvent les ouvriers de pouvoir toujours trouver un emploi utile de leur temps est le plus grand mal qui les afflige. Avoir des bras, des forces pour unique bien, et ne pouvoir en faire un usage utile, est une cala-

mité qui ne frappe que trop souvent les prolétaires dans les pays où cette classe est réduite
uniquement à attendre son pain du travail qui
lui est offert par les tenanciers. L'assurance d'un
travail constant et justement rétribué est aussi le
bien le plus grand des métayers, et celui qui fait
désirer si vivement cette condition à ceux qui
n'ont pas le bonheur d'y être parvenus dans les
pays où les terres se louent à mi-fruit. En effet,
dans les métairies d'une grandeur suffisante, on
trouve rarement la misère, et des familles nombreuses s'élèvent sous la garantie du contrat de
métayage.

Si le métayer a des ordres à recevoir de son
maître pour l'ordre des cultures, parce que celui-
ci est intéressé directement à leur succès, et s'il
jouit ainsi d'un degré de moins d'indépendance
que les fermiers, cependant les ordres qu'il reçoit ne peuvent jamais être de nature à ne pas
être modifiés par sa propre opinion; et ses intérêts sont mis aussi dans la balance. D'ailleurs on
conçoit que les directions du propriétaire ne peuvent jamais être que fort générales et concernent
seulement la conduite du domaine dans son ensemble; elles ne pourraient être détaillées et de
chaque moment sans beaucoup d'inconvéniens.
Ainsi le métayer est le plus souvent la partie di-

rigeante des travaux, et il jouit d'une position bien moins subordonnée que le simple ouvrier ou le maître valet. Cette circonstance le rend fier de son état. Chef du *ménage des champs*, il acquiert une considération que l'on n'a pas pour les prolétaires. L'état de métayer est donc vivement recherché et devient l'ambition de tous ceux qui peuvent réunir le petit capital nécessaire pour obtenir une métairie.

Cet état d'indépendance des métayers favorise trop souvent leur penchant à l'indolence. Ils s'habituent à travailler mollement; et sans en juger même par une expérience suivie, on sait généralement qu'ils sont de mauvais ouvriers à la journée. Deux inconvéniens contraires les retiennent dans cet état; d'abord, sur leurs métairies ils ne font que le plus nécessaire, craignant, par un travail extraordinaire, de faire une concession à leurs maîtres, et de ne pas retirer assez de fruit de leur labour. Aussi ne savent-ils rien de mieux que la maxime de Pline : *Benè colere necessarium est, optimè damnosum* (1). Ils la mettent journellement en pratique, ne se rendant pas difficiles sur ce qu'ils appellent bien cultiver. D'un autre côté, leurs maîtres les empêchent de

(1) Lib. XVIII, cap. 7.

se livrer, dans les temps où ils le pourraient sans inconvénient, à d'autres travaux que ceux de leur métairie, ceux-ci craignant, avec quelque raison, que cette concession ne dégénérât en abus. Ainsi, cet esprit de jalousie, et je dirais presque d'hostilité mutuelle, les condamne à l'oisiveté ou au moins à un travail intérieur peu profitable pendant une grande partie de l'année, leur fait hanter les foires et les marchés dont les métayers sont les habitués, et les retient ainsi dans un état de médiocrité dont ils ne sortent pas sans beaucoup d'industrie et des circonstances toutes particulières.

Le genre d'industrie le plus approprié à leur situation est celui qui leur fait entreprendre des cultures variées qui s'adaptent à la culture générale de leur métairie, et viennent remplir les vides de leur temps. Elle peut être propre à quelques particuliers, mais elle est quelquefois générale dans une contrée. Ainsi, dans le sud-est de la France, l'éducation des vers à soie occupe une partie du mois de mai, qui serait moins avantageusement employée autrement. La culture de la garance offre une grande et riche occupation entre les moissons et la semaille du blé ; le safran exige l'emploi de bras nombreux, bien plus qu'il ne requiert de la force, et offre ainsi de

l'ouvrage aux petits enfans du métayer, etc.
D'autres fois aussi, c'est la position du domaine
qui se prête à une bonne distribution du travail,
en présentant diverses espèces de terrains légers
et forts, dont la culture peut se succéder dans
les différentes saisons. Mais toutes ces cultures,
exigeant des conditions particulières dans les
baux, ne peuvent pas être entreprises là où elles
ne sont pas habituelles, sans beaucoup d'intelligence et d'activité dans le métayer, et beaucoup
d'instruction et de prévoyance dans le propriétaire; et, généralement parlant, l'aliénation du
temps des colons au service exclusif du domaine
est une condition qui leur est fort onéreuse et qui
agit fort puissamment pour leur donner des habitudes de mollesse et pour les empêcher d'a-
méliorer leur position.

J'ai montré ailleurs (1) que la perte qu'ils y
faisaient n'était pas peu considérable, et que,
sur une métairie de 10 hectares située dans le
département de Vaucluse, en mettant de côté le
travail des vers à soie, le métayer n'employait
que 150 journées, et ses deux mules que 63 journées chacune de leur temps, tandis qu'un bon
ouvrier emploie environ, dans le même pays,

(1) Mémoire sur la culture des métairies du département de
Vaucluse, imprimé ci-après.

280 journées. Cependant la condition finale de l'un et de l'autre et leurs profits se rapprochent beaucoup, Ainsi le seul fait d'être métayer met le premier dans le cas d'obtenir le même salaire avec presque la moitié moins de travail (les $\frac{3}{7}$), et par conséquent un métayer libre de ses mouvemens, qui réunirait à l'avantage de sa position celui d'une activité égale à celle de l'ouvrier, ne tarderait pas à le devancer dans la carrière de la fortune.

Cette heureuse position excite, dans les pays qui sont en progrès, une nombreuse concurrence, qui tend à réduire les bénéfices des métayers, et, par conséquent, les oblige à travailler mieux et davantage pour conserver le même revenu. M. Sismondi se récrie beaucoup contre cet effet naturel de l'accroissement des capitaux de la classe ouvrière, et voici quels sont ses griefs. Le nombre des métairies d'un pays une fois fixé, un seul des enfans peut y succéder au père, et ordinairement un seul d'entre eux se marie, à moins qu'une famille de métayers vienne à finir ou à être renvoyée pour ses démérites; alors il s'offre des seconds fils d'autres familles prêts à se marier et à en former une nouvelle. Jusque-là rien de grave et qui dérange le moins du monde l'équilibre ancien. Mais, dit-il, le marché étant ouvert

provoque une folle-enchère entre tous les seconds fils qui offrent leurs bras, et alors les propriétaires prennent le parti de diviser leurs métairies pour en tirer un plus fort revenu, et voici ce qui arrive en effet; la nécessité de vivre sur la moitié d'une métairie oblige les nouveaux métayers à forcer de travail, et à augmenter ainsi le produit brut qui entre dans le partage. Mais la terre n'a pas augmenté de fertilité, et si l'on obtenait 2 avec 1 de travail et qu'alors le propriétaire et le métayer fussent équitablement partagés en recevant 1 chacun, quand on obtiendra 5 avec 2 de travail, le métayer, ne recevant que $1\frac{1}{2}$ au lieu de 2, voit décroître le prix de ce travail. Ailleurs aussi la concurrence ne divise pas les fermes, mais les nouveaux métayers se contentent d'une moindre partie dans le partage, ce qui revient au même. « Aussi, dit-il, cette espèce de folle-
» enchère a réduit les paysans de la rivière de
» Gênes, de la république de Lucques et de
» plusieurs provinces du royaume de Naples à se
» contenter d'un tiers des récoltes au lieu de la
» moitié. Dans une magnifique contrée que la
» nature avait enrichie de tous ses dons, que
» l'art a ornée de tout son luxe, et qui prodigue
» chaque année les plus abondantes récoltes, la
» classe nombreuse qui fait naître les fruits de la

» terre ne goûte jamais ni le blé qu'elle mois-
» sonne, ni le vin qu'elle presse. Son partage
» est le millet africain et le maïs, et sa boisson,
» la piquette ou l'eau dans laquelle a fermenté le
» marc de raisin. Elle lutte enfin constamment
» contre la misère (1). »

Il n'y a rien dans tous ces effets qui soit particulier au métayage. Dans les pays à ferme, la
concurrence fait aussi monter le taux de la rente
et diminue les profits et le salaire du fermier : c'est
ce qui arrivera partout où il y aura plus de demandes que d'offres, surtout quand l'objet de la demande ne pourra pas être augmenté à volonté,
et se trouvera converti en monopole, cas dans lequel se trouve la terre. Cet état de choses a sa limite dans le salaire des autres emplois du temps.
On ne recherche les métairies que parce que la
situation du métayer est encore préférable à celle
des autres ouvriers du pays.

Mais quel que soit le sort des colons partiaires,
il est toujours plus assuré et moins pénible que
celui des ouvriers à la journée du même pays.
D'abord il ne saurait tomber au dessous, sans
que les métairies fussent toutes abandonnées ; de
plus, il y a, dans la nature même du métayage,
dans le taux général de ses conditions, quelque

(1) Nouveaux principes d'économie politique, 1ᵉ édition.

chose de consacré par l'usage de chaque contrée, qui rendrait odieuse la proposition d'un changement subit dans la proportion des partages. Elles sont donc assez constamment les mêmes. Alors il y a peu d'intérêt pour le propriétaire à renvoyer des métayers qui s'acquittent passablement de leur tâche, et ces tenures passent du père au fils et au petit-fils, bien plus souvent que les fermes, dont les mutations sont d'autant plus fréquentes que l'enchère peut s'y faire par portions plus petites, plus déterminées, et qu'il y suffit souvent d'un léger bénéfice pour engager le propriétaire à renvoyer d'anciens fermiers. Aussi est-il assez commun de trouver des métayers dont les familles sont plus anciennes dans l'exploitation que celle des propriétaires dans la possession.

On peut donc dire, en général, que si le métayage ne développe pas l'esprit d'entreprise parmi les tenanciers, il leur assure une grande sécurité, un état stable, supérieur à celui des autres classes ouvrières, et que, sous ces rapports, il est un bienfait pour ceux qui peuvent y atteindre.

ARTICLE VIII.

EFFETS DU MÉTAYAGE SUR LE PAYS.

Ce n'est pas d'aujourd'hui que les auteurs agronomiques ont lancé l'anathème contre le système de métayage. Il est facile de l'attaquer avec avantage et de trouver un ordre meilleur; qui en doute? Mais si ce système n'est pas un choix, mais une nécessité, ne devons-nous pas dire que rien n'étant absolument mauvais dans la nature, le mieux relatif peut se trouver dans un ordre de choses que nous condamnerions ailleurs?

Il est vrai que par cela même que dans le métayage le propriétaire ne reçoit que la moitié du produit de ses améliorations, et le cultivateur la moitié de celui de ses cultures, l'un et l'autre doivent être peu empressés à s'y livrer; qu'ils ne font que celles qui sont indispensables, et qu'ils rejettent ou ajournent celles qui peuvent paraître moins nécessaires, et qu'ainsi le métayage peut bien être un état de conservation, mais n'est jamais, par lui-même, un état de progression. En effet, si nous considérons d'abord le propriétaire, il est évident qu'il s'interdira tout projet d'amélioration dont le produit ne serait pas le double du taux ordinaire de l'intérêt des capitaux, puisqu'il ne doit percevoir que la moitié de

ce produit ; tandis que, sous le régime du fermage,
il suffit que ce projet lui offre un résultat un peu
au dessus de cet intérêt, pour qu'il puisse l'exécuter en exigeant de son fermier le montant de
cet intérêt, et lui laissant un léger bénéfice. Il en
est tout à fait de même pour le fermier, il suffira
qu'une culture perfectionnée lui paie l'intérêt du
capital qu'il y consacre pour qu'il puisse l'entreprendre; mais quant au métayer, il faut qu'elle lui
paie plus du double. Voilà le secret de la difficulté des améliorations sous le régime du métayage, et ce qui le rend en état absolument
stationnaire.

Ainsi le propriétaire et le métayer sont renfermés dans un cercle étroit de culture qu'ils ne
peuvent franchir sans renoncer aux conditions
principales de leur contrat. Tout ce qui tend,
pour l'un comme pour l'autre, à augmenter la
mise de fonds indispensable, leur est interdit;
ils sont réduits aux pratiques les plus grossières
de l'art, à calculer toujours le minimum des
avances pour obtenir, non pas le maximum absolu, mais le maximum relatif des frais. Rappe-
lons-nous, en effet, que si l'on obtient 2 de produit avec 1 de culture, l'on n'obtiendra pas 4 de
produit avec 2 de culture; mais l'on pourra obtenir, par exemple, 3. Ainsi le métayer, dans le

premier cas, obtiendra 1 de produit pour sa part de chaque culture, mais il n'obtiendra que $1\frac{1}{2}$ dans le second cas, où il aura voulu perfectionner ses méthodes de travail ; et le propriétaire, qui n'aura fait aucune avance, aura vu augmenter de $\frac{1}{2}$ la rente de ses fonds. Au contraire, quand le propriétaire fera une dépense d'amélioration sur le fonds, ce sera le métayer qui retirera la moitié du produit sans frais de mise. L'un et l'autre doivent nécessairement répugner à ces entreprises. Une métairie comparée aux fermes ou aux propriétés cultivées par leurs maîtres sera donc le plus mal cultivé et le plus mal réparé des domaines.

Mais si, comme nous l'avons déjà posé, le métayage est un état stationnaire, il est aussi essentiellement conservateur, parce que le propriétaire a intérêt que les améliorations une fois faites ne puissent se perdre, et qu'il en fait une loi à son métayer. Ce n'est donc que faute de surveillance qu'une métairie rétrograde et que son capital se détériore.

Ces soins continuels qu'exige le régime des métairies doivent éloigner de ce genre de propriété tous les hommes riches et les capitalistes voués à d'autres affaires ou éloignés du pays. Les riches recherchent particulièrement les terres

qui peuvent être affermées à prix d'argent, et elles
sont presque toutes entre leurs mains ; les étrangers ne font aucune acquisition dans les pays de
métayage, si ce n'est dans l'espoir d'une revente.
Mais si cette circonstance éloigne les capitaux
étrangers, la résidence nécessaire des propriétaires
prévient aussi l'exportation des revenus. Il y a
donc dans les pays de métayage moins de mouvemens de banque, moins de déplacemens d'individus, plus de stabilité dans les familles et
dans la population des villes, un certain état moyen
de circulation qui est peu variable; beaucoup de
bourgeoisie, si l'on entend par ce mot les hommes sans occupation, vivant de leur revenu, par
conséquent beaucoup de désœuvrés, et d'autant
moins d'instruction, que ce désœuvrement n'é-
tant pas l'effet d'un choix raisonné, mais d'une
position forcée, et aucun but lucratif n'excitant
à l'étude, on y renonce de bonne heure pour ne
jamais y revenir.

Cet état a cependant été modifié par la loi sur
les successions, et dans les familles où le revenu
partagé devient insuffisant pour faire vivre les
cohéritiers dans l'oisiveté, on commence à se livrer au travail, à perfectionner l'éducation, à
lui donner enfin une destination utile. Mais tous
ces efforts ont jusqu'à présent une direction trop

uniforme; ils ont tous pour but ou des places sa-
lariées ou les professions légales, ou la médecine.
Toutes ces destinations sont sans doute utiles à
l'État; mais comme elles n'ont qu'une certaine
somme, qui n'est pas susceptible d'un accroissement infini, à se partager, il doit en résulter tôt
ou tard qu'elles finiront par devenir improduc-
tives pour la plupart de ceux qui les auront choi-
sies, quand leur nombre aura dépassé la limite
naturelle. Alors sans doute les jeunes gens seront
forcés d'adopter une autre marche et de se livrer
aux travaux productifs qui, par leur nature, peuvent admettre un nombre indéfini de concurrens.

Dans un pays organisé en métairies, la masse
de la population, les tenanciers et les propriétaires se trouvent pourvus de denrées, et voici
ce qui en résulte. Dans les bonnes années, les
marchés sont encombrés de tout le superflu;
dans les mauvaises, on ne voit presque rien au
marché. Au contraire, dans les pays à fermage,
les fermiers vendent tous les produits de la terre
excédant leur subsistance; il y a donc toujours
beaucoup plus à vendre sur les marchés. Mais,
d'un autre côté, ils sont les seuls à ne point
acheter; toutes les autres classes, même celle
des propriétaires, se pourvoient au marché : il
y a donc plus d'offres et plus de demandes. Il en

doit donc résulter que, dans les mauvaises années, les denrées doivent augmenter plus rapidement de prix, et dans une plus grande proportion dans les pays à métairie que dans les pays à
fermage, et, au contraire, que, dans les bonnes,
les prix doivent baisser beaucoup plus et plus rapidement dans les premiers que dans les seconds.
En effet, soit dans l'un et l'autre pays la population égale à 4, dont 1 propriétaire, 1 métayer
ou fermier, et 2 personnes vivant d'une industrie autre que celle de la terre ; la récolte dans
l'un et l'autre de 12 dans les bonnes années, de
8 dans les médiocres et de 4 dans les mauvaises,
et enfin qu'il faille 2 pour la nourriture de chaque individu.

Nous aurons dans les pays à métairies :

	à vendre.	acheteurs.	par tête d'acheteur.
Bonnes années	8	2	4
Médiocres	4	2	2
Mauvaises	0	2	0

Et dans les pays à ferme :

	à vendre.	acheteurs.	par tête d'acheteur.
Bonnes années	10	3	$3\frac{1}{2}$
Médiocres	6	3	2
Mauvaises	2	3	$\frac{2}{3}$

Ce tableau montre clairement les effets que
nous avons énoncés plus haut.

Une circonstance contribue cependant à diminuer la rapidité de la baisse, et elle y contribue

fortement quand celle-ci n'a pas une trop longue durée : c'est qu'une forte partie des denrées
se trouve dans les mains des propriétaires plus ou
moins aisés qui ne sont pas forcés à vendre pour
payer des fermages, et qui attendent de plus
heureuses conjonctures pour s'y décider. Mais si
la baisse se prolonge, la nécessité de vivre des
revenus de l'année les force à vendre et alors la
mévente les arrête d'autant moins que les produits n'ont pour eux aucune valeur déterminée.
Un fermier calcule ce que lui coûte le blé, et
quoique ce calcul ne puisse influer en rien sur
les prix courans, il n'est pas moins vrai qu'il
ne vend que ce qui est absolument nécessaire
pour faire face à ses engagemens, quand le
prix ne représente pas son fermage, son travail
et l'avance de ses capitaux ; quant au propriétaire,
sa métairie lui rend plus ou moins ; souvent il
la possède depuis si long-temps, que son prix
d'achat n'a aucun rapport avec son revenu, et il
sait bien que la valeur qu'il lui assigne n'est
qu'idéale et variable ; ainsi, n'ayant aucune mesure réelle de la valeur des denrées, il les vend
sans autre considération quand cela lui convient,
et le plus souvent dans l'année de la récolte.

Si l'on recherche ensuite les effets moraux du
métayage sur la société qui l'a adopté, on verra
d'abord que l'exécution de ce contrat est confiée

à la probité du métayer, et qu'ainsi il doit mériter toute la confiance du propriétaire; que la
perte de cette confiance doit être un crime irré-
missible qui lui fait perdre sa ferme et l'espoir
d'en obtenir une nouvelle. Aussi est-il difficile, en
général, de trouver une classe plus généralement
honnête que celle des métayers, et, par son exemple, elle agit avantageusement sur les prolétaires.

On peut affirmer encore que les relations de
client à patron ne sont nulle part mieux conser-
vées que dans les pays à métayage. La durée indéfinie des baux, leur peu de sévérité, le besoin
que les parties contractantes ont l'une de l'autre,
identifient en quelque sorte le métayer avec son
domaine et avec la famille de son maître. Il règne ici,
par nécessité, une subordination inconnue dans les
pays à fermage, où le bailleur et le preneur se trouvent sur un pied d'égalité et d'indépendance absolue. Ces dispositions ont beaucoup influé sur les
opinions politiques de ces diverses contrées. L'a-
ristocratie a trouvé plus de force et d'appui dans
ses métayers, et la Vendée est un témoignage
éclatant de l'influence qu'elle y avait conservée.
En général, la classe des métayers a pris peu de
part aux troubles politiques. Au début de la révolution, elle obtint tout à coup plus qu'elle n'a-
vait jamais osé espérer, l'abolition de la dîme

qui était prélevée sur la totalité de la récolte. Sa part devint ainsi complétement libre d'impôts. Ses vœux n'ont jamais été au delà. Aujourd'hui encore c'est en France la classe la moins chargée ; elle ne paie ni impôts directs, ni indirects, et elle comprend bien moins encore les améliorations en politique qu'en agriculture.

Pour les propriétaires, nous avons déjà indiqué les inconvéniens de cet ordre de choses et le défaut d'instruction qui en est la suite. On peut ajouter que la nécessité d'avoir sans cesse des intérêts communs avec les métayers, celle de mettre èn délibération avec eux toutes les opérations de la culture et de prendre leur voix, rendent les rapports très doux et la supériorité inoffensante. On trouve ici bien plus l'autorité du père de famille que celle du maître, et ce caractère qu'y prend la domination se manifeste partout. Que l'on compare le commandement impérieux des peuples, tels que les Anglais, qui n'ont jamais à traiter qu'avec des domestiques qui leur obéissent pour un prix déterminé, où avec des fermiers chez lesquels ils n'ont rien à voir quand le bail est consenti, avec celui des peuples chez lesquels le propriétaire exerce une action limitée, mais constante sur ses terres, et où il est obligé d'user de conseil, bien plus souvent que

d'ordres, et l'on comprendra comment ces relations diverses ont pu modifier le caractère de
la nation tout entière, en confondant dans une
espèce d'égalité les démarcations de pouvoir qui
se confondent si souvent.

ARTICLE IX.

AMÉLIORATIONS DONT L'AGRICULTURE EST SUSCEPTIBLE
SOUS L'ÉTAT DE MÉTAYAGE.

Quoiqu'en général la nature du bail à métairie s'oppose à l'exécution des projets rapides de
perfectionnement, quoique surtout il soit très
difficile d'opérer ceux qui portent sur le capital
foncier, cependant on le tente tous les jours au
moyen de certaines combinaisons.

Si l'on veut se servir des forces des métayers,
il faut d'abord apprécier avec justice la part de
profit qui doit leur en revenir, et ne pas exiger
d'eux une part de travail qui y soit dispropor-
tionnée. Cette part de travail serait rigoureuse-
ment la moitié dans une métairie où le colon per-
cevrait la moitié des fruits, si le bail était perpé-
tuel; mais il est évident que si la réparation à
une durée indéfinie, la jouissance du propriétaire
sera aussi indéfinie, tandis que celle du colon a
une durée limitée. Il n'y aurait donc aucune pa-

rité, si l'on exigeait de lui la moitié des frais.
Mais dans un grand nombre de cas, les métayers
vivent dans une telle sécurité sur la durée de leurs
baux, ils ont tellement l'expérience de la constance
de leurs patrons, qu'ils sont portés à regarder
leur possession comme aussi assurée que s'ils
étaient de véritables emphytéotes. On peut donc
obtenir de ceux-ci des travaux d'amélioration
qu'à défaut de cette confiance on serait obligé de
payer chèrement. Il ne faut pas se dissimuler
qu'elle a été fortement ébranlée depuis quelques
années par la cupidité des maîtres, qui ont voulu
obtenir quelque augmentation de fermage ; mais
avec d'équitables conditions on peut encore, dans
ce cas, parvenir à les faire coopérer à d'importantes
entreprises. Supposons, par exemple, qu'il s'agisse
d'ouvrir un fossé d'écoulement pour un terrain
dans lequel les récoltes se noient fréquemment; on
fera l'estimation du travail, on leur en paiera la
moitié, on laissera l'entretien à leur charge, et
l'on s'engagera sur l'autre moitié à leur payer autant de trentièmes de sa valeur qu'il s'en faudra
qu'ils aient quitté la ferme avant le terme de
trente ans, après lequel l'ouvrage sera acquis au
propriétaire. J'ai obtenu par un procédé semblable des choses qui paraîtraient bien plus difficiles,
telles que de nouvelles plantations de vignes. Ce

contrat est basé sur la supposition qu'en trente ans, les bénéfices de l'opération ont remboursé le travail et les intérêts.

Un défrichement peut s'opérer de la même manière, en abandonnant, pendant un certain nombre d'années, la récolte entière au métayer.

Dans une métairie où le défaut d'engrais empêchait d'établir des luzernes qui réussissaient assez bien, je m'engageai à fournir le fumier nécessaire pour en établir une certaine quantité, et je raisonnais de la sorte : Si je prends ma part de fourrages, l'accroissement progressif des engrais et l'amélioration de la ferme sont retardés ; je ne perds, dans une durée de cinq années de la luzerne, que deux récoltes de blé que j'aurais recueillies, mais qui seront compensées, en grande partie, par l'augmentation de fertilité qu'apportera la luzerne. En conséquence, je soumis le métayer à créer, avec les fumiers provenant des luzernes, de nouvelles luzernes égales en étendue à ce que j'avais établi chaque année, et un dixième en sus pour représenter ma part de récolte du terrain, et à condition que, quand nous serions arrivés à l'étendue à laquelle nous voulions parvenir, il pourrait disposer sur les autres terres de l'excédant du fumier, se bornerait à semer une quantité de luzerne égale à celle qu'il défriche-

rait, et ne paierait chaque année que 7 hectolitres de grain par hectare de terre occupé par la
luzerne. Supposons qu'en suivant cette marche
on veuille arriver à avoir 8 hectares de luzerne,
je fournis, pendánt cinq ans, le fumier pour un
hectare chaque année;

Ainsi, la 1re année, j'ai. . . . . . 1 hectare.

La 2me, où je fume un hectare et

le métayer fait en sus $\frac{1}{10}$ d'hect . 2   1

La 3me année. 3   21

La 4me année. 4   32

La 5me année. 5   43

La 6me année, on rompt 1 hect. 5   98

La 7me année, on rompt 1 h. 1. 6   57

La 8me année, on rompt 1 h. 21. 7   23

La 9me année, on rompt 1 h. 32. 7   95

Dès la 9e année, le terrain destiné à la luzerne
est occupé, et à la 10e le métayer dispose de ses
fumiers excédans sur ses terres à blé, n'ayant à
fournir désormais que ceux nécessaires pour en
ensemencer 1 hect. 6; il paie dès lors annuellement au propriétaire 56 hectolitres de blé pour la
jouissance de sa luzerne, qui lui rend pour une
valeur triple de foin. La sole de luzerne est établie à perpétuité sur le domaine, car il sera facile de faire recevoir de pareilles conditions par
le métayer qui le remplacera. Le propriétaire ne

perd aucune avance, et celle de fumier qu'il
a faite se retrouve amplement dans la bonification de la terre; car non seulement il profite de
la richesse des défrichés de luzerne, mais une
grande augmentation d'engrais est déposée sur
ses terres à blé. S'il était impossible de faire des
achats d'engrais dans le pays, on pourrait commencer l'amélioration par des semis de sainfoin
et destiner les fumiers qui en proviendraient à
l'établissement des luzernières.

Ceci n'est qu'un exemple, mais il peut suggérer
la marche à suivre dans les autres cas : peser
avec justice les intérêts divers du métayer et du
propriétaire, tel est le secret des améliorations.
Les colons les entreprendront volontiers quand
ils reconnaîtront qu'elles ne leur sont pas oné-
reuses, et qu'elles leur ouvrent une nouvelle
carrière de prospérité. Quand on voudra trop exiger on n'obtiendra rien. Demander au métayer de
faire pendant cinq ans les avances de ses engrais
qui sont le gage du succès de ses récoltes succes-
sives, c'est vouloir manquer son opération ; et
c'est ainsi que l'avidité et l'exigence ont trouvé
tant de difficultés à faire adopter des plans d'amélioration par des métayers qui devaient en faire
tous les frais, pour retirer la moitié des bénéfices.

Mais si je crois facile d'obtenir avec des soins et de la dépense l'exécution d'une entreprise définie dont on peut suivre les progrès, mesurer l'étendue, apprécier la valeur, comme celle dont j'ai donné ci-dessus l'exemple, je pense qu'il n'en est pas de même pour les perfectionnemens de la culture ordinaire, perfectionnemens très difficiles à apprécier et à juger, et qui par cela même se dérobent à une estimation exacte. Promettez, en effet, à votre métayer une prime d'encouragement pour de meilleurs labours, qui en sera le juge? Vous en rapporterez-vous à lui? sera-t-il obligé de s'en rapporter à vous? Ici d'ailleurs la routine est fortement enracinée, et vous lui procureriez de meilleurs instrumens, qu'outre les frais d'achat il faudrait peut-être encore le payer pour l'obliger à en faire usage.

Cependant les progrès obtenus à cet égard dans le Midi soit pour les labours eux-mêmes, soit pour les soins donnés à l'éducation des vers à soie, à la taille des mûriers, à celle des vignes, etc., me prouvent qu'avec de l'adresse, de la constance et une forte volonté, on peut en venir à bout. L'esprit d'imitation agit rapidement, quand une fois un fermier renommé s'est décidé à entreprendre une nouveauté. C'est à ceux-ci, à leur amour-propre, qu'il faut souvent s'adresser, tout en faisant quelques avances pour leur aplanir les difficultés. Mais aucun précepte ne peut être donné ici, parce que les cas sont si variés, et le succès dépend tellement du caractère des hommes avec lesquels on traite, que ceux que l'on voudrait établir ne pourraient être généralement applicables.

En Toscane, où l'on voit le beau idéal du système de métayage, le propriétaire est chargé de toutes les améliorations ; et si les domaines sont dans un si bel ordre, si la culture y est portée presque au dernier degré de perfection, on ne doit pas l'attribuer aux effets actuels de cette clause, mais à l'opulence ancienne de ce pays enrichi dans le moyen âge par le commerce. Alors la propriété territoriale était la moindre partie de la fortune de ses possesseurs, et ils s'y attachaient comme à un objet de luxe plus que pour son produit. Les domaines furent réduits au minimum d'étendue ; chacun d'eux devint un jardin cultivé à bras, planté avec soin de vignes, d'oliviers et de mûriers. Cette création de la richesse a survécu quand celle-ci a cessé d'exister. Nous ne pourrions nous faire une idée de ce que ces petits terrains cultivés à bras peuvent produire, si nous n'avions sous les yeux les cultures de Cavaillon, de Châteaurenard et de Barban-

6

tanne, territoires qui, cultivés par les mêmes procédés, produisent une rente nette de 242 francs par hectare; mais ceux-ci sont affermés à prix d'argent. Dans son agriculture toscane (1), M. Sismondi nous donne les détails des produits d'une petite métairie de 2 hectares environ (2 hect. o389); une famille de colons y vit et rend à son maître la moitié de tous les fruits. Voici un détail abrégé des récoltes de 1797.

Part du maître.

	Livres de Florence.		
Céréales.	66	10	
Légumes	14	3	8
Vin	256	11	
Huile.	56	13	4
Plants d'oliviers . . .	17	5	8
Plants d'oignons . . .	70	13	4
Profit sur 2 génisses. .	79		
Vers à soie.	18		
Fruits et hortolages. .	70	14	8
Total.	649	11	8 envir. 557 f.

Ainsi, sous le système du métayage, cette ferme rend au propriétaire 278 fr. 5o c. de rente par hectare. Nous prions les adversaires du système de métayage de considérer ce résultat et de le

(1) Page 193.

peser attentivement. Ils verront que, s'il a ses inconvéniens, il ne manque pas, quand il est bien administré, d'un esprit de vie qui ne permet pas de le condamner d'une manière aussi absolue qu'on le fait trop souvent quand on ne l'a examiné que dans les pays où il est conduit sur de mauvais principes, et où tout autre genre d'administration ne pourrait manquer d'échouer également.

ARTICLE X.

AMÉLIORATION DE LA CONDITION DU PROPRIÉTAIRE.

Nous avons vu plus haut que le propriétaire souffre dans le contrat de métayage de l'incertitude du taux de la rente et de la nécessité d'une surveillance très active qui l'enchaîne à ses propriétés et l'empêche d'autant plus de disposer de son temps, qu'étant plus riche, ces soins doivent être plus multipliés. Ces difficultés peuvent être vaincues de deux manières : ou en créant une agence intéressée dont la comptabilité soit soumise à des règles qui en rendent le contrôle facile, ou en sortant en partie et le plus qu'il est possible du métayage, pour entrer dans un ordre de choses moins assujettissant.

Quant au premier moyen, quelque frayeur

que donne le nom d'intendant ou d'agent à la
plupart de ceux qui ne les connaissent que par
les désordres de ceux des grands seigneurs de
l'ancien régime, qui n'exerçaient sur eux aucune
espèce de surveillance, ou par les plaisanteries
des poètes, il n'en est cependant pas moins certain que l'on ne peut administrer sans eux de
grandes propriétés, et que quand on ne pourra
pas tout voir par soi-même, il faudra bien forcément accorder à celui qui verra pour nous un
certain degré de confiance limité par une bonne
comptabilité : aussi, dans les pays à grandes propriétés soumises à la culture des métayers, la
pratique en est-elle générale ; et une classe recommandable d'hommes exerce cette profession
avec une intelligence et une délicatesse que donnent la grande pratique et la concurrence. On
peut vérifier ce fait dans presque toute l'Italie.

Dans ceux, au contraire, où cette pratique
n'est pas connue, il devient moins facile de choisir et même de trouver un agent. Il faut ensuite
le former à un métier auquel il n'est pas préparé,
il faut subir quelquefois un mauvais choix ou
chercher à remplacer un agent incapable. Les
difficultés sont ici beaucoup plus grandes ; mais
la connaissance du pays, l'expérience et les soins
finissent par vaincre aussi toutes ces difficultés,

qui ne sont vraiment insurmontables que dans les pays ignorans, où les propriétaires paient ainsi la peine de la vaine terreur qu'ils ont de l'instruction populaire.

Plus un tel agent aura de fermes différentes à administrer, et plus on pourra compter sur sa fidélité, à cause du grand nombre de complices qu'il faudrait qu'il trouvât, et de la discordance que présenteraient les résultats de ces diverses exploitations. Des visites assez fréquentes que le propriétaire fera à ses domaines, les questions qu'il adressera aux métayers qui ne voudront pas toujours se compromettre pour les intérêts d'un agent révocable, enfin les informations données par les voisins et les jaloux, suffiront pour assurer contre la fraude; mais, pour y parvenir, le propriétaire doit se réserver absolument le choix et le renvoi des colons, et il ne doit jamais le faire dépendre des allégations seules de l'agent, qu'il ne doit recevoir qu'à titre de simple renseignement.

Je ne parle pas de la forme et du mode de comptabilité que l'on doit exiger. Il faut autant que possible adopter la tenue des livres en partie double, comme celle qui rend l'examen plus facile et les erreurs impossibles. On doit aussi exiger la représentation de toutes les pièces à l'appui des comptes, les quittances, les reçus, et les mercuriales du prix des grains et des denrées. Mais tous ces soins rentrent dans les règles générales de la comptabilité, et ne peuvent être développés ici à l'occasion du métayage.

Il est une question que nous ne pouvons pas négliger. Convient-il de payer à l'agent des appointemens fixes ou de lui donner une part dans les produits? Cette dernière méthode, la *régie intéressée*, me semble bien préférable; elle le rend beaucoup plus soigneux, elle l'intéresse au succès des cultures et au bon état du domaine; il choisit les momens opportuns pour les ventes et ne les laisse pas passer. J'ai eu beaucoup à me louer de ce mode d'administration auquel j'avais formé de simples paysans qui, pour 3 ou 4 pour %, de tous les produits et sans se déranger beaucoup de leurs occupations habituelles, me déchargeaient d'un grand fardeau. Cependant, quand les domaines ne sont pas très considérables, on sera obligé d'affecter une plus forte part à leurs honoraires et jusqu'à 5 ou 6 pour %.

Mais, quoique l'on parvienne à rendre bien moins pénible la surveillance de la propriété, on ne peut encore, par ce moyen, s'en dispenser tout à fait. Dans l'impossibilité de trouver des fermiers à prix d'argent, on a cherché à trouver des personnes qui se missent en lieu et place du propriétaire et perçussent la part qui lui reviendrait dans les produits de la ferme, moyennant une somme déterminée. Ce contrat est pire encore qu'une vente de fruits en herbes, car on vend une quantité et une qualité de denrées qu'il est tout à fait impossible d'apprécier. Aussi doit-on s'attendre à traiter avec un grand désavantage; car non seulement le contractant calcule sur le minimum des produits, mais aussi sur le minimum des prix ; et ce genre d'arrangement est trop rare partout et trop chanceux pour espérer d'obtenir la véritable valeur par le moyen de la concurrence. On doit donc peu espérer de ce mode d'administration. Mais j'engage les propriétaires à chercher de passer insensiblement du métayage au fermage en prenant des arrangemens à prix d'argent avec leurs colons pour tous les produits qui en sont susceptibles. Ainsi l'on peut fixer une valeur à peu près stable au produit des bestiaux, des vers à soie, des prairies, etc., et on ne doit pas laisser échapper l'occasion de diminuer les sollicitudes dont il restera toujours un assez grand nombre après les avoir réduites de la sorte.

ARTICLE XI.

AMÉLIORATIONS DANS LA CONDITION DU COLON.

L'ignorance, le manque de capitaux et l'indolence des colons sont les véritables causes de leur peu de prospérité. Les conditions de leurs baux sont, en général, plus favorables que celles des fermiers, et cependant ceux-ci avancent bien plus rapidement leur fortune ; c'est qu'il manque aux premiers un stimulant et les moyens de faire. Ce stimulant est pour les fermiers la nécessité de payer leur fermage à des époques fixes et la certitude que tout le produit de leur travail leur appartiendra. Les métayers, au contraire, n'ont pas la sollicitude d'un paiement obligé ; la terre paie pour eux et comme elle peut, et la nécessité de partager ses fruits restreint leurs cultures dans un cercle étroit, puisqu'ils ne peuvent entreprendre celles dont les frais surpassent la valeur de la moitié du produit. Or, presque toutes les cultures industrielles sont dans ce cas : la culture de la garance, par exemple, dont la moitié de la récolte paierait à peine la valeur du travail, tandis que l'autre moitié excéderait de beaucoup la rente du propriétaire, ne peut être entreprise à ces conditions inégales ; celle du safran bien moins encore. Ainsi le métayer se trouve comme emprisonné dans une série de récoltes qui n'offrent pas un travail constant, et qui nourrissent chez lui l'esprit d'indolence.

De plus, ayant de si longs momens de loisir ou de travail peu forcé, il monte sa ferme sur ce pied, et quand les grands travaux arrivent, il n'a presque jamais les forces suffisantes pour les faire rapidement; ils languissent et se font mal.

Cette disposition est aggravée par le défaut de capitaux. Le métayer, ne pratiquant pas ces riches cultures qui rapportent de l'argent, en a rarement à sa disposition, ou, s'il en possède, il croit l'employer plus utilement à acheter une terre qu'à accroître ou à améliorer ses cultures.

On voit que tous les inconvéniens ne peuvent être levés que par le propriétaire, que c'est à lui à faire entreprendre des cultures avantageuses et riches à ses métayers et ne leur imposant que des conditions raisonnables. Alors ceux-ci engageront leurs capitaux sur son domaine, ils augmenteront leurs forces habituelles, parce que le travail se prolongera toute l'année; enfin ils ne perdront plus leur temps et s'accoutumeront à un travail actif dont tous se trouveront bien (1).

Mais il ne faut pas se dissimuler toutefois que,

(1) Voyez à ce sujet, dans mon *Mémoire sur la culture de la garance*, inséré dans ce volume, les traités faits entre le propriétaire et les métayers. *Chap. 5, art. 3.*

faute de connaître et d'apprécier la valeur des différentes cultures, les métayers opposent souvent des entraves à leur introduction, en s'y refusant absolument ou en exigeant des conditions trop avantageuses pour eux. Ce n'est que l'instruction et l'habitude de tenir des comptes en règle qui peuvent vaincre cette force d'inertie : c'est donc à la favoriser que les propriétaires doivent employer toute leur influence. Plus les métayers seront instruits, plus ils secoueront de ces préjugés et quitteront de ces répugnances qui s'opposent à tous les progrès.

Les colons, pouvant aussi entreprendre dans leurs métairies les cultures qui semblaient réservées aux seuls propriétaires-cultivateurs ou aux fermiers, amélioreront leur position, n'auront plus recours aux travaux étrangers à leur ferme pour occuper les momens de chômage, et, en devenant plus aisés, répandront cette aisance sur le domaine remis à leurs soins.

ARTICLE XII.

MOYENS DE PASSER DU MÉTAYAGE AU FERMAGE.

Dès que les métayers deviennent riches, ils aspirent à devenir fermiers. C'est une propension naturelle et qu'il ne sera pas besoin de fomenter pour la voir naître. Ainsi, quand les propriétaires auront grand soin de leurs métairies; que par des conditions équitables ils y feront naître l'industrie; quand ils offriront aux métayers de bons placemens de leurs capitaux sur leurs terres en favorisant les cultures avantageuses, mais où le travail est employé en grande quantité et forme une forte part du prix de la récolte; quand ils mettront leurs colons dans le cas de trouver le prix de tout leur temps et de celui de leur famille, et ainsi d'accumuler des capitaux et de se mettre à l'abri des intempéries des saisons, alors ils ne tarderont pas à voir naître chez eux le désir, l'ambition de l'indépendance, alors ils seront sollicités de donner à fermage les terres qui n'étaient qu'à métairie.

Mais la modération est aussi très nécessaire dans ce début. Le propriétaire doit calculer soigneusement les produits de son domaine dans les années précédentes, et ne pas outre-passer un prix moyen dans l'élévation du fermage; si même il ne peut se procurer une assez longue série de résultats antérieurs, pour composer cette moyenne il doit écarter de son calcul les années de prix ou de récoltes extraordinaires. Sa position ne doit pas changer d'abord sous le rapport de la rente; qu'il se contente de la voir assurée, et qu'il calcule comme bénéfice tous les soins dont il pourra se dispenser; plus tard la concurrence fera monter le prix de sa ferme et l'amenera au taux le plus élevé.

Tous les moyens brusques d'effectuer ce changement ne pourraient avoir le même succès, ou bien on sera obligé de traiter à perte, ou bien, ayant affaire à des gens peu éclairés, on causera leur ruine et on se trouvera soi-même dans le cas de consentir à des sacrifices. Je pense donc que, pour ménager adroitement ce passage, on doit fixer successivement, à prix d'argent, les différentes parties des récoltes, commencer par percevoir de cette manière sa part du bétail, puis celle des prairies artificielles ou naturelles, puis celle des différentes cultures industrielles ou jardinières établies sur le domaine, en passant successivement par les récoltes dont le produit est le plus constant et le mieux déterminé; on en viendra enfin à contracter aussi pour la principale récolte, celle des céréales. Avec cet esprit de suite et de modération, on ne peut presque manquer de réussir et d'établir chaque chose à sa juste valeur. Mais un seul propriétaire ne peut espérer de changer ainsi les coutumes de tout un pays. Si l'on travaille seul dans cette direction, on parviendra bien à avoir un fermier, mais la concurrence sera toujours imparfaite et

bornée, si le bon exemple n'a pas des imitateurs.
Il n'y a pas un grand inconvénient à le donner,
et s'il l'est à propos et avec les précautions indi-
quées, on peut espérer qu'il sera bientôt suivi
par les propriétaires voisins et leurs métayers.

ARTICLE XIII.

PASSAGE DE LA CULTURE SERVILE A LA CULTURE PAR MÉTAYER.

Si le passage du métayage au fermage est un
progrès désirable, je pense que les pays qui vivent
encore sous le régime de la culture servile ou celle
des corvées n'en feraient pas un moins important
en adoptant le métayage. Dans ce moment où la
civilisation menace de toutes parts la servitude,
où l'opinion publique bien moins encore que la
nécessité conspire à la détruire, il ne peut être
indifférent d'examiner les meilleurs moyens de
rendre sa suppression utile à la fois aux serfs et
aux propriétaires.

En supprimant la servitude, on peut passer à
quatre modes différens d'exploitation : 1° l'exploitation du propriétaire ; 2° le système des corvées ;
3° les redevances féodales ; 4° le métayage.
Voyons donc lequel de ces ordres peut être généralement préférable.

Au moment où les serfs sont affranchis, ils deviennent maîtres de leurs personnes et de leur

temps. Mais à peine la servitude légale a cessé,
qu'ils sentent tout le poids de celle que leur impose la nécessité. Jetés sur une terre dont ils ne
possèdent pas la moindre parcelle, privés de
la subsistance que leur maître devait leur fournir,
ils maudiraient le jour où on leur impose un prétendu bienfait, si on ne leur ouvrait de nouvelles
sources d'existence.

I. Le propriétaire se chargera-t-il d'exploiter
lui-même ses terres en prenant à ses gages ses
anciens serfs ? Mais alors il est placé dans une
position défavorable relativement aux propriétaires qui exploitent dans les autres parties de
l'Europe anciennement affranchies, car il ne peut
choisir les meilleurs ouvriers, il faut qu'il les
occupe tous sous peine de voir déserter ses terres,
et de se voir privé d'une population qui peut lui
devenir utile. Il faut qu'il occupe tout leur temps,
car ils ne trouveraient ailleurs aucun autre genre
de travail. Or, quelle différence y a-t-il pour
les deux parties entre un tel état et la servitude ?
le maître obligé de nourrir et d'occuper ses anciens serfs, les serfs ne pouvant recevoir de l'ouvrage que de lui et en attendant leur subsistance.
Le nom seul est changé, car l'étendue des terres,
la difficulté du déplacement pour des hommes
qui ne possèdent aucun capital, peut-être même

des lois restrictives, enfin l'intérêt réciproque des maîtres de ne pas encourager les désertions, et de refuser les paysans étrangers, il n'y a dans tout cela aucun mobile d'activité, aucun nouveau germe de bonheur et de perfectionnement. Une pareille exploitation ne peut offrir des avantages qu'avec une libre concurrence des propriétaires et des ouvriers, et ce n'est qu'à cette condition qu'elle pourra être utile aux uns et aux autres. Mais après avoir aboli la servitude, il faut passer par d'autres degrés avant d'en venir à ce point: créer des capitaux mobiliers parmi les anciens serfs, séparer les intérêts, attendre du temps la division réelle de la propriété territoriale, et cependant en créer une artificielle; tel est le but auquel on doit tendre, si l'on veut atteindre un jour à un meilleur ordre de choses.

II. Passera-t-on par le système des corvées, c'est-à-dire échangera-t-on l'obligation de nourrir le serf contre une certaine étendue de terre qu'on lui donnera à cultiver pour son compte, à charge par lui de réserver au propriétaire un certain nombre de jours de travail en paiement de cette jouissance? Ici il y a déjà véritables progrès. Les intérêts du maître et ceux du serf se séparent; chacun d'eux prend une individualité; le serf sait que le travail qu'il fait sur les terres

qui lui sont concédées est le gage de son aisance ;
il le rend plus actif pour qu'il devienne plus fruc-
tueux. La terre qui se réjouissait, cultivée par un
soc couronné de lauriers, porte aussi des fruits
plus abondans quand il est dirigé par des mains
libres : celle qui est tombée en partage au serf
s'améliore, s'embellit chaque jour, pourvu que
les conditions de son bail soient supportables. En
est-il de même de celle restée au seigneur ? Les
mains qui étaient libres trois jours de la semaine
redeviennent esclaves les trois autres jours. Le serf
apprend à distinguer ce qu'il fait pour lui ou pour
son maître, et cette distinction est fatale aux intérêts de ce dernier. Il s'est chargé de la nourriture
et de l'entretien de ses esclaves ; il a obtenu un
grand point sans doute ; mais les domaines qui lui
restent sont loin de lui rapporter ce qu'ils lui vaudraient sous un autre régime, et s'il est sage, il
ne tardera pas à renoncer à celui-ci, ou, mieux encore, il n'y entrera jamais.

III. Le système des redevances féodales ne diffère de celui de l'emphytéose que parce qu'ici
la concession des terres, faite pour une certaine
partie des fruits ou pour une rente en argent, est
définitive et illimitée. Ce moyen est excellent pour
la population ouvrière, elle devient réellement
propriétaire et à des conditions d'autant plus avan-

tageuses, que les terres ainsi concédées, sortant de la culture servile, sont loin d'être portées à toute leur valeur. Mais le propriétaire perd l'espoir d'accroître son revenu dans l'avenir ; et aujourd'hui, en observant la facilité avec laquelle, au bout d'une longue suite d'années, on s'habitue à regarder une terre concédée de la sorte comme la propriété réelle du tenancier et la rente qui représente la jouissance comme arrachée par l'abus de la force, il est douteux que beaucoup de seigneurs se décident à tenter de nouveau ce moyen qui, au reste, est le plus sûr comme le plus expéditif pour sortir promptement de servage, et s'assurer un revenu égal ou supérieur à celui dont on jouissait au moment de l'affranchissement.

IV. L'emphytéose ou le bail à ferme pour un temps déterminé, mais très long, ou pour une ou plusieurs générations, n'a pas tous les avantages de la tenure féodale, soit pour la bonne culture des terres, soit pour la sécurité des colons ; en effet, ils savent fort bien qu'ils ne sont pas propriétaires incommutables, et quand la fin du bail approche, ils sont sujets à négliger ou à dégrader la terre. Mais, d'un autre côté, ce mode n'a pas pour le propriétaire les inconvéniens de la tenure féodale : il n'est pas dépossédé ; il arrive

7

un temps où il trouve une augmentation de rentes ; il est vrai que ce temps est si long, que ceux
qui savent avec quelle rapidité la terre peut augmenter de valeur dans certaines circonstances
hésitent à l'accorder. Cependant c'est encore un
mode praticable et avantageux d'affranchissement.

V. Vient enfin le système des métairies. Si nous
le comparons à la corvée, nous en conviendrons
d'abord, nous trouverons celle-ci bien plus avantageuse au propriétaire. L'impossibilité où se trouve
le colon de distinguer dans son travail ce qui sera
à son profit ou à celui de son maître le force de
mettre partout la même application ; et si le terrain qu'il cultive est proportionné à ses forces,
il en tire à peu près tout ce que l'on peut espérer
dans un état donné de développement de l'industrie. Quant au métayer, ce système lui est aussi
plus avantageux que la corvée. Il profite du temps
favorable à son travail, sans être forcé de s'in-
terrompre pour aller travailler pour autrui, on
lui sauve le dégoût de cet ouvrage étranger auquel
il ne peut mettre ni affection ni soin ; on ne diminue en rien le temps qu'il employait utilement
pour lui, et en lui épargnant celui qui était consacré aux corvées, on le soustrait aux habitudes
de nonchalance et de paresse qu'on y contracte.

Je crois donc que l'avantage est tout à fait pour le système du métayage comparé à celui des corvées. Quant à l'emphytéose, il faut bien convenir que le tenancier y trouve mieux son intérêt, et que, devenant pour ainsi dire propriétaire et payant une rente dont le rapport aux produits bruts décroît avec les progrès de sa culture, sa position est beaucoup plus heureuse ; mais le propriétaire n'y trouve pas également son compte. Je pense donc que, s'il trouve des facilités pour s'épargner cet échelon, en passant de plein saut de la culture par corvées au métayage, ce changement lui sera plus avantageux.

Examinons maintenant comment on peut passer du système des corvées au métayage. Le corvéable jouit déjà de terres dont les produits représentent sa subsistance : on peut donc lui proposer de doubler l'étendue de sa possession, de l'exempter des corvées, à condition qu'il partagera tous les fruits avec le propriétaire ; le travail de cette nouvelle portion de terre représentant celui qu'il faisait par corvées. On pourra cependant éprouver quelque difficulté à conclure cet arrangement. Si la ferme du paysan est déjà bien cultivée, bien soignée, qu'il y ait mis un assez fort capital de travail, la partie qu'on y ajouterait, et qui probablement serait bien moins avancée, ne représenterait pas une égale valeur; et si l'on voulait compenser cette valeur en en augmentant l'étendue , on risquerait de donner au colon plus de terres à cultiver qu'il ne lui serait possible de le faire. Dans ce cas, je pense que la justice exige que le propriétaire se borne à réclamer une part des fruits qui représente approximativement la valeur de la corvée, un tiers ou un quart seulement selon l'état des terres qu'il livre à ses colons, plutôt que d'en augmenter outre mesure l'étendue.

Il se présentera d'autres difficultés dans la pratique. Ordinairement toutes les terres des paysans avoisinent le village, et les terres du seigneur en sont éloignées. Ainsi on ne pourra pas donner des portions contiguës à ceux-ci, et continuant à regarder leur ancien sol comme leur propriété plus spéciale, ils négligeront leur nouvelle possession ; mais cet inconvénient n'aura qu'un temps, et ils finiront bien par sentir que leur intérêt se trouve dans la bonne culture des nouvelles comme des anciennes terres. Un pareil arrangement peut aussi être regardé comme tyrannique et comme un moyen de s'emparer par la suite du sol que les colons ont mis en valeur.

Si l'on éprouvait beaucoup de ces obstacles, je pense qu'on devrait procéder avec plus de pru-

dence et attendre du temps ce que l'on ne gagnerait pas facilement de l'autorité ; car il faut pour
ces opérations une adhésion volontaire de ceux
avec qui l'on traite, si l'on veut obtenir un succès
solide. Je pense donc qu'il faut adopter alors un
système mixte, passer des baux emphytéoti-
ques, pour deux ou trois générations, de tous
les domaines des paysans à ceux qui les possèdent actuellement, et offrir des terres en métayage aux fils cadets de ces paysans qui voudront
s'y établir. Supposons, par exemple, qu'un paysan
ait trois fils, et qu'il doive douze journées par semaine à son seigneur, on placera deux de ses fils,
chacun dans une métairie proportionnée aux
forces d'une famille, on éteindra en faveur du chef
de famille six journées par semaine, on passera
ensuite un bail emphytéotique de la terre propre
du paysan dont la rente représentera en denrées
la valeur des six autres journées ; ainsi l'on sera
sur la voie de l'amélioration. Ceux qui refuse-
ront cet arrangement continueront à cultiver par
corvées les terres restantes au seigneur ; mais le
succès des premiers métayers ne tardera pas à
leur faire désirer de partager leur sort, et peu à
peu toutes les terres seront mises en métairies. A
la fin des emphytéoses, on pourra prendre ce
même parti pour les terres qui étaient sous ce
régime.

CONCLUSION.

En résumant tout ce que nous avons dit dans ce mémoire, on en conclura que le métayage n'est point un arrangement arbitraire indépendant des circonstances sociales, mais que c'est un contrat nécessaire, obligé, quand la population agricole ne possédant pas de capitaux, elle est en même temps libre, que les propriétés territoriales ne sont pas dans ses mains, et enfin que les propriétaires sont assez riches pour chercher des loisirs, ou qu'ils peuvent occuper leur temps à d'autres occupations mieux rétribuées ou plus importantes pour eux. La première circonstance interdit le fermage à prix d'argent ; la seconde ne permet pas de songer aux cultures serviles ; la troisième oblige les cultivateurs à prendre les terres d'autrui en payant une rente ; la dernière empêche le propriétaire de se livrer lui-même à l'exploitation de ses terres par le moyen d'ouvriers salariés.

Ces quatre circonstances se rencontrèrent pour la première fois à Rome, quand les lois agraires mirent une limite à l'emploi des esclaves dans l'agriculture. Les propriétaires, occupés des grands intérêts de l'État, furent obligés de traiter avec des prolétaires libres ; l'abolition des lois liciniennes fit reparaître les esclaves dans la culture, et la diminution du nombre de ceux-ci fit rechercher de nouveau les colons libres et reparaître le fermage. Toute la partie de l'Europe où la classe agricole n'a pas accumulé de capitaux suffisans se retrouve dans la même condition partout où l'esclavage a été supprimé.

Ainsi le métayage est un état agricole inférieur au fermage, supérieur aux cultures serviles ; mais c'est un état nécessaire, forcé, qui ne mérite pas le blâme de ceux qui sont plus heureux, mais doit exciter toute l'émulation des pays qui y sont retenus et qui doivent désirer de s'élever plus haut, et faire l'envie des nations qui, réduites encore au système des corvées ou à celui de l'esclavage, ne peuvent arriver à une plus grande perfection qu'en passant par ce degré d'administration agricole.

Ce résultat de notre analyse nous prouve que toutes les déclamations contre le métayage n'étaient que le résultat d'un préjugé scientifique, qui, comme tant d'autres, a besoin d'être réduit à sa juste valeur, si nous voulons que la théorie agricole, faute d'être basée sur l'examen des faits, ne soit pas trop souvent contredite par la pratique.

TABLE.

CULTURE

DES MÉTAIRIES

DANS

LE DÉPARTEMENT DE VAUCLUSE.

1817.

AVANT-PROPOS.

Bien avant d'examiner la théorie du métayage, j'en avais décrit la pratique dans un *Mémoire sur la culture* du département de Vaucluse. Bientôt sans doute des progrès agricoles, qui s'étendent chaque jour dans mon pays natal, auront vieilli cette description de sa culture, fidèle en 1817, quand je l'insérai dans la *Bibliothèque universelle*. Elle restera néanmoins d'abord comme monument historique de l'état du pays, et, de plus, comme présentant un exemple de l'application des principes de la science; application fautive, incomplète, mais qui, par cela même qu'elle a eu une longue durée, mérite bien autrement l'examen que de simples idées théoriques.

Cette sage méthode d'investigation qui procède du connu à l'inconnu, et qui s'appuie sur la connaissance du passé pour améliorer l'avenir, a toujours dirigé mes études. Avant d'innover, je voulais me rendre compte de la nécessité de le faire, des motifs qui avaient réduit la culture à l'état stationnaire, des moyens de faire avec succès des pas en avant, en prenant pour point d'appui les nécessités du climat et les dispositions morales de la population. Sans ces auxiliaires on ne fait rien de durable, et l'on compromet des capitaux dans des entreprises éphémères. Je procédai donc avec lenteur à l'exploration des faits. Tout était nouveau autour de moi, rien n'avait été observé et compris, l'expérience de nos pères ne nous avait pas été conservée par écrit; nous connaissions vaguement et mal nos saisons, nos terrains, nos ouvriers, nos débouchés; déjà on avait essayé des changemens brusques dans les modes de culture; mais ils avaient échoué parce qu'ils étaient une imitation erronée de pratiques faites dans des circonstances différentes que celles où on voulait les appliquer. C'est alors que je cherchai à réunir les élémens qui devaient conduire à la solution du grand problème agricole de la France méridionale dans une série de mémoires que je reproduis dans ce volume. J'examinais la culture

ordinaire de nos métayers, puis les cultures industrielles de l'olivier, du safran, de la garance,
et j'allais terminer mon travail sur celle du
mûrier quand des devoirs politiques m'arrachè-
rent à mes études et à mes travaux champêtres.

On comprendra maintenant de quel intérêt peuvent être, pour tous les agriculteurs qui s'intéres-
sent aux progrès de la science, les recherches cons-
ciencieuses faites sur l'ensemble et les détails de
l'agriculture d'un pays, non seulement comme
exemple d'une direction de pensées suivies pendant de longues années, avec tant de persévé-
rance, non seulement pour les lumières qui
doivent en résulter pour mes compatriotes inté-
ressés à profiter de mon expérience, mais encore
pour établir les principes de la science qui
avaient besoin d'une telle discussion et d'une
telle épreuve, parce qu'on s'était trop hâté de
généraliser et d'élever à la dignité de principes
des faits qui n'étaient que des exceptions. Si les
descriptions locales, telles que celles que j'offre
de nouveau au public, se multipliaient sur des
points éloignés du globe, ces mêmes principes,

passés à un crible plus serré, finiraient par être l'expression de vérités générales, et on ne ferait plus la guerre à la théorie agricole, qui a lors représenterait tous les faits, serait applicable à toutes les situations.

J'espère donc que tous les agriculteurs liront avec fruit les mémoires qui vont suivre, et qu'il en restera quelque chose dans la science à laquelle j'avais voué mes travaux, parce que je la regardais à la fois comme une des plus arriérées et des plus utiles.

Quant aux agriculteurs du Midi qui en retireront une instruction encore plus directe, je me bornerai à leur dire que le *Mémoire sur les métairies de Vaucluse*, qu'ils vont lire, m'est d'autant plus cher, qu'il me rappelle le souvenir, l'amitié, l'approbation de l'honorable M. Puy, ancien maire d'Avignon; il comprit combien de tels travaux pouvaient devenir utiles au pays, et il m'encourageait à les poursuivre.

Toute la description qui va suivre se rapporte à l'état de notre culture en 1817, elle servira de point de départ pour apprécier nos progrès futurs.

SUR LA CULTURE DES MÉTAIRIES

DANS LE DÉPARTEMENT DE VAUCLUSE.

1817.

Un des jours de ma vie qui me laissera les traces les plus profondes est celui où j'ai vu M. de Fellenberg; et cependant des impressions reçues si rapidement étaient plutôt senties que définies. J'avoue que j'ai besoin de m'en rendre compte à moi-même pour pouvoir les comprendre. J'ai approché les plus grands capitaines de notre siècle, les hommes qui disposaient, pour ainsi dire, des destinées de notre génération. J'ai vu les savans les plus illustres, ceux qui ont reculé les limites des connaissances humaines, et qui légueront un grand nom à la postérité; ce que j'ai éprouvé auprès d'eux ne ressemble en rien à ce que j'ai senti à Hofwyl; mon admiration a perdu à s'en approcher, je n'ai plus vu que l'homme en eux; mon esprit a été assez libre pour se livrer à l'observation de leurs manières, de leur langage, de leur physionomie. C'est que chez eux j'ai presque toujours trouvé les talens soutenus, exaltés par l'amour-propre, et le génie lui-même n'être en eux qu'un moyen pour leur

avancement ou leur célébrité. J'arrivais à Hofwyl
très bien préparé à ce que j'y devais voir; le
spectacle que j'y ai trouvé, bien que satisfaisant, n'a rien de grand, d'imposant; la réception
que j'y ai reçue est celle que l'on fait à tous les inconnus qui trouvent Hofwyl sur leur chemin;
mais M. de Fellenberg a ennobli les moindres
actions de sa vie par leur généreuse destination.
Celui qui a consacré son existence, sa fortune, sa
réputation, son avenir au bien de ses semblables,
a su répandre autour de lui une atmosphère de
probité, de noblesse, de grandeur même, à travers laquelle tout homme de bien sera contraint
de voir toutes ses entreprises et toute sa conduite
en beau.

Dans la trop courte conversation que j'eus avec
cet homme célèbre, il m'adressa plusieurs questions
d'une grande importance sur l'agriculture de mon
pays. Il ne comprenait pas comment la culture
du blé alternant chaque année avec une jachère
complète pouvait exister, et comment des terres
dirigées selon un tel système pouvaient payer leur
propriétaire et nourrir le fermier. Je ne pus
alors que lui parler vaguement de nos cultures
industrielles; mais il faut bien qu'un fait qui
passe pour un phénomène, aux yeux d'un aussi
illustre agronome, offre en effet un côté remar-

quable et sur lequel il est nécessaire de jeter du jour, et je crois bien mériter de la science en cherchant à donner une solution complète de cette question qui en présente un si grand nombre d'incidentes.

§ 1. *État de la question.*

Au lieu de demander comment la culture du blé peut se soutenir dans nos provinces sous un aussi mauvais système et avec les frais dont elle est chargée, ne pourrait-on pas d'abord changer entièrement l'état de la question, et demander comment elle peut exister dans un pays où il y a des cultures industrielles qui rapportent un profit élevé; ou au moins comment on ne l'a pas réduite progressivement, au point de maintenir l'équilibre entre la valeur du grain et celle du travail.

En effet, supposons que le prix des grains baissât trop habituellement au dessous de la valeur du travail, n'aurait-on pas dû depuis long-temps borner sa production, changer la proportion entre la demande et le produit, et forcer ainsi les consommateurs à élever le prix? Il faut donc, ou que le prix vénal des grains soit en effet leur prix réel, ou que quelque cause entrave l'extension des cultures industrielles. Nous prouverons dans la suite que le prix vénal des grains est fort au des-

8

sous de leur valeur ; mais il existe des causes qui retardent l'accroissement des cultures industrielles, et ces causes méritent bien que nous les énumérions au moins en passant.

Pour éviter tout mésentendu, nous comprenons sous le nom de *cultures industrielles* toutes celles qui sont destinées à produire des denrées dont la consommation peut être retardée, selon le plus ou moins d'aisance momentanée des consommateurs.

Ces cultures donnent toutes des produits qui ne sont consommés sur les lieux qu'en très petite partie, ils doivent donc passer entre les mains du commerce avant de parvenir à leur destination ; cette destination est peu connue, ou plutôt elle est variable ; le cultivateur ne peut se faire aucune idée juste des besoins futurs ; il règne toujours pour lui une espèce de vague sur le sort de ses produits à venir ; les événemens politiques, actuellement si pressés, ont une grande influence sur les prix commerciaux ; il faut donc braver cette espèce d'incertitude pour se livrer en grand à cette nature de culture ; c'est plutôt une spéculation qu'une opération d'agriculture ; et l'appréciation de toutes ces causes et de leurs effets exige des connaissances qui sont bien éloignées de celles que possède la classe de nos cul-

tivateurs, et même de beaucoup de nos propriétaires.

Si nous considérons ensuite la régularité avec
laquelle la moyenne du prix du blé suit la valeur
du travail et celle de l'argent, et l'extrême irré-
gularité qui règne dans la valeur des produits industriels, nous y reconnaîtrons une seconde
cause bien forte de l'éloignement que bien des cultivateurs prudens ont pour ces derniers. En effet, la
moyenne du blé n'a cessé de monter par une
progression continue de vingt en vingt ans ; l'expérience du passé nous apprend que les variations annuelles de ses prix, qui semblent si fortes, ne
sont que des oscillations qui sont compensées dans
une période de huit ans au plus par des oscillations en sens contraire. Au lieu de ces faits si
tranquillisans et si propres à encourager le cultivateur qui ne veut point hasarder son nécessaire
pour gagner un superflu, n'a-t-on pas vu toutes les
cultures industrielles causer des pertes ou au
moins des mécomptes sans compensation, après
avoir élevé des fortunes à ceux qui ont su saisir
la chance ? Ce tableau n'est-il pas celui d'un jeu
plutôt que celui d'une exploitation agricole ?

Et d'ailleurs les arts, qui font chaque jour de
nouveaux progrès, ne peuvent-ils point trouver
tout à coup les moyens de suppléer à quelqu'un

de ces produits? Que sont devenus les bénéfices des cultivateurs de soude? Ils furent énormes; ils payèrent le sol même où on avait cultivé cette plante, et l'année qui suivit, tous les spéculateurs furent ruinés par l'érection des manufactures de soude factice. Les cultivateurs de garance, comme ceux d'indigo, sont-ils bien à l'abri d'un pareil danger?

Les observations que je viens de présenter ne supposent-elles pas dans le cultivateur une flexibilité pour suivre les cours, prévoir les pertes, abandonner ou reprendre une culture, éviter les périodes de décadence, flexibilité que l'on trouve rarement même dans les commerçans et après un long apprentissage.

Enfin, toutes ces objections ne sont, pour ainsi dire, que préliminaires, et si nous abordons les difficultés des cultures en elles-mêmes, nous trouverons : 1° que leur établissement exige toujours de grands capitaux et que ces grands capitaux n'existent pas chez nous; le cultivateur ne peut étendre ses cultures industrielles que par les faibles produits de son économie, c'est à dire pas à pas; 2° que ces cultures épuisent la terre sans lui restituer les engrais qui leur sont consacrés; qu'elles ne peuvent donc marcher que concurremment avec des cultures et des consomma-

tions considérables de fourrage qui n'existent pas
chez nous , ou avec des achats d'engrais ; 3° qu'à
mesure que ces cultures s'étendent, la valeur des
engrais croît dans la même proportion que leur
produit diminue.

Ce n'est donc que graduellement, après un apprentissage, après des essais réitérés , qu'une
culture industrielle s'établit et s'étend dans un
pays. Tant d'obstacles ne peuvent être vaincus
tout à coup, et par le plus grand nombre à la
fois. Mais dès qu'une fois on est affranchi de ce
tâtonnement, les progrès deviennent plus rapides et se signalent bientôt sur toute une contrée.
C'est ce qui est arrivé pour la vigne dans le Bas-
Languedoc, pour les mûriers dans les Cévennes
et le Dauphiné, pour la garance dans Vaucluse ;
et cependant, ces progrès sont bornés à des localités définies, et ne passent un fleuve ou un co-
teau qu'avec des difficultés incroyables et qui
ne sont pas la partie la moins curieuse de l'histoire de ces cultures.

On concevra maintenant comment l'ancien
système n'a pu perdre que graduellement du terrain ; comment, malgré l'évidence de ses défauts,
il reste encore en possession d'une grande partie
de nos terres. Mais on voit aussi que peu à peu
la proportion du blé aurait baissé et que ses prix

se seraient élevés dans ce pays, par la concurrence des cultures, à un taux suffisant pour payer les travaux qu'il nécessite, sans une cause permanente et tout à fait impérieuse, qui, agissant sans cesse comme perturbatrice, baissera toujours la valeur des grains chez nous, et nous obligera à perfectionner nos procédés pour obtenir le blé à plus bas prix, tout en faisant concurrence à ses productions par les cultures industrielles. Cette circonstance est l'importation du grain de pays où sa valeur intrinsèque est moindre que celle qu'elle peut avoir pour nos cultivateurs. La Bourgogne complète notre provision par le Rhône, et c'est cette circonstance qu'il s'agit aussi d'apprécier soigneusement (1). Il faut donc bien comprendre que l'état de ce pays, relativement aux grains, est celui-ci : 1° les grains du pays coûtent plus à recueillir qu'ils ne se paient, en tant que les blés sont recueillis par la méthode de jachère alterne, et dans des terres d'une fertilité moyenne; 2° cet état dépend d'une concurrence constante avec une contrée où la valeur intrinsèque du blé est moindre pour le cultivateur, et d'un assole-

(1) Depuis cette époque, l'arrivage des grains de la mer Noire et de l'Afrique a encore changé la position de nos cultivateurs ; mais en abaissant le prix du blé il a favorisé les progrès des cultures industrielles.

ment vicieux, où l'on fait supporter au blé les
frais de deux années de travaux et de rente;
3° cet état ne pourrait durer sans ruiner les cultivateurs, si ce n'était l'association, à la culture
des blés, de cultures industrielles, qui par leurs
bénéfices compensent en partie les pertes habituelles de la culture des grains; qu'ainsi la culture se compose partout, sans exception, dans
toutes les terres d'une fertilité moyenne ou inférieure, de la culture des grains, considérée comme
principale et qui met en perte, et d'une culture
industrielle, considérée comme accessoire et qui
compense la perte; 4° que la perfection de ce système consistera dans l'extension suffisante des
cultures industrielles surtout dans tous les terrains où le blé ne peut être produit sans perte et
dans une culture perfectionnée du blé avec suppression de la jachère, qui mette les cultivateurs
à portée d'obtenir ces produits à meilleur compte.
Il n'est pas douteux aussi que, par le moyen de
cette culture perfectionnée, on n'élève au niveau
de la consommation la production du grain, et
qu'on fasse concurrence avantageuse avec les pays
qui par leur situation géographique et agricole
peuvent nous envoyer leur blé.

Mais tous ces aperçus demandent des dévelop-
pemens que je vais tâcher de donner, et qui pré-

senteront ce pays sous un jour trop peu connu de ses propres habitans. Je les ferai précéder d'une description rapide de la culture du blé dans ces contrées, qui rendra mes calculs plus intelligibles et m'évitera des répétitions.

§ 2. *Description de la culture du blé.*

Depuis le commencement de juillet, époque à laquelle les gerbes sont enlevées des champs pour être transportées sur les *aires*, ceux-ci sont abandonnés au parcours des troupeaux, jusqu'à l'époque où les herbes crues parmi les chaumes sont consommées. Le parcours recommence à l'approche du printemps, dès que les champs se recouvrent de quelque verdure. Les troupeaux suivent alors de près la charrue, qui quelquefois, dès le mois de février, peut entrer dans les terres pour y effectuer la première œuvre, à laquelle on donne le nom de *soulever*.

Il y a quarante-cinq ans que la charrue était inconnue dans ce pays; on n'y connaissait que l'araire, c'était la charrue des anciens avec quelque modification. Cette machine imparfaite, composée, quant à la partie agissante, d'un soc en fer, et de deux oreilles en bois placées en forme de coin, ne faisait que tracer un sillon en pressant la terre de part et d'autre, et l'entr'ouvrait

sans la renverser. Cet instrument, encore connu
aujourd'hui, mais employé d'une manière plus
judicieuse, remplissait donc la fonction de diviser la terre, mais nullement celle de détruire les
herbes adventices qui l'occupaient, en enlevant
leur fane et mettant leurs racines à découvert.
On sent combien, pour suppléer à ce défaut, les
labourages durent être multipliés. Faute d'enterrer les mauvaises herbes, il fallait les détruire
en les déplaçant sonvent. Il fut donc décidé par
les agriculteurs d'alors que la terre ne pouvait
être tenue nette d'herbes, à moins de sept labours
différens, donnés avec un araire attelé de deux
mules ; et cette règle devint la base de tous les
baux dans les pays où la culture du blé obtint
quelque attention : elle se conserve encore par
habitude dans les stipulations de quelques pays.

A l'époque dont nous avons parlé, on introduisit dans le pays une excellente charrue sous le
nom de *coutrier* (1). La description et le dessin
qu'en a donnés M. le président de la Tour d'Aigues
(*Mémoires de la Société d'agriculture de Paris*,
1791, trimestre d'été) me dispensent d'en parler
plus au long ; je me contenterai de dire qu'elle a
un soc d'une largeur égale à la hauteur de l'o-
reille, en fer battu, contourné de manière à ren-

(1) Cette charrue est aussi connue sous le nom de charrue de
Montélimar, quoiqu'elle ait d'abord été mise en usage en Provence.

verser complétement la terre. Cette machine est
très maniable, légère, peu coûteuse, et fait un
très bon travail. Dès son introduction, nos terres
purent recevoir des labours plus profonds ; le coutrier que l'on construit de différentes dimensions,
de manière à employer de deux à huit chevaux et
plus encore (1), put suppléer les travaux à bras
dans un grand nombre de cas ; les propriétaires
en apprécièrent les effets, et en compensation de
ce que son usage coûtait plus cher au fermier,
qui y attelait un plus grand nombre de bêtes qu'à
l'araire, il fut convenu que toute œuvre faite
avec quatre chevaux équivaudrait à deux des labours exigés précédemment. Cette nouvelle con-
vention est devenue la base de notre culture actuelle ; et l'araire n'a plus eu d'autre fonction
que celle de recouvrir les semences. Dans quelques localités cependant, une partie des œuvres
a continué à se donner avec l'araire à deux bêtes,
et l'autre avec le coutrier. Je ne m'arrête pas davantage aux instrumens de labourage. Les sept
labours avaient lieu en février, mars, avril, mai
ou juin, août, septembre et octobre. Le septième, qui prend le nom de *trousser*, précédait
immédiatement les semailles. Cet usage s'est encore conservé en Provence, et particulièrement

(1) On en voit un dans un de mes domaines, destiné originaire-
ment à arracher la garance, et auquel on attelait vingt chevaux.

à Tarascon. Mais dans le lieu même, on fait le labour du mois d'août avec six ou huit mules, et on supprime celui de septembre.

Dans le département de Vaucluse, la besogne est aujourd'hui bien simplifiée. On *soulève* la terre en février ou mars avec le coutrier à quatre bêtes ; dans les fermes qui n'ont qu'un moindre nombre de mules, on s'associe avec ses voisins. On s'arrange de manière à croiser ce labour par un labour avec deux bêtes avant la moisson ; au mois de septembre, on *trousse* les terres avec deux bêtes encore, et c'est sur ce travail qu'on sème depuis le commencement d'octobre jusqu'au 15 novembre ordinairement.

Je ferai peu d'observations sur les attelages. Des petites mules qui coûtent peu d'achat, qui ne sont point sujettes aux maladies et qui s'entretiennent avec de la paille et de la balle de blé, sont des animaux précieux dans un pays où il n'y a point de capitaux et peu de prairies. Rien ne pouvait remplacer ce don de la Providence pour nos cultivateurs.

L'époque des semences serait un objet plus susceptible de discussion. Les semences précoces ont de grands inconvéniens dans nos pays si l'automne est long et doux. Les terrains se chargent alors de mauvaises herbes et les insectes attaquent et dé-

truisent les plantes. Ces accidens sont trop fréquens pour ne pas mériter toute l'attention des
cultivateurs. D'un autre côté, si le temps devient
pluvieux après le 1er novembre, les semences
sont quelquefois retardées indéfiniment sur un
grand nombre de nos terres sujettes à former de
grosses mottes tenaces et que l'on ne peut semer
quand elles sont humides, et d'ailleurs, si l'hiver
est précoce, les plantes souffrent, s'enracinent
mal, et risquent beaucoup des temps pluvieux et
froids du mois de mars. Ainsi, dans les terrains
riches, abondans en insectes, en herbes, faciles à
sécher, les semences précoces sont un aussi grand
mal que peuvent l'être les tardives dans les
terres argileuses, peu riches en humus et peu sujettes aux insectes et aux mauvaises herbes.

La quantité des semences à mettre en terre varie singulièrement selon la fertilité plus ou moins
grande du terrain, de sorte que le terrain le plus
fertile est celui où l'on met le plus de semence.

Bien des personnes trouvent ce fait singulier.
Pourquoi, disent-elles, ne pas semer plus épais
dans les mauvaises terres trop disposées à donner
des blés clairs? Ce sont ces mêmes personnes qui
plantent les vignes et les oliviers très espacés sur
les mauvais sols pour qu'ils puissent y trouver
leur nourriture et y porter plus de fruits!

On sème chez nous deux espèces de fromens, toutes les deux d'hiver; la *seisette*, blé tendre, peu barbu; et la *boucharde*, blé dur à barbe rousse ou noire très épaisse; depuis quelques années, un petit nombre de cultivateurs introduit un autre froment tendre sans barbe, que l'on connaît en Languedoc sous le nom de *touselle*. Il est remarquable que jusqu'à cette époque le Rhône avait servi de ligne de démarcation entre la seisette et la touselle, et qu'elles étaient cultivées exclusivement l'une au levant, l'autre au couchant de ce fleuve. Je n'ai aucune donnée positive pour comparer rationnellement ces deux variétés. Les autres grains que l'on sème chez nous sont le seigle, le méteil, connu sous le nom de *consegal*, l'orge commune ou petite orge quadrangulaire; la grande orge ou orge commune à épi plat (*hordeum distichum*), connue ici sous le nom de *poumoule;* l'avoine, variété à grains noirs et pesans que l'on sème également ou à l'entrée de l'hiver ou au printemps; enfin le locular (*triticum monococcum*), connu ici sous le nom d'*épeautre*. Je ne parle pas de plusieurs essais partiels d'introduction, qui se soutiennent encore sur quelques points épars du département : ainsi l'on sème, dans quelques sables, l'orge à six rangs; dans des terres fertiles, le blé d'abondance ou de Smyrne, à très gros grains; et le blé de Pologne (*triticum Polonicum*) que l'on y connaît sous le nom de *seigle de Jérusalem*.

Nos cultivateurs attribuent de grands effets au changement des semences, et cette opinion est loin d'être un préjugé, quand on choisit, pour remplacer un grain rétréci, mal nourri, qui souffre depuis plusieurs générations sur des terres peu fertiles, une semence vigoureuse, telle qu'on se la procure dans les plaines de Graveson, de Maillanne, de Tarascon. La raison que j'allègue ici est la seule véritable, car il est inouï que l'on songe à changer de semences dans les terres fertiles et que l'on maintient dans un état de netteté satisfaisant. Je pense que l'opinion qui porte à rechercher de préférence des blés venus de quelques lieues plus au midi est un véritable préjugé; mais il est fondé pour nous sur ce que les pays qui nous avoisinent au nord sont réellement moins fertiles que ceux du midi et donneraient par conséquent des grains moins beaux. Les pays dont on recherche la semence s'attachent à tenir leurs terrains très nets et cultivent de préférence des blés d'un grain très fin, plus estimés par nos fermiers, sans doute parce qu'à égalité de mesure ils obtiennent ainsi un plus grand nombre de grains. Au reste, la finesse de ce grain ne provient nullement de faiblesse;

car il donne beaucoup de fleur de farine, et
pèse plus que le grain le plus gros.

La semence étant préparée, le semeur, muni
d'une besace qu'il porte devant lui de manière à
pouvoir y plonger les deux mains à la fois, se
dirige le long des sillons qui ont été ouverts de
distance en distance avec un sillonneur à bras;
il croise les jets de ses deux mains, et ne passe
qu'une fois sur le même terrain. On enterre de
suite ce grain à trois pouces de profondeur par
le moyen de l'araire. On dit s'être mal trouvé
des semences enterrées à la herse; les grains ont-
ils besoin chez nous d'être enterrés d'autant plus
profondément qu'ils ne sont jamais préservés de l'effet des gelées par une couche de neige permanente?

Après avoir semé, on ouvre avec la charrue
des raies d'écoulement de distance en distance,
et le grand œuvre est accompli.

Jusqu'à l'époque de la moisson, les soins donnés
au blé consistent tout au plus en un léger sarclage avec la *houlette*. Les blés fleurissent vers le
commencement de mai et parviennent à leur
maturité vers le milieu de juin. Les maladies
auxquels ils sont sujets sont le rachitisme, le
charbon, plus rarement la carie. Un insecte qui
se loge dans la tige du blé, quand l'épi est formé,
le dessèche avant sa maturité et cause d'assez
grands ravages : l'épi blanchit alors et prend l'ap-

parence d'un épi mûr; mais les balles sont vides.
D'autres insectes attaquent aussi le blé à diverses
époques de sa végétation et le coupent ou dans
les racines ou près du collet. Mais les principaux
ennemis des blés sont, chez nous, l'humidité
dans les terres fortes; les grands vents dans les
terres marneuses sans liaison qui se boursou-
flent par l'effet des gelées; et les sécheresses du
printemps dans les terres sablonneuses. Quant
à ceux qui ne donnent pas de bonnes jachères ou
qui sèment trop tôt et avant qu'une pluie d'automne ait disposé les mauvaises herbes à parai-
tre, ils peuvent s'attendre à ce que les plantes
inutiles disputeront les sucs de la terre au blé.
Enfin, il est une circonstance de culture toujours
fatale dans nos pays et qui favorise à l'excès la
sortie de certaines plantes, surtout de l'avoine folle,
du ray-grass et du coquelicot, c'est le mélange
d'une couche de terre humide avec une couche
de terre sèche. Cet effet est connu dans ce pays
sous la dénomination de *terre gâtée* (1). On peut
ajouter à tous les inconvéniens qui menacent nos
récoltes, ceux des brouillards et de la pluie pendant la floraison du blé, c'est à dire du 1er au
15 mai et le défaut de vent du nord pendant cette
même période. En effet, l'humidité doit détrem-

(1) Ce phénomène est décrit dans le Mémoire sur les assolemens
du Midi, qui se trouve dans ce volume.

per le *pollen* du blé; et le vent du nord, le plus sec de tous nos vents, doit contribuer à le maintenir dans un état de dessiccation convenable; mais, après l'examen d'un assez grand nombre de tableaux météorologiques et géorgiques rédigés à Orange, il m'a semblé que l'effet de l'humidité sur la floraison du blé était bien moins marqué que celui qu'elle avait sur la formation du grain dans le courant du mois de juin. Quand le blé approche de sa maturité, s'il survient des pluies ou des brouillards alternant avec des coups de soleil violens, le grain se rétrécit, s'atrophie quelquefois entièrement, et la récolte risque d'être perdue.

Nos blés sont abattus avec la faux composée décrite par Rozier (*outils d'agriculture*); dans les plaines de la Provence, on a conservé l'usage de les faire moissonner à la faucille par des montagnards. Ils sont ensuite mis en petits gerbiers (*gerberon*) de cinquante à soixante gerbes chacun et espacés sur toute la surface du champ : ces gerberons sont enlevés au bout de quelques jours et transportés sur l'*aire*, surface aplanie et battue auprès du domaine, où ils sont réunis en un seul gerbier allongé (le chevalet). C'est dans les premiers jours de juillet ordinairement que commence le foulage. Il a lieu dans les départe-

9

mens qui bordent la Méditerranée, par le moyen
de troupes de chevaux camargues (1) qui se répandent alors de tous les côtés, et sont loués par
les fermiers pour cette opération.

Les chevaux camargues ne pénètrent pas bien
avant dans Vaucluse (jusqu'au Thor seulement),
et dans tout le reste du département, les fermiers
dépiquent leur récolte avec leurs propres mulets.
Mais cette pénible opération, faite dans une saison si chaude, les épuise, et leur rend tout travail impossible pendant long-temps et jusqu'à
ce qu'ils aient repris leur force. On prendra une
idée assez juste des frais de la moisson, en sa-
chant que, dans une année moyenne, tout l'ensemble de ces opérations, depuis le sciage des
grains jusqu'au vannage inclusivement, coûte le
dixième du prix du grain. Autrement, il en
coûte 10 francs par hectare pour le sciage en
nourrissant les ouvriers, ce qui, attendu leur
intempérance, revient au double; et le quatre
pour cent du produit en grain pour le foulage;
ne sont point comprises ici toutes les opérations
de criblage, vannage, transport, qui sont à la
charge du fermier. Voilà ce qu'il en coûte dans

(1) Race de chevaux blancs, nés dans l'île de la Camargue, errant
par troupes dans les marais une partie de l'année, et n'étant soumis à aucun autre travail que celui du foulage des grains.

les départemens où l'on fait à prix d'argent toute
la moisson. Le battage uni au criblage, sans y
comprendre la moisson, coûte un seizième de la
valeur du grain en Allemagne (Thaër, t. 1, p. 166);
ces opérations coûtent ici, année moyenne,
le vingtième environ de la valeur des grains.
Dans Vaucluse, l'opération du fauchage est moins
coûteuse que celle de la moisson à la faucille; il
en coûte 10 francs par hectare, sans nourriture;
mais il est bien douteux que le foulage par les
bêtes de travail de la ferme soit une économie;
la récolte en est prolongée indéfiniment, et tous
les autres travaux en sont péniblement entra-
vés (1).

Tous les vœux se réunissent pour suppléer
ces opérations par une bonne machine à battre
les grains. Elle n'aurait pas même ici l'inconvénient de diminuer les travaux de la classe ouvrière, puisque ce n'est pas elle qui en est
chargée dans l'état actuel des choses. Le rouleau
a été essayé et abandonné, comme fatiguant trop
les chevaux.

L'opération du ventement remplace ici le van.
Le grain mêlé à la balle est projeté avec des pelles
en sens contraire de la direction du vent, qui

(1) Voyez les notes sur le foulage des grains, dans le Midi, qui
suivent ce Mémoire, et où ces données sont modifiées.

entraîne la balle et laisse retomber le grain. Mais la machine à vanner s'introduit aussi depuis quelques années, et sert efficacement, quand notre fidèle vent du nord ne vient pas nous aider à cette opération.

Il serait trop long et tout à fait superflu de décrire le détail des manœuvres usitées dans ce pays pour opérer tous ces effets. Quelque curieux qu'il soit, il serait sans utilité pour les étrangers, et sans intérêt pour mes compatriotes.

§ 3. *Produit de la culture du blé.*

Je crains fort que les personnes moins instruites en agriculture que l'illustre propriétaire d'Hofwyl ne regardent comme un paradoxe la proposition que j'avance ici, en disant que la culture du blé, dans son état actuel, est onéreuse au propriétaire. Cette proposition, que les grandes connaissances de M. de Fellenberg lui faisaient pressentir *à priori*, a besoin d'être prouvée pour le grand nombre. Ceci m'est d'autant plus facile, que je possède les documens nécessaires pour éclaircir la question, et que je puis les choisir dans ma propre expérience.

Le mode presque général d'exploitation dans ce département est celui des *métayers* ou *co-*

lons partiaires. On a beaucoup écrit sur cette méthode et sans décider la question, qui me semble pouvoir l'être en peu de mots, par ceux qui possèdent les données du problème.

Le métayer est dans une plus grande dépendance de son maître que le fermier. Ainsi, tout homme qui possédera des capitaux suffisans aspirera à être fermier ou propriétaire, par cet amour inné de tous les hommes pour l'indépendance. Or, il n'y a aucune amélioration, sans capitaux; la méthode des métayers, qui n'en ont aucun, n'est donc bonne que là où l'on n'est pas assez avancé pour désirer des améliorations; et là où les améliorations sont faites, le système des métayers est essentiellement conservateur de ce qui existe, soit en bien, soit en mal. Si la Toscane nous présente des fermes prospérant sous ce régime, cette prospérité est le fruit de la dernière de ces positions; de grandes fortunes ont permis jadis au propriétaire de faire de grandes améliorations; il ne s'agit plus aujourd'hui que de conserver; mais chez nous le système des métayers tient à ce que l'on ne désire pas encore généralement les améliorations, et qu'on ne sait pas leur faire de sacrifices. Faute de cette distinction importante, combien de paroles vagues n'a-t-on pas dit sur la question qui nous occupe en passant ?

Notre changement de situation, quant à l'agriculture, ne pourra venir que de la formation d'un
capital entre les mains des propriétaires ou des
fermiers, et c'est cette condition à laquelle j'en-
trevois bien des difficultés. Les propriétés sont
en général fort subdivisées, les fortunes sont
rares, et la vie bourgeoise, c'est à dire oisive,
est beaucoup trop commune chez les personnes
qui n'ont que le strict nécessaire. Ainsi, nous
ne pouvons espérer un changement favorable que
de la part des négocians qui prospéreront et dé-
verseront leurs fonds dans l'agriculture, ou bien
de propriétaires aisés, cultivant eux-mêmes de
leurs propres mains, s'adonnant à une agriculture lucrative, et formant des économies annuelles. Quant aux métayers, il y en a trop peu d'en-
treprenans jusqu'à présent; leurs petites économies sont placées aussitôt en achat de terres, et
les terres achetées ainsi par petites portions sont
fort coûteuses; ainsi, n'osant pas se lancer dans
la carrière des fermages et des entreprises agricoles, ils bornent eux-mêmes leur destinée; et
leur petit pécule, divisé et subdivisé entre leurs
enfans, est souvent détruit entre leurs mains.
Les seuls terrains de Vaucluse, où il existe un
capital disponible destiné à l'agriculture, sont
ceux où les premiers succès de la garance se sont
fait sentir, et quelques parties autour des villes

où se concentrent les économies faites dans le commerce.

Mais puisque la méthode des métayers est générale, c'est elle surtout qui doit nous éclairer sur l'état de la culture du blé. Voyons donc avec quel succès elle lutte contre ces difficultés. Il serait naturel d'établir nos calculs sur les terres de fertilité moyenne. Mais la difficulté serait de connaître positivement cette moyenne. L'opération du cadastre a été faite avec trop d'ignorance, et trop de partialité, pour que ce fût une base suffisante, quand bien même il serait achevé. Nous ne pouvons donc être guidé dans cette appréciation que par un certain tact, l'habitude d'avoir des terres, et l'avantage d'avoir des propriétés dispersées dans des terrains de nature très variée dans ce pays. L'auteur de la statistique de Vaucluse, travaillant d'après des données semblables, nous paraît s'être assez rapproché de la moyenne que nous cherchons, en fixant (page 293) la quantité de grains récoltés à huit hectolitres par hectare. Cependant, en considérant la proportion des terres infertiles aux bonnes terres dans ce département, je serai plutôt disposé à croire que l'évaluation pèche en plus. D'ailleurs, dans la matière qui nous occupe, je ne tiens à fixer cette moyenne que pour prendre une base plus élevée encore. En prouvant le plus, j'aurai prouvé le moins. J'établis donc mes calculs sur des terres qui produisent douze hectolitres par hectare. Le compte que je vais présenter est tronqué, il y manque le tableau des cultures industrielles associées, mais il fallait procéder ainsi pour apprécier séparément les produits du blé.

Tableau des produits d'une exploitation de dix hectares dans l'assolement d'une jachère, deux blés, sous le régime des métayers.

Compte du maître.

Moitié de soixante hectolitres de blé au prix moyen de 24 francs. . . . . 720 f.

Le fermier peut tenir environ deux bêtes à laine par hectare qui se nourrissent sur les chaumes, et de plus un cochon qui vit des débris du ménage ; dans des terres de cette fertilité, il est d'usage que le maître reçoive, pour sa part de ces produits, la somme de 12 fr. par hectare. 120

Sur la basse-cour une douzaine de poulets. 18

Douze douzaines d'œufs à 45 cent. 5 40

Total. . . 863 40

A déduire.

Pour impositions. 100
Pour rentes de 25 ares de prairies
cédées au fermier pour la consommation
de ses bêtes de travail. 60
Réparation des bâtimens. . . . 20

                        Total. . . . 180

Reste pour payer la rente du fonds 683 francs
40 cent., ce qui suppose une rente de 68 francs
34 cent. par hectare de terres fort supérieures à
celles de la moyenne du pays. Or, un hectare de
terre pareille se vendrait au moins 2,400 francs.
C'est donc 2 fr. 84 cent. pour 100 que l'on retire
de son capital en se livrant uniquement à la
culture du blé. Le compte du fermier, que nous
allons présenter, concorde parfaitement avec
celui-ci.

Compte du fermier.

Moitié de 60 hectolitres de blé. . . 720 fr.
Sous ce régime misérable, le trou-
peau ne peut payer aucune rente. Les
frais de garde absorbent les produits.
Mais comme cette garde est ordinairement confiée à un des enfans du fermier
qu'il serait également obligé de nourrir,

          A reporter. . . . 720

Report. 720

il compte sur ce produit pour environ
6 fr. par bête. 120

Un cochon gras, déduction faite de la
valeur d'achat. Les cochons engraissés
dès leur première année, parviennent
rarement à deux quintaux. . . . 80

Une truie ou l'équivalent en éléves. 80

Basse-cour. 50

Total. . . 1,050

A déduire.

Semences fournies entièrement par
le métayer dès que le produit de la terre
surpasse 10 hectolitres par hectare en
moyenne; ainsi 10 hectolitres de semence à 24 fr. . . . . 240 fr.

Rente en argent, payée au maître. . 120

Blé pour sa nourriture et celle du petit
berger, 8 hectolitres à 24 fr. . . . 192

Vin (il en boit seulement dans les
grandes chaleurs et les grands travaux
et trempé d'eau), 12 décalit. à 1 fr.
25 cent. 15

Lard. 25

Huile. 20

A reporter. . . . 612

Report. 612

Intérêt de la valeur des bêtes de travail, deux mules à 600 fr. la paire. . 60

Intérêt et usage des instrumens et
charrettes. 30 60

Maréchal. 20

Bourrelier. 10

Total. 732 60

Reste pour gages et bénéfice. . 317 40

Ce bénéfice ne représente exactement que les
gages d'un maître-valet. Observons aussi que
tous nos métayers ont une famille et que sa nourriture doit être prélevée sur ce produit, qui ne
laisse aucun reste s'ils ont une femme et deux
enfans; enfin il ne faut pas oublier que cet état
est celui de métayer placé sur des terres d'une
valeur bien supérieure à la moyenne, et par conséquent dans une position très favorable.

Ces résultats doivent nous porter à réfléchir
sur leurs causes. Pourquoi le blé nous coûte-t-il
si cher à recueillir? ne peut-on remédier à ce
vice radical par des moyens inhérens à la culture du blé? Je réponds à ces deux questions
que ce qui surcharge ainsi le compte du blé c'est
le temps perdu. On perd ce temps à cause de la
mauvaise répartition des cultures dans les diver-

ses saisons de l'année. Pour remédier à ce mal,
il faut adopter un assolement qui emploie utilement le temps du fermier et de son attelage dans
les intervalles où il ne fait rien maintenant que
consommer à pure perte les produits du sol. Il
est utile de mettre ces assertions hors de doute,
et je ne puis le faire ici d'une manière plus évidente qu'en extrayant du journal d'une exploitation les journées utiles consacrées dans chaque
mois à la culture ou à la récolte du blé, dans une
ferme de l'étendue de dix hectares, et cultivée
par un métayer et deux mules. On sera étonné à
la fois de la mauvaise répartition de l'ouvrage et
du petit nombre de journées de travail.

MOIS.	NATURE DU TRAVAIL.	Quantité de journées d'hommes.	Quantité de journées de bêtes.
Janvier.	Bêcher pour légume et jard.	12	
	Sortir le fumier de la berger.	2	
Février.	Charrier le fumier.	2	4
	Bêcher.	12	
Mars.	Premier labour.	8	16
	Semer pommes de terre. . .	1	2
Avril.	Premier labour.	7	14
	Jardinage. . . , ...	2	
Mai.	Jardinage.	2	
	Rentrer le foin.	2	2
Juin.	Second labour.	10	20
	Faucher le blé.	11	
Juillet.	Faucher le blé et l'entrer. .	7	7
	Travaux de battage.	16	9
	Fumier.	1	
	Jardin.	2	
Août.	Travaux d'aire.	2	3
	Troisième labour.	5	10
	Second foin.	2	1
	Fumier.	1	2
	Jardin.	3	
Septembre.	Troisième labour.	6	12
	Semer orge pour dépattre. .	1	2
	Fumier.	1	2
	Nettoyage des fossés.	4	
	Jardin.	4	
Octobre.	Semer.	15	15
Novembre.	Semer.	5	5
Décembre.	Bêcher.	12	
	Total.	158	126

Ainsi, pendant les mois de décembre et de janvier, les bêtes de culture sont dans une oisiveté absolue, et, pendant la totalité de l'année, le métayer n'est occupé utilement que cent cinquante-huit jours; et ses bêtes, que soixante-trois seulement. Un pareil ordre de choses est-il

tolérable? est-il possible? Il est vrai que, pour
compléter ce tableau, il faut ajouter au compte
des journées d'hommes une quinzaine de journées employées, pendant le mois de mai, à aider
sa femme dans l'éducation des vers à soie ; mais
le tableau ci-dessus n'en est pas moins l'expression exacte de la réalité, dans tous les pays où il
n'y a pas de grande culture de vigne qui occupe
les animaux une partie de l'hiver.

Ces réflexions ont été faites et méditées par nos
plus grossiers métayers. Ils ont senti, pour la
plupart, l'importance d'employer les momens
précieux qu'ils perdaient dans l'oisiveté ; quelques uns, en petit nombre, ont cherché à faire
tourner à leur profit le temps qui s'écoule du
mois d'octobre au mois de mars, en faisant leurs
travaux avec des bœufs, en les engraissant l'hiver, pour en acheter d'autres à l'ouverture des
travaux. Cette spéculation serait profitable, si le
fermier avait des ressources pour rendre l'engrais
des bœufs bien complet ; mais, dès le moment qu'on
vend une bête à peine en chair, on doit s'attendre à peu de bénéfice. La réussite de ce moyen
sera la suite d'une amélioration considérable apportée à l'ensemble de nos cultures. D'autres
fermiers se procurent des mules d'une force bien
supérieure à celle exigée pour leurs travaux, et

dès que les semences sont finies, ils se consacrent au roulage sur la route de Marseille à Lyon et à Paris. J'en ai vu peu réussir dans cette entreprise. Le roulage n'étant pour eux qu'une affaire secondaire, et la concurrence étant fort grande, les prix des transports sont peu avantageux. D'ailleurs, ils prennent sur la route des habitudes de paresse, de gourmandise, d'improbité, qui leur sont très désavantageuses. La perte de quelques mulets les décourage ou les ruine ; souvent les momens les plus favorables à la culture se passent pendant leur éloignement et à leur propre détriment ; enfin leurs maîtres sont mécontens de leurs absences et finissent par les renvoyer. Ce moyen, qui peut paraître séduisant au premier aperçu, est donc bien évidemment désavantageux, et il faut en revenir forcément à des ressources sortant des travaux agricoles eux-mêmes. Ces ressources ne peuvent être qu'un bon assolement bien combiné.

§ 4. *Produits industriels associés à la culture du blé.*

Nous avons suffisamment démontré, dans le paragraphe précédent, que la culture du blé isolée ne pourrait nullement se soutenir dans ce pays ; que la rente de la terre y serait non seu-

lement très faible , mais encore que le métayer
ne recueillerait pas , même sur des terres fort au
dessus des médiocres , de quoi suffire à l'alimen-
tation de sa famille.

Ce système alterne ne pouvait exister dans un
temps où les pâturages étaient fort étendus , où
par conséquent la nourriture des bestiaux formait l'essentiel et le labourage l'accessoire ; mais,
depuis , les défrichemens progressifs , les engrais
diminués , la ressource des bestiaux enlevée durent
produire une période de misère fort grande parmi
nos cultivateurs : ce fut dans cette situation qu'ils
s'adonnèrent à la culture de l'olivier et s'y obsti-
nèrent malgré le climat. Ce produit , comme le
plus commerçable , fut le premier introduit ;
l'olivier s'étendit alors jusqu'auprès de Valence.
Le vin ne devint que plus tard un objet de commerce ; l'état des routes, le défaut de communication des peuples s'opposèrent long-temps au transport des vins de qualité inférieure , ce n'est que
depuis peu de temps que cette branche est sortie
de l'enfance par les progrès de la distillation et
par l'extension des moyens de transport. Ainsi,
ceux qui introduisirent la culture des mûriers
dans ce pays lui rendirent un service signalé.
Celle de l'olivier est maintenant fort restreinte
dans Vaucluse , elle est bornée à des coteaux

et des abris particulièrement avantageux ; surtout dans les arrondissemens de Carpentras et
d'Apt. La vigne fait des progrès très importans et que je me propose d'apprécier dans la
suite, mais sa culture est aussi cantonnée ; d'ailleurs, il est rare que le propriétaire ne se la
réserve pas et qu'elle soit abandonnée au métayer.
Ainsi, c'est la culture des mûriers qui est étendue partout, c'est elle qui est la plus ordinairement associée à celle des terres, et c'est elle qui
doit nous occuper ici dans ses rapports avec la
production du blé.

   L'éducation des vers à soie arrive dans le moment où les grands travaux de la moisson ne
sont pas encore ouverts ; et, avec un peu de prévoyance, il est facile d'arranger les travaux d'une
ferme, de manière à ce qu'elle n'emploie pas de
temps précieux. Un fermier avec sa femme et
leurs enfans et une ouvrière, pendant les huit
derniers jours, dans le cas où les enfans sont
très jeunes, peuvent élever cinq onces de graine
de vers à soie ; et c'est justement la proportion
que l'arrangement des terres me présente le plus
souvent dans un domaine de dix hectares d'étendue. Il y aurait sans doute une déduction à faire
sur les produits de cette récolte pour la quantité
des sucs consommés par les mûriers au préju-

dice du blé, et elle deviendrait plus considérable encore dans un système d'assolement où l'on introduirait les prairies artificielles, à cause de l'espace vacant que l'on est obligé, dans ce cas, de laisser au pied des mûriers, qui sont singulièrement fatigués par le séjour des longues racines des légumineuses. La déduction à faire sur le produit des grains n'a pas été encore fixée expérimentalement pour tous les terrains; sur un terrain fertile et assez profond, je l'ai trouvée de quinze décalitres par once de graine pour les terres ensemencées. Quant à la déduction à faire pour les prairies artificielles, il serait plus facile de l'estimer, puisqu'on pourrait juger à l'œil de la distance convenable dans chaque terrain pour que la culture du fourrage ne portât pas préjudice aux mûriers. Mais il ne peut pas être question de cette dernière déduction dans nos circonstances agricoles actuelles, et quant à celle qu'il faudrait exercer sur les grains, bien des personnes pensent que l'engrais fourni par les vers à soie équivaut à peu près à ce que les mûriers consomment de sucs de la terre. Cette opinion n'est encore qu'une conjecture, qui devra subir avec le temps un examen sévère : nous ne l'admettons que provisoirement.

Le compte du maître dont la recette nette était de . . . . . 683 f. 40 c.
sera modifié ainsi qu'il suit : pour
moitié du produit de cinq onces de
vers à soie, donnant en moyenne
200 liv. de cocons, à 1 fr. 25 cent. la
livre. 125

Total. . . . 808 40

A déduire pour entretien et intérêt
des claies à l'usage des vers à soie. . 8 50

Reste net. 799 90

ou 79 fr. 99 cent. par hectare ou bien 3 fr. 33 c.
pour cent d'intérêt du capital.

Et le compte du fermier sera modifié ainsi
qu'il suit :

Restant net. . . . . 317 f. 40 c.
Moitié du produit de 5 onces de
vers à soie. 125

Total. . . . 442 40

A déduire pour charbon et lumière, pour chauffage et éclairage
pendant l'éducation. 10

Reste net. . . . 432 40

sur laquelle somme il est évident que le métayer
peut entretenir une famille peu nombreuse.

Tels sont les efforts ordinaires tentés sur la plus grande partie de nos fonds. Dans quelques domaines, la proportion des cultures industrielles est plus forte, et alors la rente s'élève; dans d'autres, des localités appropriées, des montagnes étendues, permettent d'entretenir de nombreux troupeaux, qui fournissent des engrais et augmentent le produit du blé. Ces deux circonstances font varier infiniment le prix de la rente : mais elle est certainement bien au dessous de ce que je viens de fixer pour la plus grande partie des terrains; et dans les sols qui ne rapportent que huit hectolitres, ce que nous avons regardé comme la moyenne, elle n'est pas au dessus de 47 fr. 20 c. par hectare. Mon résultat est extrêmement rapproché de celui de l'auteur de la statistique de Vaucluse, qui le fixe à 45 fr. (1).

§ 5. *Effets de l'importation.*

Le voisinage et la communication facile avec un pays plus abondant en grains sont un puissant encouragement pour se livrer à des cultures autres que celles du blé, puisqu'on ne peut que

(1) Page 295. Nous sommes parvenus cependant à ces deux résultats par deux bases différentes, et il me serait facile de prouver qu'en adoptant la sienne le résultat serait fort différent : cette rencontre n'est donc que fortuite.

difficilement soutenir la concurrence avec ces pays plus favorisés; mais, d'un autre côté, les inconvéniens d'une grande diminution de la culture du blé seraient immenses, en ce qu'ils nous feraient dépendre entièrement du superflu des étrangers : ressource précaire qui, après nous avoir surchargés dans les années d'abondance, pourrait nous manquer entièrement au moment d'un véritable besoin.

Pour apprécier parfaitement les effets de cette importation pour le département de Vaucluse, il faut connaître : 1° les prix des blés sur les marchés de Gray (département de la Haute-Saône), marchés où se font les achats de grains importés dans ce pays; 2° la valeur intrinsèque du blé à Avignon, dans une année moyenne, c'est à dire ce qu'il a coûté au cultivateur pour le produire. Il est clair que de ces deux valeurs il doit résulter une moyenne, qui sera le véritable prix du blé dans Vaucluse (1).

En effet, il est clair que chaque hectolitre de blé qui existe à Gray fait concurrence avec cha-

---

(1) Ce calcul n'est plus exact depuis que d'autres pays sont entrés en concurrence avec la Bourgogne pour l'importation ; mais j'ai dû le laisser subsister comme un monument historique; il peut d'ailleurs servir de type pour en établir de nouveaux plus adaptés aux circonstances actuelles.

que hectolitre de blé d'Avignon; car deux pays réunis par une communication facile doivent être considérés comme n'en faisant qu'un, et tant que les prix d'Avignon excéderont ceux de Gray, l'importation aura lieu pour les mettre de niveau, proportion gardée, du reste, de la valeur intrinsèque de ces blés dans la fabrication du pain.

De ces deux élémens l'un est très facile à trouver, il résulte des mercuriales de la Haute-Saône; et, quoique ce prix soit déjà influencé par les effets de l'exportation, on peut dire, cependant, qu'année moyenne cet effet n'est pas très sensible, à cause de la faible proportion de cette exportation à la totalité des récoltes de ce pays.

Quant à la valeur que les frais de culture et la rente ont donnée au blé dans le nôtre, elle tient à des considérations plus délicates. En effet, la rente de la terre n'est point une quantité fixe de sa nature, elle varie infiniment et n'est le plus souvent qu'un prix d'affection tenant à une foule d'idées morales et à un grand nombre de circonstances de localité qu'il me semble impossible d'apprécier exactement. J'ai donc dû chercher une autre méthode pour faire cette appréciation, méthode dans laquelle la rente n'entrât pour rien.

Or, nous savons ce qu'il en coûte de journées pour produire la quantité donnée de blé par le tableau inséré dans le troisième paragraphe; si nous connaissons la valeur de ces journées, nous pouvons connaître la valeur réelle de la moitié de la récolte que représente le travail dans nos pays. D'après le relevé de nos comptes, le prix des journées est ainsi qu'il suit :

	Fr. c.	Journées.	Montant.
Janvier.	1 40.	14.	19 60
Février.	1 40.	14.	19 60
Mars.	1 50.	9.	13 50
Avril.	1 65.	9.	14 85
Mai.	1 75.	4.	7
Juin.	2	21.	42
Juillet.	2	26.	52
Août.	2	13.	26
Septembre.	1 75.	16.	28
Octobre.	1 65.	15.	24 75
Novembre.	1 50.	5.	7 50
Décembre.	1 40.	12.	16 80
			271 60

Les journées des bêtes de travail résultent de leur valeur, de leur nourriture, de leur entretien; divisées par le nombre de journées utiles qu'elles font dans l'année.

La valeur moyenne d'un mulet de travail est de 288 fr.

Intérêt à 12 pour o/o, compris le renouvellement. 34 56

Douze ares et demi de pré pour sa nourriture. 3o

Paille, 80 quintaux à 1 fr. 5o c. . . 120

Avoine. 20

Total. . . . 204 56

Ce qui, divisé par 15o, nombre de journées utiles de bêtes entretenues avec cette parcimonie, donne 1 fr. 36 c. par journée (1).

Ainsi nous avons pour la valeur de moitié d'une récolte moyenne sur dix hectares de terre d'une valeur moyenne de ce pays :

Journées d'hommes. . . . . 271 f. 6o c.

Journées de bêtes. 171 36

Moitié des semences de quatre hectolitres. 96

Entretien des instrumens d'agriculture, ferrage, etc. 6o 6o

Total. . . . 599 56

Examinons maintenant ce qui arrive dans les hypothèses d'une récolte moyenne, d'une récolte très abondante et d'une récolte mauvaise.

Dans une année moyenne, dix hectares de terre produisent, en moyenne, 4o hectolitres

(1) Nous avons vu que 126 journées seulement étaient employées utilement sur la propriété.

de blé, dont moitié représente les frais de culture; ainsi le prix réel du grain sera de 29 fr. 97 c. dans Vaucluse.

Si nous prenons le prix moyen du blé à Gray, pendant six années, 1808 à 1813, nous trouvons qu'il est de 20 fr. 40 c.; nous trouverons aussi que ce prix est le prix moyen de l'année 1813 dans le département de la Haute-Saône : cette année est donc une année moyenne.

Ainsi nous avons pour prix de deux hectolitres de grains pris l'un à Gray et l'autre à Avignon :

Un hectolitre de blé à Avignon. .	29 f.	97 c.
Un hectolitre de blé à Gray. . .	20	40
Différence de valeur intrinsèque du blé de Bourgogne au blé de Vaucluse.	2	
Frais de transport et avaries. . .	1	
	53	37
Prix moyen d'un hectolitre. .	26	69

Le prix moyen fut à Avignon, pendant cette année, de 26 fr. 35 cent. L'effet de l'importation fut donc de baisser les prix de 3 fr. 28 cent. pour le propriétaire.

Dans une année abondante, comme fut, par exemple, celle de 1809, dix hectares de terre produisent, en moyenne, 55 hectolitres de grains, dont moitié représente les frais de culture; ainsi

le prix réel du grain était, dans Vaucluse, de
21 fr. 80 c. Les prix du marché de Gray furent,
en moyenne, de 12 fr. 33 c.

Ainsi nous avons :

Un hectolitre de blé à Avignon.	21 f.	80 c.
Un hectolitre de blé à Gray. .	12	33
Différence de valeur intrinsèque.	1	20
Frais de transport et avaries. .	1	
	36	33
Prix moyen. . .	18	16

Le prix moyen du grain fut à Avignon de 19 f.
70 c., sans doute à cause de la surabondance du
blé de Bourgogne, qui fit rechercher un peu plus
de blé du pays; ainsi l'effet de l'importation fut
de faire perdre au cultivateur 2 fr. 10 cent. par
hectolitre.

Enfin, dans une mauvaise année, comme fut
celle de 1811, les terres produisirent, en moyenne,
environ 25 hectolitres de blé par dix hectares,
dont la moitié représente le travail; c'est 48 fr.
par hectolitre. A Gray, le prix moyen fut
de 25 fr. 46 c.

Ainsi un hectol. de blé à Avignon.	48 f.	00 c.
Un hectolitre de blé à Gray. . .	25	46
Différence intrinsèque. . . .	4	
Transport, avaries.	1	
	78	46
Prix moyen. . .	39	23

Le prix moyen fut, à Avignon, de 37 fr. 47 c. Ainsi l'effet de l'importation fut d'abaisser le prix, pour les cultivateurs, de 10 fr. 53 c. par hectolitre, ce qui les mit en grande perte ; aussi la détresse était-elle extrême parmi les cultivateurs de blé sur des terres d'une qualité inférieure.

Il resterait encore deux cas à examiner : celui 1° où la récolte est bonne en Bourgogne et mauvaise dans Vaucluse, alors les prix baissent encore dans une plus grande proportion, et les pertes sur nos cultivateurs sont extrêmement fortes ; 2° celui où la récolte est bonne dans Vaucluse et mauvaise en Bourgogne, mais alors il n'y a aucune compensation. La violence du courant du Rhône nous empêche de porter nos grains dans la Haute-Saône, et la cherté de ce pays ne contribue en rien à la hausse des prix chez nous. Le creusement d'un canal parallèle au lit du fleuve pourrait seul produire cet effet (1).

Je voudrais finir cet article en estimant avec exactitude la quantité des grains arrivés à Avignon, et destinés pour le département de Vaucluse ; mais les bases véritables d'un tel travail nous manquent.

Le port d'Avignon sert d'entrepôt à plusieurs départemens, et les arrivées de grains ne nous

(1) Ou la construction d'un chemin de fer.

indiquent nullement ce qui se consomme chez nous. Cependant, d'après des calculs approximatifs, j'ai lieu de croire que, dans une bonne année, le département fournit 95,647 hectolitres de plus que sa consommation, qui s'exportent à Marseille pour une somme d'environ 2 millions, que dans les années moyennes il reçoit 50,000 hectolitres pour la somme de 1,200,000 f., et que dans les mauvaises il importe 193,000 hectolitres pour la somme de 7 millions environ.

Ce qui donnerait, pour huit années composées, comme l'expérience l'indique, de deux bonnes, deux mauvaises et quatre médiocres :

Pour quatre moyennes. . . 4,800,000 f.
Pour deux mauvaises. . . . 14,000,000
Total de l'importation. . 18,800,000
A déduire pour l'exportation de deux bonnes années. . . . 4,000,000
14,800,000
Ou par année moyenne. . 1,850,000

Ce qui ne représente qu'environ la moitié du produit de la récolte de la soie dans ce département (1).

(1) Il m'est démontré maintenant que M. Pazzis, dans la statistique de Vaucluse, a affaibli toutes ces évaluations : comment, sans cela, me trouverais-je toujours précisément de moitié au dessous de tous ses calculs, des calculs d'un homme qui a pu consulter toutes les autorités et tous les documens? Il porta à 4,208,000 fr. la va-

Je m'arrête ici, puisque je me trouve sur le champ des conjectures, et je ne puis que répéter, en finissant, les vœux que j'ai faits dans ce mémoire, pour que les cultures industrielles soient activement associées à la culture du blé; pour que celle-ci, entreprise avec des connaissances et des capitaux, donne des résultats plus heureux, et promette enfin de faire cesser la position désavantageuse où nous sommes à l'égard de nos voisins, bien moins favorisés que nous de la nature.

Je crois avoir donné la solution demandée par M. de Fellenberg; oui, la culture du blé alterné avec la jachère est désavantageuse, et ne pourrait se soutenir sans ses accessoires. Heureux mes compatriotes s'ils pouvaient avoir sous les yeux un aussi grand modèle! Puissent les sentimens sincères d'admiration qu'il a fait naître en moi donner à quelqu'un de nos grands propriétaires le désir de le connaître et de l'imiter! Ce moyen d'illustrer et d'honorer sa vie ne dépend ni de la faveur, ni des circonstances, et j'ose croire que celui qui l'adopterait acquerrait à la fois plus de vraie gloire et plus d'es-

leur du grain importé dans Vaucluse, année moyenne; et la récolte de soie que je porte à 4,342,400 fr., il l'estime à 2,460,000 fr. On a vu que déjà les estimations sur la garance étaient fort inférieures aux miennes. Voy. *Bibl. brit.*, décembre 1815.

time publique qu'à la tête d'un escadron ou dans les antichambres d'un palais. Au moins, ne sommes-nous pas encore blasés sur ce nouveau genre d'illustration.

RÉPONSES AUX QUESTIONS

DE LA SOCIÉTÉ ROYALE D'AGRICULTURE,

SUR LE DÉPIQUAGE DES GRAINS,

DANS LE DÉPARTEMENT DE VAUCLUSE ET DANS L'ARRONDISSEMENT DE TARASCON (BOUCHES-DU-RHÔNE) (1).

On a voulu quelquefois assigner une origine moderne au dépiquage du blé dans nos provinces méridionales, en supposant que c'est seulement au temps des croisades que l'on rapporta cette coutume d'Asie; mais il suffit de savoir que cette méthode était générale dans l'Italie méditerranée, comme on le voit par les auteurs agronomiques anciens, entre autres par Varron, liv. I, chap. 52, et de connaître la parfaite similitude

(1) Ces réponses, qui ont été insérées dans le *Recueil des mémoires de la Société royale d'agriculture*, complètent les renseignemens contenus dans les Mémoires précités et relatifs à la culture ordinaire du blé dans les départemens méridionaux de la rive gauche du Rhône.

de ce climat et de celui de la partie de la France où se cultive l'olivier, pour être certain que le dépiquage des blés était commun à tous les peuples qui habitaient les rives de la Méditerranée.

Le dépiquage a sans doute de grands avantages : la récolte se fait rapidement ; le cultivateur sait en peu de temps la qualité de ses produits ; il peut les enfermer sous clef et les dérober à l'infidélité : mais ce procédé a aussi ses inconvéniens, et le plus grand est celui dont on se doute le moins, c'est qu'il est très cher, le double plus cher peut-être que celui du battage. La célérité de l'opération a contribué à aveugler à cet égard les plus habiles, qui n'ont jamais fait leur compte, ou ne l'ont jamais comparé à ce qui se passe dans les pays du nord : avec un peu de réflexion, on verra qu'il n'en pouvait être autrement.

On emploie pour le dépiquage des animaux d'une grande force, et cette force n'a d'autre usage que de leur imprimer une allure assez vive, pour n'opérer sur le grain que par une très petite surface, celle de la partie inférieure du sabot ; on a peine à se figurer qu'on ne cherche pas à l'utiliser depuis long-temps d'une manière plus utile, et pourtant les exemples ne manquent pas. De temps immémorial, on emploie, en Syrie et en Égypte, des chariots ou des

traîneaux, qui répartissent la force des animaux
sur une plus vaste surface, et qui remplacent
ainsi l'usage des rouleaux. La Bible nous a déjà
conservé la description de la machine qui était
usitée à cet effet (Isaïe, chap. 28, vers. 28, et
chap. 41, vers. 15 *et alibi*); et Varron, au lieu
cité plus haut, nous décrit aussi le traîneau dont
on se servait en Italie. On s'explique à peine
comment l'usage du rouleau plus perfectionné
encore, par exemple, celui usité en Piémont,
et celui de M. de Puymaurin, qui est resté dans
quelques fermes de Toulouse, n'a pas pu se
propager plus rapidement. De mauvais modèles
de rouleau n'ont pas peu contribué à décrier cet
utile instrument, et les bons sont coûteux à
établir : voilà, je crois, la vraie raison. Mais
tous ces instrumens céderont aux bonnes machines à battre, si on vient un jour à les établir
à des prix convenables; et ici la cause qui retar-
dera leur introduction dans le nord, celle de
l'état du broiement de la paille, ne prévaudra
pas, puisqu'on ne conçoit pas l'idée que l'on
puisse utiliser la paille pour les animaux, et la
litière dans un autre état que celui où la réduit
le foulage. Après m'être ainsi expliqué clairement
sur l'opération du dépiquage, et avoir bien fait
entendre que je regarde cette opération comme
coûteuse et défectueuse, et en avoir donné les

raisons, je vais répondre aux questions qui ont été adressées par la Société à ses correspondans. Mes réponses s'appliqueront au département de Vaucluse et à l'arrondissement de Tarascon, dans le département des Bouches-du-Rhône.

PREMIÈRE QUESTION.

Le dépiquage est-il le seul mode de battage ou égrenage des gerbes, en usage dans le département?

R. Le dépiquage est seul usité.

DEUXIÈME QUESTION.

Chaque cultivateur ou propriétaire a-t-il une aire pour son usage particulier?

R. Tous les corps de ferme ont leur aire ; mais les cultivateurs qui n'ont pas de bâtimens de ferme, et seulement des terres écartées, dépiquent le blé sur une aire publique, dont un grand nombre de communes sont pourvues, ou sur quelque terrain voisin, qui se loue à cet effet.

TROISIÈME QUESTION.

Quelle en est le plus ordinairement la dimension relativement à l'étendue de la culture?

R. L'étendue de l'aire est relative au nombre de chevaux que l'on emploie chaque jour du

11

dépiquage, et non à l'étendue de la ferme. Si l'on foule une récolte considérable avec un petit nombre de chevaux, c'est à dire en un plus grand nombre de journées, il suffit qu'on y puisse ranger les gerbes et la paille que ces chevaux peuvent fouler en un jour. Aussi, dans la plus grande partie du département de Vaucluse, où les fermiers n'emploient que les chevaux de leurs fermes et quelques uns de ceux de leurs voisins, avec lesquels ils s'associent à cet effet, les aires sont-elles moins grandes que dans celui des Bouches-du-Rhône, et dans les environs de Cavaillon, où l'on foule avec de nombreux chevaux camargues. Chaque cheval employé à cette opération exige 26 mètres carrés pour l'espace destiné à étendre les gerbes, 12 mètres pour retourner la paille, et 12 mètres pour la ranger : total, 5o mètres carrés environ.

QUATRIÈME QUESTION.

Les grains sont-ils coupés près de terre, ou laisse-t-on des chaumes élevés ?

Les grains sont coupés rez terre par le moyen de la faux ; ils sont moissonnés par la faucille aussi rez terre dans les environs de Tarascon, excepté dans les terres trop garnies de *centaurea solstitialis*, qui éloigne la main du moissonneur.

CINQUIÈME QUESTION.

Dans ce dernier cas, quel parti tire-t-on des chaumes?

R. On fauche alors les chaumes, on les fait fouler aux chevaux pour faire tomber les épines des calices de la solstitiale, et ce mélange devient un bon fourrage d'hiver. D'autres fois, on brûle le chaume sur place quand le fourrage n'est pas rare, ou on le vend à des personnes, qui l'exploitent à raison de 15 fr. la charretée de deux colliers.

SIXIÈME QUESTION.

Quelle longueur se trouve avoir communément la gerbe de grains, et quelle est celle du chaume?

R. Cette année 1826, la gerbe de grains avait 1 mètre de longueur, et le chaume 2 pouces. Les blés du midi sont toujours moins élevés que ceux du nord.

SEPTIÈME QUESTION.

Les gerbes, au fur et à mesure de la récolte, se ramassent en tas ou meules, rangés près des aires; ces meules ou amas de gerbes sont toujours battus fort peu de temps après avoir été ramassés. Quel temps s'écoule ordinairement entre la fin de la moisson et la terminaison du dépiquage?

R. Une quinzaine de jours environ.

HUITIÈME QUESTION.

Le dépiquage se fait-il avec les chevaux ou mulets appartenant au cultivateur, ou avec des chevaux, jumens ou mulets de louage, destinés spécialement à ce travail?

R. Dans la plus grande partie du département de Vaucluse, le dépiquage se fait avec les chevaux des cultivateurs, qui s'aident entre eux. Vers Cavaillon, on reçoit, comme dans les Bouches-du-Rhône, les chevaux camargues; on loue aussi des animaux aux cultivateurs, qui, ayant fini leur propre travail, les cèdent à ceux qui en ont besoin.

NEUVIÈME QUESTION.

Dans ce dernier cas, quelles sont les conditions de ce louage? Les animaux dépiqueurs sont-ils exclusivement dirigés par leurs maîtres? Ceux-ci prennent-ils quelque autre part au travail du dépiquage, ou quels aides leur donne-t-on? Que font ces derniers?

R. Les conditions, pour les bêtes du pays, sont de 8 à 10 fr. par couple avec un conducteur, sans la nourriture, ou de 5 à 7 fr. avec la nourriture des bêtes et du conducteur.

Pour les bêtes de Camargue, 4 pour % de la récolte, ou un prix fixe de 20 à 30 fr. par journée de douze bêtes et deux conducteurs, avec la nourriture; ce qui constitue un *rode*. Le rode est conduit par un gardien et un jeune homme, et est composé de quinze à dix-huit bêtes, dont douze travaillent; les autres servent à les relever.

Le prix varie selon l'abondance des gerbes et la demande des fermiers.

DIXIÈME QUESTION.

Quelle rétribution est attachée au travail des chevaux ou jumens loués? quelle à celui de leurs maîtres? ou l'une et l'autre est-elle confondue dans un même prix?

R. Répondu à la neuvième question.

ONZIÈME QUESTION.

Quelle est celle accordée aux hommes ou femmes faisant les travaux non exécutés par les maîtres des animaux dépiqueurs?

R. On n'emploie généralement que des hommes aux travaux des aires, et on les paie à raison de 2 fr. à 2 fr. 50 cent. par journée, sans nourriture; les journées commencent au jour et finissent au coucher du soleil.

Nourrit-on en totalité ou en partie les ouvriers et les animaux? Quelle est cette nourriture, et à combien l'évalue-t-on?

R. Voyez ci-dessus.

TREIZIÈME QUESTION.

Combien place-t-on de gerbes sur une aire dont l'étendue sera fixée?

R. Le nombre des gerbes n'est pas proportionné à l'étendue de l'aire, mais au nombre des chevaux qui dépiquent, environ quatre cents pour la journée d'un cheval. Ainsi, pour un rode de douze chevaux, on établit les gerbes sur un carré long de 35 mètres de long sur 9 de large, ou 315 mètres carrés, qui contiennent quatre mille huit cents gerbes; pour deux rodes de douze chevaux chacun, on étendrait sur une surface de 70 mètres de longueur sur 9 mètres de largeur, ou, si le terrain ne le permettait pas, on augmenterait la largeur de manière à avoir 630 mètres carrés, ou 9,630 gerbes.

QUATORZIÈME QUESTION.

Combien d'animaux et de personnes sont occupés aux manœuvres de toute espèce?

R. Comme il suit : pour

NOMBRE de GERBES.	NOMBRE D'HOMMES pour conduire les chevaux.	NOMBRE D'HOMMES pour remuer la paille.
400	1	1
800	1	1
1600	1	2
3200	1	4
4000	1	5
4800	1	6
9600	2	12

QUINZIÈME QUESTION.

Combien de temps exige le dépiquage d'une airée pour être parfait ? Diviser ce temps en deux périodes, si l'opération comporte cette division.

R. Le dépiquage n'exige qu'un jour quand le temps est beau, et le nombre de gerbes proportionné au nombre des chevaux ; mais si le temps est humide ou qu'il tombe de la pluie, il faut recommencer le lendemain et avec beaucoup de difficulté, et quelquefois on a de la peine à achever en deux jours. La paille se brise mal alors, et le grain a de la peine à sortir de ses enveloppes. Cet accident n'est pas rare chez les gens pressés ou imprudens; mais le climat le rend bien moins commun qu'on pourrait le croire et qu'il le serait ailleurs.

SEIZIÈME QUESTION.

Enfin, combien, dans une journée moyenne, un nombre donné de personnes et d'animaux employés au dépiquage peut-il égrener de gerbes? Fixer le poids de ces gerbes et leur rendement en grain, paille, menue paille et déchets.

Nota. L'hectolitre ou ses subdivisions devront être les mesures indicatives du rendement en grains.

R. La première partie de cette question est répondue n° 13; quant à l'autre, le poids ou le rendement varie beaucoup. Cette année 1826, huit mille deux cent cinquante gerbes, pesant, chacune, 6 kilogram. 44 centièmes, ont rendu 85 hectol. 6 litres de blé, ou par gerbe 1 litre 3 centièmes de blé.

En général, le grain pèse la moitié du poids de la paille; c'est une épreuve assez souvent renouvelée chez nous, et qui confirme la règle donnée par les agronomes du nord; mais, cette année 1826, que beaucoup de grain avait été secoué par les vents, j'ai voulu essayer d'en fair la pesée en détail : voici le produit moyen des gerbes.

La paille. . . . . 1 kil. 8₇ ⎫
Les bâles et enveloppes. 0   47 ⎬ 2 kil. 34
Le grain. 0   8₇
Total. 3   21

Ici le grain ne va pas tout à fait à la moitié du poids de la paille, et un peu plus du tiers du poids de la paille réunie aux bâles et enveloppes.

DIX-SEPTIÈME QUESTION.

A combien le prix en argent et la nourriture des hommes et des animaux employés portent-ils la dépense proportionnellement à la valeur vénale du blé, ou combien pour cent de cette valeur paie-t-on en dépense de toute nature ?

R. En 1823, cent onze hectolit. de blé ont coûté 202 fr. 50 c., ci par hectolit. . 1 fr. 82 c.

En 1824, 81 hectol. 212 francs 22 cent., ci. 2   62

En 1825, 79 hect., 160 fr., ci. . . 2   03

En 1826, 91 hect., 176 fr. 50 c., ci. 1   94

Total. 8   41

Prix moyen du dépiquage ⎱
par hectolitre. . . . . ⎰ . . . 2   10

Ces prix comprennent tous les frais depuis le moment où les grains ont fini d'être apportés des champs sur l'aire, y compris l'entrée des blés dans le grenier et l'arrangement de la paille sur l'aire.

DIX-HUITIÈME QUESTION.

Emploie-t-on des bœufs au dépiquage?
R. Non.

DIX-NEUVIÈME QUESTION.

Dans l'admission d'un ouvrage considéré comme bien fait, reste-t-il du grain dans les pailles après le dépiquage, et à combien pour cent évalue-t-on ce qui peut en rester?

R. Il reste toujours du grain dans la paille de l'ouvrage considéré comme le mieux fait. Quand le blé est cher, il vient souvent des gens des montagnes qui rebattent toutes les pailles pour en retirer le grain qui y reste. Le terme moyen de ce qu'ils y trouvent est de 2 et demi pour °/₀ de la récolte totale; mais, dans les années humides, où les blés se dépouillent moins bien, un propriétaire m'a assuré qu'ils avaient trouvé chez lui le 6 pour °/₀. Cela me paraît devoir être très rare, et l'ouvrage devait avoir été fort mal fait, même avec les circonstances du mauvais temps.

VINGTIÈME QUESTION.

Les animaux employés à ce travail sont-ils ferrés? Y a-t-il une ferrure d'un genre particulier pour ce travail?

R. Les chevaux et mulets des fermes restent ferrés; mais on ne donne aucune forme particulière au fer. Les chevaux de Camargue ne sont pas ferrés.

VINGT ET UNIÈME QUESTION.

Prend-on quelques précautions pour préserver les animaux des blessures que leur occasione-raient les piqûres continuelles des pailles à la couronne?

R. Les couronnes, les paturons, et même le reste des extrémités de l'animal jusqu'au genou et au jarret, sont piqués par les pailles de blé sans que j'en aie vu aucun mauvais résultat : on ne prend aucune précaution pour les en préserver.

VINGT-DEUXIÈME QUESTION.

De quel train marchent les animaux dépi-queurs?

R. Au pas, tant que les gerbes ne sont pas abattues, au trot quand elles le sont assez pour former une surface plane.

VINGT–TROISIÈME QUESTION.

Les gerbes sont-elles rangées sur l'aire, éten-
dues et couchées, ou inclinées l'une sur l'autre,
ou debout et serrées l'une contre l'autre, mais
toujours déliées?

R. Les gerbes sont redressées, inclinées les
unes sur les autres, et serrées l'une contre l'autre. On coupe les liens à mesure qu'on les
place.

VINGT–QUATRIÈME QUESTION.

Combien de temps un cheval supporte-t-il le
travail du dépiquage sans être relayé?

R. Les reprises sont ordinairement de trois
heures, après quoi on fait manger et reposer les
chevaux une heure, pour recommencer après.
On fait trois reprises dans la journée, la dernière est souvent un peu plus longue, s'il reste
quelque chose à finir. Quant aux chevaux camargues, les gardiens ont soin d'avoir quelques
bêtes de relais pour soulager les plus faibles et
les mères nourrices. Quoique les chevaux puissent fouler ainsi un mois de suite, ils sont toujours faibles et maigres à la fin des dépiquages,
qui sont mis au nombre des travaux les plus
forcés de nos campagnes.

VINGT-CINQUIÈME QUESTION.

Revient-il au travail plusieurs fois dans un même jour, ou fournit-il son temps d'une seule haleine ?

R. Répondu à l'article 24.

VINGT-SIXIÈME QUESTION.

Combien de fois les pailles sont-elles secouées pour en présenter toutes les parties au piétinement des animaux, et ne doit-on pas, après une première opération, séparer les pailles des grains qui sont provenus de ce premier tour de battage, les tirer de l'aire, et représenter les pailles, déjà dépiquées, à un nouveau travail ?

Les gerbes rangées sur l'aire sont foulées par les chevaux, tournant en spirale plutôt qu'en cercle, parce que le gardien, qui est au centre, ne cesse d'avancer successivement d'un bout à l'autre de l'aire, et vers les parties qui ont besoin d'être foulées.

Les hommes, armés de fourches de bois de micocoulier, dont la culture se fait à Sauve (Gard), commencent alors à enlever la paille la plus brisée, qui se trouve au dessus des gerbes ; après un nouveau tour, les gerbes se trouvent alors écrasées ; ils retournent toute la paille qui est encore fort entière : cette opération demande

de l'effort et s'appelle *arracher*. À partir de ce
moment, ils retournent plusieurs fois la paille à
mesure que l'aire est parcourue par les animaux
et jusqu'à ce qu'elle leur semble suffisamment
foulée et dépouillée des grains. Le nombre de
ces opérations est de trois jusqu'à cinq, selon la
température du jour.

Quand la paille est achevée de fouler, on l'enlève légèrement et en la secouant, pour que le
grain tombe à terre, et on en forme un banc
à l'extrémité méridionale de l'aire. Alors on ba-
laie l'aire avec des balais de genêt d'Espagne,
ou de buplèvre frutiqueux, ou de grenadier, ou
enfin de quelques autres arbrisseaux à rameaux
flexibles ; et on fait au milieu de l'aire un tas
allongé, qui la traverse de part en part, du levant au couchant, et qui contienne le blé avec
sa bâle.

Le vannage commence alors quand on obtient
un bon vent, surtout celui du nord. Premier
temps : on projette les grains au vent avec la
fourche dont on s'est servi jusqu'alors, et en
avançant successivement le long de la ligne des
grains. Deuxième temps : on repasse le grain
avec la petite fourche, c'est aussi une fourche
de micocoulier, dont les dents sont d'un tiers
plus rapprochées que dans la précédente opéra-

tion. Troisième temps : ici on se sert de la pelle pour achever de débarrasser le grain de sa bâle. Quatrième temps : on passe le grain à un premier crible; on s'attache alors à y faire passer tous les grains, n'y retenant que les épis entiers qui ont été mal foulés et qu'on remet à part pour être foulés de nouveau : le crible n'a alors qu'un mouvement de va et vient. Cinquième temps : on passe le grain à un second crible, auquel on donne un mouvement circulaire pour que toutes les graines légères et les bâles qui restent encore, ainsi que les grains qui n'ont pas été complétement dépouillés de leur enveloppe, viennent au dessus et puissent être enlevés par le cribleur.

Alors on mesure le grain, on le transporte au grenier, et on range la paille en meule; ce qui complète le détail des opérations.

VINGT-SEPTIÈME QUESTION.

Lorsque les pailles sont considérées comme suffisamment battues, elles sont secouées parfaitement avec des fourches et séparées du grain, lequel est nettoyé : avec quels instrumens? En donner la description. Après cette double opération, les pailles doivent être remises en tas, et le grain monté au grenier. Le tra-

vail ne peut être regardé comme achevé que
quand ces deux dernières conditions sont rem-
plies : on est prié de faire entrer dans l'évaluation du prix du dépiquage tous les frais faits
pour y parvenir.

R. Répondu plus haut, question vingt-
sixième.

VINGT-HUITIÈME QUESTION.

*La paille brisée à ce point doit être mêlée
de terre et de fiente des animaux dépiqueurs :
leur urine doit contribuer à lui faire contracter
un mauvais goût ; puis les souris et les rats
qui s'y introduisent doivent encore venir l'accroître.*

*Remarque-t-on que ces inconvéniens rendent
la paille désagréable aux animaux, au point
qu'ils refusent de la fourrager, ou l'inconvénient est-il moindre qu'il ne semble devoir
être ?*

R. L'urine est en faible quantité comparativement à la masse des pailles, et ne donne
sensiblement aucun mauvais goût qui puisse
dégoûter les animaux. Les pailles rangées sur
l'aire, en plein vent, sont peu sujettes à être
attaquées par les rats. Cet inconvénient n'est pas
appréciable.

VINGT-NEUVIÈME QUESTION.

Le blé, lui-même, n'éprouve-t-il pas, par les mêmes causes, quelque détérioration ?

R. Le blé n'éprouve aucune détérioration. Après ces opérations, j'en ai gardé pendant six ans dans des silos voûtés en pierre, qui n'avait éprouvé aucune altération.

TRENTIÈME QUESTION.

N'y en a-t-il pas d'écrasé par les pieds des chevaux, et cela mérite-t-il d'arrêter l'attention ?

R. Il n'y a pas de grains écrasés sous le pied des chevaux ; je ne m'en suis pas même aperçu sur les aires pavées.

TRENTE ET UNIÈME QUESTION.

Bien que le climat de nos départemens méridionaux et la saison où le dépiquage s'exécute favorisent cette opération, cependant on doit encore être surpris quelquefois par des pluies, des orages ; il doit en résulter un grand préjudice pour les grains comme pour les pailles. Cet inconvénient se présente-t-il assez fréquemment pour être considéré comme d'une certaine importance ?

R. Quand il survient des orages, la pluie

pénètre peu, soit dans la graine encore mêlée à la paille et aux bâles, soit dans le grain net lui-même, formé en tas coniques, sur lesquels la pluie coule rapidement, et un moment de soleil ou de vent, qui succède toujours bientôt dans cette saison, suffit pour tout sécher.

TRENTE-DEUXIÈME QUESTION.

Les pailles, et surtout celles de seigle, sont employées, outre la nourriture et la litière des bestiaux, à des usages industriels ou d'économie domestique, tels que la fabrication des chapeaux, la garniture des chaises, la couverture des bâtimens ruraux. Celles qui ont souffert le dépiquage sont totalement impropres à ces emplois : quel mode de battage emploie-t-on pour celles que l'on y destine, comme encore pour toutes celles qui doivent fournir les liens à la moisson?

R. On ne couvre pas les bâtimens ruraux avec la paille, et quant à la petite quantité qu'il en faut pour garnir des chaises, les fabricans de meubles ont soin de s'en procurer ce qu'il leur en faut, en faisant battre des gerbes sur le tonneau.

TRENTE-TROISIÈME QUESTION.

Plusieurs rouleaux ou cylindres ont été pro-

posés ou essayés pour remplacer le piétinement des animaux, y en a-t-il quelques uns dont l'usage ait prévalu?

R. On n'a point essayé de rouleau à dépiquer; mais je pense que, quand on pourra avoir une bonne machine à battre, elle sera préférée dans les grandes exploitations, et qu'on parviendra à l'établir dans les aires publiques autour des villes. C'est ainsi que, depuis quelques années, quand le vent manque, on trouve les machines à vanner dans nos aires, où on nettoie le grain pour 30 cent. l'hectolitre.

TRENTE-QUATRIÈME QUESTION.

Quels avantages présentent-ils?
R. Répondu n° 33.

TRENTE-CINQUIÈME QUESTION.

Quelle dépense d'établissement?
R. Répondu n° 33.

TRENTE-SIXIÈME QUESTION.

Quelle économie, ou amélioration, ou accélération dans le travail?

On est prié de vouloir bien donner la description et la figure de ces rouleaux, et les noms de leurs inventeurs, ainsi que de toute autre

machine qui pourrait être employée pour rem-
placer le dépiquage.

R. Répondu n° 53.

TRENTE-SEPTIÈME QUESTION.

Quelle influence juge-t-on que doivent avoir
sur le prix des grains le battage immédiat et
simultané, et la disponibilité de la totalité de
la récolte?

R. Il y a, en général, un peu de baisse à l'époque du dépiquage, à cause de la quantité de
petits fermiers qui veulent vendre pour payer
leurs fermages et les comptes de leurs ouvriers,
qui se paient tous à la foire de Beaucaire (milieu
de juillet); mais cet effet, quand il est sensible,
ne l'est que pendant un temps très court.

TRENTE-HUITIÈME QUESTION.

N'en résulte-t-il pas une concurrence fort
grande à la vente pendant les mois qui suivent
le dépiquage, et rareté dans la saison plus
avancée?

R. Répondu au n° 37 ci-dessus.

TRENTE-NEUVIÈME QUESTION.

Dans ce cas, n'y aurait-il pas détriment
pour la culture à l'avantage du commerce, au-
quel on ferait trop beau jeu?

R. Il y a beau jeu pour le commerce dans les années de bonne récolte, et de bas prix pendant un mois environ; mais alors il ne s'avise guère de spéculer. Quand les prix sont élevés, l'effet prévu ne se réalise pas.

QUARANTIÈME QUESTION.

Quels seraient, puisque le climat permet de se passer de granges, les inconvéniens de la conservation des grains en meules ou tas au dehors, et du battage au fur et à mesure du besoin des pailles pour la nourriture des bestiaux, et des grains pour les rentrées d'argent?

R. L'inconvénient de ne pas avoir un temps sec et un beau soleil, passé le mois de septembre. Nous foulons pendant la saison la plus sèche de l'année; plus tard, les aires seraient humides, trempées, et l'on serait souvent arrété par les mauvais temps.

MÉMOIRE

SUR LA

CULTURE DE LA GARANCE

COURONNÉ PAR LA SOCIÉTÉ ROYALE D'AGRICULTURE DU DÉPARTEMENT DE LA HAUTE-GARONNE, DANS SA SÉANCE PUBLIQUE DU 24 JUIN 1824.

> Les monographies sont des travaux précieux pour la science, parce que le sujet, étant borné, y est ordinairement plus élaboré.
>
> DE CANDOLLE, *Théorie de la botanique.*

AVANT-PROPOS.

Le *Mémoire sur la culture des métairies dans le département de Vaucluse* a défini les cultures industrielles et en a démontré les avantages et les inconvéniens. Elles sont le lot des pays où se forment des capitaux destinés à l'agriculture, elles provoquent la formation de ces capitaux, elles les accroissent bientôt dans une grande proportion.

Les progrès de la culture de la garance ont été remarquables dans le département de Vaucluse surtout, pendant un grand nombre d'années, elle semblait ne pouvoir en franchir les limites ; mais bientôt les progrès de l'industrie, la multiplicité des demandes et le perfectionnement des procédés de culture l'ont étendue à tous les pays des environs qui en étaient susceptibles.

Cette prospérité a été enviée au loin. On a vu essayer la garance dans beaucoup d'autres pays jaloux de nos progrès; mais les planteurs ont souvent trouvé des obstacles inattendus. Ainsi, l'on a vu des terrains fertiles, qui produisaient une très grande quantité de cette racine, ne pas lui communiquer de propriétés tinctoriales; elle restait d'un gris rougeâtre et manquait des principes qui la font rechercher. Ailleurs, les grands propriétaires, n'ayant pas été imités de la population agricole qui manquait de ressources pour faire des avances à cette culture, se sont trouvés isolés, sans débouchés certains.

Cependant on aurait tort de regarder cette conquête comme impossible, et mon Mémoire, en éloignant toutes les exagérations, en établissant avec certitude toutes les conditions de cette culture importante, pourra servir de base à des spéculations positives. Rien n'est funeste à la propagation des bonnes pratiques, comme ce charlatanisme des prôneurs qui, en exaltant les imaginations, en faisant espérer des succés invraisemblables, produisent le découragement quand on obtient des résultats satisfaisans, mais qui rentrent dans les profits ordinaires de toutes les entreprises industrielles. Le principal caractère de mes ouvrages a été de faire justice de ces romans agricoles et de donner une idée exacte des cultures et des méthodes que j'ai soumises à mon examen.

Le *Mémoire sur la garance* n'est pas parvenu d'un coup au point où il est aujourd'hui. Je publiai un premier essai dans la *Bibliothèque britannique de Genève*, en décembre 1815; en 1819, une plus longue expérience me permit de le rectifier, et un nouveau Mémoire fut publié dans la *Bibliothèque universelle* de la même ville ; enfin, en 1824, en possession de connaissances plus étendues encore et plus positives, j'envoyai un nouveau travail au concours de la Société d'agriculture de la Haute-Garonne. Il fut couronné, imprimé dans le *Journal des Propriétaires ruraux du Midi*, tiré à part et très répandu. Il devint la base de tous les articles et de tous les traités qui ont été faits depuis sur la culture de la garance. Cet ouvrage étant épuisé,

il était important de le réimprimer pour satis-
faire à toutes les demandes qui m'en sont faites
journellement, et j'ai cru devoir le reproduire
dans ce recueil, avec quelques changemens,
comme constatant l'état de la science agricole
par rapport à la garance.

MÉMOIRE

SUR LA

CULTURE DE LA GARANCE.

CHAPITRE PREMIER.

Histoire de la culture.

Les anciens connaissaient l'usage de la garance et la cultivaient. Pline nous apprend (1) que c'était une culture réservée aux pauvres, qui en tiraient de grands profits, et que cette racine était employée à la teinture des laines et des cuirs. Dioscoride, qui écrivait dans le premier siècle de l'ère chrétienne, nous dit (2) que la garance de Toscane, et principalement celle de Sienne,

(1) Lib. XIX, cap. 3, *Hist. nat.*
(2) Lib. III, cap. 143.

était renommée, mais qu'on la cultivait aussi dans presque toutes les provinces d'Italie.

Cette culture devait être aussi commune dans les Gaules, car les invasions des barbares ne l'avaient pas détruite, lorsque, sous Dagobert, les marchands étrangers venaient l'acheter au marché qu'il avait établi à Saint-Denis; ce que l'on voit dans une charte où ce prince fixe le droit qu'ils devaient payer pour son exportation (1). Saint-Denis resta long-temps encore le marché aux garances et aux pastels de la France, et en 1275, le prieur de cette célèbre abbaye passait des conventions au sujet de la dime de la garance (2). On trouve dans le cartulaire de Troarn des transactions pour la dîme de la garance, dès l'année 1122 (3). Sous Henri IV, Olivier de Serres nous prouve qu'on n'en avait pas tout à fait oublié la culture; mais les Flamands s'étaient emparés de cette branche profitable, et aux portes du pays où croît aujourd'hui la meilleure garance, cet auteur écrivait qu'il fallait envoyer chercher en Flandre celle de première qualité (4). Dans

(1) *Recueil des Historiens de France* de D. Bouquet, tom. 4, pag 617, D.
(2) *Discours préliminaire* de l'édition d'Olivier de Serres, de la Société d'agriculture de Paris, pag. cxlv.
(3) *Mémoires de la Société linnéenne du Calvados*, t. 1, p. 166.
(4) Tom. 2, pag. 429.

le xvi° siècle, Lobel nous indique que c'était en Allemagne et en Zélande que la culture en était la plus répandue (1). Elle s'était, pour ainsi dire, fixée dans les provinces Bataves, d'où l'habile négociant hollandais la répandait dans toutes les fabriques de l'Europe, après l'avoir mêlée aux alizaris qu'il tirait du Levant. Mais c'était dans les contrées orientales, dans la Syrie, dans l'Asie mineure, dans la Grèce, et surtout dans la Livadie, que cette culture s'était étendue et procurait d'immenses profits aux cultivateurs. Ainsi, la garance, propagée au nord et au midi de la France, semblait en être repoussée par l'ignorance du cultivateur et la négligence des propriétaires.

La tradition indique, vers le milieu du siècle dernier, l'introduction de la garance dans le comtat d'Avignon et la principauté d'Orange (aujourd'hui le département de Vaucluse). Un Persan nommé Althen, venu dans le comtat d'Avignon vers l'année 1747, avait cherché à y introduire divers procédés de son pays; il avait essayé la culture et la filature du coton, l'étamage du Levant, la fabrication du vitriol, et enfin la culture de la garance.

Il essaya d'abord la garance sauvage de cette

(1) Advers., pag. 357.

contrée (*rubia peregrina*); mais il n'obtint aucun succès. Alors il se procura de la graine du Levant, et parvint avec beaucoup de peine à en avoir 2 ou 3 onces. Il la sema, et au bout de quelques années, il obtint 50 quintaux de boutures, qu'il planta chez le marquis de Caumont (1772), amateur zélé des sciences, connu par sa correspondance avec Réaumur, et les éloges qu'en faisait ce savant (1). Cette nouvelle plantation eut tout le succès imaginable, et donna un produit considérable; on continua à l'augmenter tous les ans de son propre fonds, et par le secours d'un quintal de graine de garance de Smyrne, que M. Bertin, ministre secrétaire d'État, fit venir du Levant. Cette culture occupait, en 1777, 10 hectares et demi.

A l'imitation de M. de Caumont, plusieurs cultivateurs voulurent établir des garancières; car la sienne, la seule qui existât alors, ne pouvait fournir du plant à tous ceux qui en demandaient. Les premières tentatives furent faites sur les territoires de Lille en Provence, Cavaillon, Carpentras, Monteux, Arles, Toulon, Fourques et Clausonette. Toutes ces garancières furent dirigées par Althen (2).

(1) *Mémoire pour l'histoire des Insectes*, tom. 2, pag. 297.
(2) Depuis peu d'années, la reconnaissance a érigé à cet étran-

Des tentatives avaient été faites aussi dans différentes parties de la France. En Normandie, où le commerce des toiles, l'introduction des étoffes de coton, l'importation des procédés de teinture d'Andrinople, que l'on venait de ravir au Levant, et les manufactures de drap faisaient continuellement sentir la pesanteur de l'impôt qu'on y payait aux étrangers, on avait fait des essais, d'abord avec des racines venues de Hollande, puis en propageant des racines venues naturellement sur le rocher d'Oissel, au bord de la mer. M. Dambourney se signala par de nombreuses expériences de culture. Le gouvernement avait ouvert les yeux sur ces tentatives, et un arrêt du conseil d'État de 1756 avait exempté de la taille toutes les terres de marais et autres lieux non défrichés qui seraient cultivés en garance. Malgré ces promesses, la garance ne s'était pas étendue dans d'autres provinces; le Comtat, la partie de la Provence qui avoisine la Durance, et l'Alsace, semblaient la posséder exclusivement, et cet état de choses a duré jusqu'à ces derniers temps. Mais le mouvement agricole et commer-

ger un monument dans le Muséum Calvet, à Avignon. *Voy.*, sur les détails que je viens de rapporter, le *Mémoire sur la culture de la garance*, dans les *Observations sur l'histoire naturelle* de l'abbé Rozier, servant d'introduction à son *Journal de physique*, t. 2, pag. 152.

13

cial, qui a été la suite de la révolution, s'est aussi dirigé vers cette branche de culture. Après avoir porté leurs recherches, ou plutôt leurs tâtonnemens, vers les branches qui promettaient quelque profit; après avoir essayé des assolemens du Nord, des moutons d'Espagne, des cultures coloniales même, le temps est venu aussi où l'on a tenté d'introduire la garance dans plusieurs provinces où elle n'était pas encore connue : cet état de choses mérite de fixer un instant notre attention.

CHAPITRE II.

Des causes qui ont provoqué l'extension de la culture de la garance.

Un heureux hasard avait fait faire les essais de culture de garance, dans les terres du Comtat qui y étaient les mieux adaptées; elle s'y maintint, surtout à la faveur des prix avantageux que l'on en donnait alors. Pendant long-temps tout le commerce s'en fit à Rouen, et fut entre les mains de commissionnaires. Mais l'accroissement de la culture créa bientôt des maisons qui en firent leur objet spécial; des usines s'élevèrent de tous côtés, et la nécessité de pourvoir à leur consommation fit bientôt de la garance, dans le département de Vaucluse, une denrée d'une vente sûre : cette circonstance l'étendit à tous les sols qui furent susceptibles d'en porter. La culture commune, celle du blé, n'offrait pas les mêmes avantages : son prix très variable n'était souvent que nominal, et les ventes en devenaient quelquefois impossibles; bien plus, cette denrée était d'une conservation difficile; les propriétaires, forcés de suivre le cours capricieux de sa valeur, se plaignaient depuis long-temps de ce peu de fixité, qui ne permettait pas d'établir la culture sur des bases qui s'accordassent avec la prévoyance de l'économe, et si l'on répondait par des améliorations dans le système de conservation, le cultivateur, trop souvent dépourvu d'avances, trouvait la solution incomplète, et cherchait un moyen de vendre, bien plus qu'un moyen de capitaliser.

Tel était depuis long-temps l'état de l'agriculture, quand la paix générale vint changer encore en mal la position du producteur de blé. Après quelques années de calamité générale, causée par le manque total de récolte en Europe, la facilité des communications fit entrevoir enfin que l'on obtiendrait cette moyenne stable des prix du blé, hormis dans des années extraordinaires; mais ce prix moyen n'était plus fixé

sur l'état de la production en France : l'Angleterre, l'Allemagne, la Pologne, la Russie méridionale, la Sicile, les côtes d'Afrique, apportèrent, toutes, leurs blés à la masse, et ce fut moins
la quantité qu'elles en fournissaient réellement
que leur prix de production, qui devint la base
de cette nouvelle moyenne, qui se trouve tout à
fait au désavantage des propriétaires français.
Cette concurrence de toutes les nations sur notre
marché mit en évidence que nous étions celle
qui produisait le blé au plus haut prix. Je
m'écarterais de mon plan actuel si j'en voulais
montrer les raisons. Tous les palliatifs apportés
par le gouvernement étant reconnus trop faibles, les propriétaires éclairés jetèrent les yeux
de toutes parts, essayèrent de toutes les cultures
qu'ils jugeaient plus avantageuses.

Une culture ne porte de profits supérieurs aux
autres qu'autant que quelque circonstance en a
fait un monopole pour une contrée qui suffit à
peine aux demandes ; mais dès que le produit
s'élève au niveau du besoin, il faut qu'elle rentre
dans la condition commune. L'ignorance des cultivateurs des pays circonvoisins, le défaut de
communication active, sont des causes qui peuvent retarder l'extension d'une culture dans
d'autres temps que les nôtres. Le temps des pri-

viléges légaux est aussi passé ; mais deux circonstances, indépendantes des gouvernemens et des
individus, peuvent fixer une culture dans une
contrée, à l'exclusion des autres : la nature du
climat et celle du sol. Quant au climat, la garance, cultivée en Zélande et à Smyrne, paraît
en braver l'effet ; mais il est telle nature de
terrain qui lui convient si spécialement, qu'il
aura toujours, par sa production, un avantage
marqué sur ceux qui ont des qualités différentes.
Alors le privilége est donné par la nature ; la
rente de ces terres augmente, c'est un vrai capital ajouté à leur valeur, dont profitent ceux
qui en sont les propriétaires, au moment de
l'introduction de la nouvellé culture. Cet effet a
eu lieu pour nos terres à garance, ce qui rend
très intéressant de les faire connaître d'une manière approfondie : c'est ce que nous allons chercher à faire dans le chapitre suivant.

CHAPITRE III.

Nature des terres à garance.

Entouré de terres d'une nature très différente,
qui ont toutes été soumises plus ou moins à la
culture de la garance, j'ai pu comparer les frais
qu'elles occasionent et leurs produits avec leur

nature. Une expérience aussi répétée ne me permet guère de doute à cet égard. Cependant, ne voulant pas me borner à des données vagues et empiriques, j'ai soumis un certain nombre de ces terres à l'analyse chimique et à des expériences physiques, qui m'ont mis à même de définir clairement les qualités que doit avoir une véritable terre à garance. Parmi ces essais multipliés, j'en choisirai six qui m'ont paru réunir les variétés les plus communes de terre, et que je vais détailler dans les paragraphes qui vont suivre.

Ces terres sont : 1° Une terre dite palud (*palus*), prise dans les environs du Thor (département de Vaucluse), à 2,000 mètres N.-E. du château de Thouzon. C'est une terre blanchâtre par la sécheresse, noirâtre dans l'humidité, qui fait le fond d'une plaine arrosée par la Sorgue, et qui a été anciennement submergée par de vastes marécages qui suivaient le cours de cette rivière. Partout où des eaux ont long-temps séjourné, on trouve une terre analogue. Ce bassin du département de Vaucluse est bordé par des collines qui contiennent beaucoup de gypse, et il n'est pas rare d'y trouver des terres qui présentent des efflorescences d'hydrochlorate de chaux. C'est la terre à garance, par excellence, du département de Vaucluse ; médiocre terre à blé.

2°. Une terre de dépôts nouveaux, prise vers les bords du Rhône, et produisant aussi très bien la garance ; bonne terre à blé et à luzerne.

3°. Terre palus des environs d'Orange, se durcissant aisément, manquant de profondeur, c'est à dire ayant au dessous une couche de marne argileuse, comme sont presque toutes les terres de ce genre. Mais cette couche est à peu de profondeur, et est trop épaisse pour pouvoir être percée par les cultures ordinaires. Médiocre terre à garance ; mauvaise terre à blé ; point de luzerne ni de sainfoin, sans des travaux de minage considérables.

4°. Terres des environs de Tarascon, d'anciens dépôts du Rhône ; donnant peu de garance et se durcissant beaucoup ; bonne terre à blé.

5°. Terre de la plaine d'Orange, vers le Rhône, quartier de Martignan, d'anciens dépôts du Rhône ; bonne terre à blé, mauvaise terre à garance.

6°. Une bolbène, qui m'a été apportée d'Auch, et que j'ai désiré soumettre à l'examen, n'ayant point de terre de cette qualité dans ce pays, où tous nos sols offrent une grande proportion de calcaire.

ARTICLE PREMIER.

ANALYSE CHIMIQUE.

Vingt grammes de chacune de ces terres, sé-chés à une étuve portée à 40 degrés centigrades de chaleur, ont été mêlés à 10 grammes de potasse et à 200 grammes d'eau; on leur a fait subir une ébullition; on a décanté. On a mis avec la terre une nouvelle dose pareille de carbonate de potasse et d'eau, et on a fait une nouvelle ébullition, et ainsi de suite, jusqu'à ce que l'eau de décantation ait été presque incolore. On a séché alors la terre et on l'a pesée : la différence a donné l'humus. Pour faire la contre-épreuve, on a précipité les eaux de lavage, d'abord par l'acide muriatique, et ensuite par l'alcool, et on a obtenu des quantités d'humus en nature, pres-que identiquement pareilles à la différence de poids obtenue précédemment. Cette méthode d'Einoff est la plus sûre et la plus élégante pour obtenir directement l'humus contenu dans le sol.

1°. La terre du Thor, n° 1, a souffert dix ébullitions; la dernière avait à peine la couleur du vin paillet. Les premières solutions étaient fortement brunâtres ou marron. La précipitation a fourni 15 centigrammes d'humus ; à son volume, on en aurait jugé beaucoup plus, mais cette substance est extrèmement légère.

2°. La terre d'alluvion, n° 2, a souffert sept ébullitions ; elle a donné des solutions d'un brun clair ; la précipitation a fourni 6,8 d'humus.

3°. La terre de palus, n° 3, a fait quatre ébullitions, elle a donné des solutions très brunâtres, couleur d'eau de fumier chargée ; elle a donné 5 centigrammes d'humus.

4°. La terre n° 4 a fait sept ébullitions ; elle a donné des solutions de couleur claire, et 10 centigrammes d'humus.

5°. La terre n° 5 a donné aussi des solutions brun clair ; elle contenait 8 centigram. d'humus.

6°. La terre bolbène a donné des solutions claires, a fait deux ébullitions, et n'a donné que 3 centigrammes d'humus.

Après ces opérations, nous avons procédé à l'analyse des parties minérales contenues dans la terre, et de la manière suivante :

Vingt grammes de chacune des terres à analyser, séchés comme ci-dessus, ont été soumis à l'action de l'acide acétique, que nous employons de préférence, parce que les autres attaquent plus ou moins les oxides de l'argile ; après le lavage, dont les eaux ont été mises à part, et le séchage à l'étuve, on a pesé et l'on a noté la différence pour le poids du carbonate calcaire. On a précipité ensuite le calcaire contenu dans les eaux de lavage par l'oxalate d'ammoniaque ; le précipité pesé a donné, à très peu de chose près, les mêmes résultats que la différence, de sorte que nous avons obtenu, pour ces différentes terres, les poids suivans de carbonate calcaire, réuni à un peu d'humus soluble, qui passe avec les eaux de lavage :

1°. Terre du Thor. . . . . . 185 centigr.
2°. Terre d'alluvion. 4,60
3°. Terre de palus d'Orange. . 111
4°. Terre de Tarascon. 65
5°. Terre d'Orange. 100
6°. Terre bolbène. 7

La terre qui formait le résidu de cette opération, ne contenant plus que l'argile et la silice, on les a séparées par le moyen du lavage, ne jugeant pas à propos de pousser l'analyse jusqu'à la séparation des principes intégrans de l'argile par la recuite avec la potasse.

Et nous avons obtenu pour ces différentes terres, savoir :

1°. Terre du Thor, argile et humus insoluble. . . . . . . 12 centigr.
Silice. 3

2°. Terre d'alluvion, argile. . 167

Silice. 85,40

3°. Terre palus d'Orange, argile. 87

Silice. 2

4°. Terre de Tarascon, argile. 112

Silice fine. . . . 23

5°. Terre d'Orange, argile. . . 96

Silice fine. . . . 4

6°. Terre bolbène, argile. . . 146

Silice. 46

Dans presque toutes ces terres, l'hydrochlo-rate de baryte a donné des indices de la présence du sulfate calcaire, excepté dans les n°s 2 et 6.

Elles se trouvent donc composées comme il suit :

1°. Terre du Thor.—Un peu d'hydrochlorate calcaire et de sulfate calcaire, en quantité varia-ble et indéterminée.

Pour 200 centigr.

Humus. 15

Calcaire. 185

Argile. 12

Sable. 3

215 (1)

(1) Une légère différence dans la dessiccation a pu causer cet excès, qui se retrouve du plus au moins dans tous les numéros.

2°. Terre d'alluvion.

Pour 200 centigr.

Humus.	6	80
Calcaire.	4	60
Argile.	107	
Sable.	85	40
	203	80

3°. Terre de palus d'Orange.

Humus.	5
Calcaire.	111
Argile.	87
Sable.	2
	205

4°. Terre de Tarascon.

Humus.	10
Calcaire.	65
Argile.	112
Sable.	23
	210

5°. Terre d'Orange.

Humus.	8
Calcaire.	100
Argile.	96
Sable.	4
	208

6°. Terre bolbène d'Auch.

Pour 200 centigr.

Humus.	3
Calcaire.	7
Argile.	146
Sable.	46
	202

ARTICLE II.

EXAMEN PHYSIQUE DES TERRES.

Toutes les terres à garance sont exemptes de graviers; l'expérience ayant prouvé que, quand il s'en trouve en quantité un peu notable, cette racine n'y prospère pas, et que les travaux de l'arrachage morcellent la racine, de sorte qu'elle est d'une vente difficile. Toutes les terres que nous avons soumises à nos expériences sont donc d'un grain homogène, point qu'il fallait bien faire remarquer; car la plupart de ces essais n'auraient pu se faire sur des terres qui eussent contenu des pierres ou des graviers d'une grosseur même médiocre.

Couleur des terres réduites en poudre séchée.

1°. Terre du Thor, grisâtre.
2°. Terre d'alluvion, rougeâtre.
3°. Terre de palus d'Orange, grisâtre.

4°. Terre de Tarascon , jaunâtre.

5°. Terre d'Orange, jaunâtre.

6°. Bolhène d'Auch, jaunâtre.

Poids des terres.

Ces terres, réduites en poudre et tamisées à un tamis mi-fin , ont été passées à travers un tamis un peu plus gros, de manière à tomber dans une mesure qu'elles remplissaient; quand la mesure a été comble, on l'a rasée, sans presser la terre qu'elle contenait. On a pesé ensuite chaque mesure de terre, et elles se sont trouvées avoir les poids suivans :

1°. Terre du Thor. . . 819 cent. par décilit.

2°. Terre d'alluvion. . . 996

3°. Terre de palus d'Orange. 1005

4°. Terre de Tarascon. . 1065

5°. Terre d'Orange. . . . 998

6°. Terre bolbène d'Auch. 1052

Chaque décilitre de terre ayant été complétement imbibé et mis sur du papier à filtrer, il a été pesé quand il a cessé de dégoutter; et ces différentes terres ayant retenu une plus ou moins grande partie d'eau, ont été pesées, et se sont trouvées avoir les poids suivans, défalcation faite du poids du filtre.

Le décilitre
contient d'eau :

1°. Terre du Thor. . . . . 1280 cent. 461 cent.

2°. Terre d'alluvion. . . . 1407. . . 411

3°. Terre de palus d'Orange. 1491. . . 486

4°. Terre de Tarascon. . . 1530. . . 465

5°. Terre d'Orange. . . . 1461. . . 463

6°. Terre bolbène. . . . . 1395. . . 343

Ce qui, comparé non plus à la mesure, mais au poids, nous donne en faculté de retenir l'eau pour cent du poids sec ;

Savoir :

1°. Terre du Thor. . . . . . . 56,50 p. 0/0.

2°. Terre d'alluvion. 51,30

3°. Terre de palus d'Orange. . 48,36

4°. Terre de Tarascon. 43,60

5°. Terre d'Orange. 46,40

6°. Terre bolbène. 32,60

Ces terres, étendues sur des plaques de verre, et exposées dans une chambre close à 26°,44 cent, ont perdu une partie de leur poids par l'évaporation de l'humidité qu'elles contenaient, et se sont trouvées avoir perdu chacune :

Après 3 heures. Après 17 heures.

1°. Terre du Thor. . . . . 125. . . . 281

2°. Terre d'alluvion. . . . 129. . . . 320

3°. Terre de palus d'Orange. 128. . . 325

4°. Terre de Tarascon. . . 127. 351
5°. Terre d'Orange. . . . 129. . . . 320
6°. Terre de bolbène. . . 120. . . . 220

En prenant la dernière quantité pour base du desséchement dans une journée, nous avons, perte pour cent du poids de l'eau d'imbibition :

Perte pour cent
du poids de la terre.

1°. Terre du Thor. . . . . 61. . . . 343
2°. Terre d'alluvion. . . . . 62,4. . . 321
3°. Terre de palus d'Orange. 69,5. . . 338
4°. Terre de Tarascon. . . 69. 325
5°. Terre d'Orange. 76. 351
6°. Terre bolbène. . . . . . 64. . . . 220

Voulant expérimenter la ténacité de la terre humide et sa force d'adhérence aux outils, j'ai fait fabriquer un disque de bois de noyer bien poli, de forme carrée, ayant un décimètre de côté; ayant pris alors des terres à leur maximum d'imbibition, je les ai étendues sur une surface plane; ayant mis ensuite le disque en contact et en adhérence avec ces terres, j'ai fait communiquer par une corde le disque à un des bras d'une balance dont on chargeait l'autre côté; la force nécessaire pour rompre l'adhérence a été la suivante :

kil. décigram.

1°. Terre du Thor. 1,2710
2°. Terre d'alluvion. 4,2420
3°. Terre de palus d'Orange. . 5,1136
4°. Terre de Tarascon. . . . 4,5544
5°. Terre d'Orange. 5,1332
6°. Terre bolbène. 2,4113

Il nous restait à éprouver la ténacité de la terre sèche; et, pour y parvenir, nous avons fait couler de la terre délayée dans des moules de forme parallélipipède et de 150 millimètres de côté à la petite extrémité; ils étaient ouverts par un de leurs longs côtés, dans lequel entrait en emboîtement une petite planchette, surmo tée d'un poids d'un kilogramme, qui pesait ainsi sur la terre. Nous avons ainsi obtenu de petits parallélipipèdes de terre pressée également, qui avaient 150 millimètres de côté à la petite extrémité, et ceux qui en avaient plus ont été réduits à cette mesure. Nous les avons fait supporter par deux appuis éloignés de 40 millimètres; et, au milieu de cette distance, on leur a fait porter un bassin de balance portant des poids, que l'on ajoutait peu à peu jusqu'à ce qu'ils vinssent à se rompre. Ces terres diverses ont porté les poids suivans :

14

	kil. décigram.
1°. Terre du Thor.	1,5186
2°. Terre d'alluvion.	3,1473
3°. Terre de palus d'Orange. .	12,9213
4°. Terre de Tarascon.	6,7024
5°. Terre d'Orange.	4,5370
6°. Terre bolbène.	3,2033

ARTICLE III.

CONCLUSIONS.

On voit d'abord que la composition minérale de la terre est presque indifférente à la garance, puisqu'elle réussit dans les sols n°s 1 et 2, dont l'un a 85 pour % de chaux, et l'autre seulement 2 $\frac{3}{4}$: le premier 6 portions d'argile, et l'autre 51.—Mais dans un sol de composition identique nous éprouvons qu'il réussit d'autant mieux, que la proportion de l'humus est plus forte, ce que les analyses trop peu nombreuses n'ont pu mettre en évidence.

Quant aux propriétés physiques, la terre à garance par excellence, celle n° 1 est spécifiquement la plus légère de toutes, proportionnellement à son poids, c'est elle qui se charge le plus d'eau, c'est chez elle que l'évaporation se fait le plus lentement, c'est elle qui adhère le moins aux outils, et celle qui, étant sèche, fait le moins corps. De plus, et c'est ce que nos analyses ne pouvaient pas non plus montrer, elle communique à un réservoir permanent d'eau de 1 à 2 toises de profondeur, et moyennant la forte proportion d'humus qu'elle contient, elle en aspire toujours suffisamment pour la maintenir fraîche presque toute l'année. Cette propriété fait que la végétation de la garance n'y cesse presque pas dans l'été, tandis que, dans les autres terres séparées du réservoir inférieur par une couche d'argile plus ou moins profonde, la garance cesse de végéter pendant deux ou trois mois de l'été, temps perdu pour l'augmentation de son poids.

La terre n° 2, qui est aussi de bon produit à garance, s'éloigne beaucoup de la première par sa composition chimique; mais elle est la deuxième en rang par la quantité d'humus qu'elle contient, par sa pesanteur spécifique, par sa propriété de retenir l'eau, par la lenteur de l'évaporation; elle est la troisième pour son adhérence aux outils, et encore la deuxième par sa ténacité dans l'état sec.

La terre de Tarascon viendrait après par sa faculté de produire la garance, c'est à dire qu'elle occuperait le troisième rang; elle est aussi au troisième rang par la quantité d'humus qu'elle contient; aussi au troisième rang, la bolbène exceptée, par la lenteur de l'évaporation, par l'adhérence aux outils; mais elle est au quatrième par la ténacité de la terre sèche, et au cinquième par la pesanteur spécifique.

La terre de la plaine d'Orange suivrait celle-ci pour la production de la garance, et garde aussi bien le même ordre.

La terre de palus d'Orange serait sans doute mauvaise pour la garance, si on n'avait la faculté de pouvoir l'arroser au moment de l'arrachage, et de diminuer sa ténacité; d'ailleurs, elle se dessèche plus difficilement que la terre de la plaine d'Orange, retient plus l'eau, et adhère un peu moins aux outils.

Nous conclurons facilement de là que la terre est d'autant meilleure pour la garance qu'elle a plus d'affinité pour l'humide, qu'elle se dessèche plus lentement, qu'elle a moins d'adhérence pour les outils, qu'elle fait moins corps étant sèche. Mais il faut bien noter ici que toute humidité séjournant dans la couche inférieure du sol est tout à fait contraire à la production de la garance; que nous ne parlons ici que d'un sol bien égoutté et des influences atmosphériques, et enfin que ces observations sont faites au

43ᵉ degré de latitude, et dans le climat venteux de la Provence. En dernier lieu, on regardera comme un avantage de premier ordre celui d'avoir des terres qui, sans conserver de l'humidité surabondante, se maintiennent assez fraîches pendant l'été pour que la végétation ne s'y arrête pas.

Telles sont les conditions plus ou moins requises pour une bonne réussite de la garance; elles résultent d'une expérience répétée et d'essais comparatifs, qui viennent à l'appui des observations de laboratoire.

CHAPITRE IV.

ARTICLE PREMIER.

CONSOMMATION D'ENGRAIS FAITE POUR LA GARANCE.

Il est très essentiel de connaître pour la garance, comme pour toutes les autres plantes en culture, la consommation d'engrais qu'elle fait dans le cours de sa végétation; c'est sur cette notion que sont fondées la convenance de son emploi et la place qui doit lui être destinée dans le cours d'un assolement.

L'observation suivie sur des terres qui étaient réduites presqu'à leurs parties minérales a mis

à portée de reconnaître assez précisément que
chaque quintal de garance sèche s'était approprié 13 quintaux (1) d'engrais de cheval, point
entièrement consommé, chaud, et dans un état
où il pèse 45 livres métriques (2), le pied cube
sans être pressé; car on peut l'entasser au point
de lui faire acquérir 56 à 60 livres, et c'est ce
qui arrive ordinairement dans une charrette bien
chargée. Ces données suffisent pour arriver à
une assez grande exactitude dans l'estimation
de la quantité de l'engrais. Ainsi, l'on serait sûr
d'avoir autant de quintaux de garance qu'on
aurait déposé de fois 13 quintaux de fumier sur
ces terrains où il se décomposerait entièrement,
et permettrait à la garance de s'en emparer
pendant la durée de sa végétation. Cela n'arrive
que dans les terrains poreux et légers, que nous
avons désignés comme bonnes terres à garance,
qui, par la nature de leur tissu, permettent à
l'air d'agir sans obstacle sur toutes les parties
d'engrais qu'elles contiennent, et qui d'ailleurs
contiennent peu d'argile, qui semble s'emparer
des principes du fumier par quelque affinité
chimique mal appréciée jusqu'à présent. Dans

(1) De 50 kilogrammes chacun.

(2) Livres métriques de ½ kilogramme.

les sols compactes argileux, les plantes végètent, d'ailleurs, avec lenteur, et l'on ne parvient à y avoir des récoltes avantageuses que quand l'engrais y est répandu avec assez d'abondance pour saturer le sol, et peut-être aussi en tenir les parties soulevées et divisées. Ce n'est donc que par surabondance que le fumier y agit, ce qui augmente les frais du cultivateur, et ne lui permet de rentrer dans ses avances qu'avec plus de temps, car ces mêmes terres, une fois engraissées, ne cédant leur fumier qu'avec peine à la végétation, le dépensent aussi avec lenteur, et sont engraissées pour long-temps.

Ces notions doivent nous faire apprécier les avantages des terres poreuses où la circulation du capital peut être plus rapide, comme aussi leurs inconvéniens, quand elles tombent entre des mains avides qui ne pourvoient pas au remplacement des engrais que des récoltes abondantes en soutirent. Ainsi, sur des sols poreux, 13 quintaux d'engrais produisent en trois ans un quintal de garance, et sur les sols tenaces il en faut un plus grand nombre pour produire le même effet, bien entendu cependant que le surplus restera comme fond de bonification de la terre.

ARTICLE II.

A QUEL POINT L'HUMUS SUPPLÉE A L'ENGRAIS.

Nous avons vu que nos terres à garance contiennent une assez forte portion d'humus; il paraît étonnant qu'il faille cependant leur donner des engrais artificiels, excepté pour une première récolte de garance.

L'existence de l'humus dans le sol est un des problèmes les plus curieux et les plus obscurs. Dans l'état naturel, le gazonnement de la surface et les détritus animaux et végétaux qui s'y accumulent expliquent assez son accroissement ou au moins son état stationnaire; mais, dans l'état de culture, sur des sols où l'on ne laisse croître, depuis des siècles, que quelques mauvaises herbes, broutées encore par les moutons, et auxquelles succède une récolte épuisante de graines, comment concevoir qu'ils rapportent toujours à peu près des récoltes égales? Je connais des terres autour de moi, qui de temps immémorial n'ont pas reçu d'engrais, ont toujours été cultivées sous le système de la jachère alternant avec le blé, et qui donnent aux enfans cinq à six fois la semence comme elles le donnaient aux pères; il y a donc dans le sol une certaine masse d'humus comme inépuisable, ou qui se répare par les influences atmosphériques. Dans la terre dont je viens de parler, il s'élève à 3 ou 4 pour % du poids de la terre, et si l'on suppose que le mètre cube de terre pèse 3,700 livres, et que la profondeur de sa couche arable soit de $\frac{1}{3}$ de mètre, il s'ensuivra que la solidité de la couche arable d'un hectare de terrain sera de 3,333 mètres cubes, pesant 123,321 quintaux, qui contiennent 4,933 quintaux d'humus, ou la valeur de cent vingt-trois voitures de 40 quintaux de substances organiques. Si c'étaient des engrais animaux que l'on employât à cette dose, cette fumure exorbitante produirait des effets tout autrement remarquables que pareille quantité d'humus; mais celui-ci a une propriété particulière, c'est de n'être soluble qu'en partie, et de ne fournir que peu à peu la nourriture des plantes. Les suçoirs des racines paraissent exercer sur lui, par leur contact, une action qui le dispose à devenir soluble, et qui le rend propre à se décomposer pour passer dans leurs canaux.

On voit donc qu'il n'y a aucune identité entre ces deux substances, et que l'une ne supplée qu'imparfaitement à l'autre; que le fumier devient promptement soluble, et peut servir presqu'en entier, dans l'espace d'un petit nombre d'années, à la nutrition des plantes, tandis que l'humus ne le devient que très lentement : trésor que la Providence semble avoir dérobé, jusqu'à un certain point, aux calculs de la cupidité imprévoyante.

Voilà ce qui explique la nécessité de l'engrais dans les terres les mieux pourvues d'humus, à moins qu'on n'y applique certaines substances dites improprement engrais minéraux, et dont la fonction est d'activer la décomposition de l'humus, et d'épuiser plus rapidement, au profit du présent, le dépôt réservé pour l'avenir. C'est sans doute là l'effet des marnes et de la chaux ; c'est aussi l'effet de l'engrais animal, qui, en fortifiant la végétation, la met en état de solliciter plus vivement l'humus, et d'en extraire une plus forte partie de sucs : c'est ainsi que, dans ces terrains, le fumier agit toujours en raison plus grande que son volume propre.

Toutes les plantes n'ont pas une égale vigueur dans leur action à l'égard de l'humus. Il paraît que celle de la garance est très grande, puisque dans un sol dont le blé peut à peine arracher sa subsistance, une première récolte de garance trouve presque toujours une quantité suffisante de sucs à mettre à profit. Cette force de végéta-

tion doit faire concevoir aussi la grande déperdition que subit un terrain qui est soumis à
cette culture, et le danger de la réitérer souvent
sans engrais : nous reviendrons plus tard sur
ces idées. Nous avons voulu montrer seulement
ici l'aide que l'on pouvait attendre d'une terre
richement chargée de parties végétales , et l'effet
qu'elle pouvait avoir sur les succès d'une culture
de garance.

ARTICLE III.

RAPPORT DES PRODUITS AU SOL.

Deux facteurs concourent à établir la quotité
d'une récolte, les propriétés physiques du sol et
sa richesse, ou autrement dit, les portions de
matière assimilable dont il dispose actuellement.

Dans des terrains traités de la même manière
en engrais et en travail, j'ai cherché à quelle
propriété du sol se rapportait la quantité variable de la récolte, et j'ai vu que c'était principalement à sa qualité de s'emparer de l'humidité atmosphérique, et en seconde ligne au
défaut de ténacité du sol ; mais les terres fraîches,
en été, ont décidément le premier rang dans la
production de la garance. Des terres sablonneuses

de peu d'adhérence laissent sécher et périr la
garance pendant la saison chaude, et donnent
un résultat beaucoup moindre que des terres
compactes qui ont de la fraîcheur, tandis que
les terres sablonneuses fraîches produisent des
récoltes surprenantes.

Cela tient à la durée de la végétation dans les
unes et les autres de ces terres. Dans les terres
fraîches, la végétation ne s'arrête pas pendant
les chaleurs, elle commence en mars et ne finit
qu'en novembre; c'est presque huit mois de
végétation, et vingt ou vingt et un mois pendant
la durée de la culture. Dans les terres sèches, la
végétation s'arrête en juillet, août et septembre;
c'est au moins deux mois et demi de perdus, et
près de six mois sur la durée de la culture, c'est
à dire à peu près le tiers de la durée de la végétation, sur une terre fraîche : il n'est pas douteux que la quantité de racine récoltée ne soit en
quelque rapport avec cette durée. Au reste,
dans le climat du midi de la France, il n'y a pas
de terre où la végétation de la garance ne s'arrête
plus ou moins long-temps en été, s'il n'existe
pas au dessous un réservoir permanent d'eau.
Je crois très essentiel d'expliquer ici ce que
j'entends par ce mot *réservoir* inférieur, car
c'est à son existence que nos bonnes terres à

garance doivent une grande partie de leurs propriétés.

C'est une nappe d'eau courant sous le terrain, et ayant un écoulement constant et un
niveau peu variable, et qui n'est séparée de la
surface du sol par aucune couche imperméable; s'il en existait une peu épaisse, le terrain
gagnerait beaucoup à la rompre : c'est une des
grandes bonifications apportées à la culture de
la garance, aux terrains palus du centre du département de Vaucluse. Pour être avantageuse,
l'existence d'un pareil réservoir ne doit guère
excéder de 2 mètres de profondeur, et ne doit
pas être moindre de 2 pieds. — Si le réservoir
était fourni d'eau croupissante, au lieu d'être
favorable, il serait très nuisible à la culture, et
la couleur brunâtre de ses eaux trahirait ses
mauvaises qualités.

Les terres qui ne possèdent pas un pareil réservoir ne prolongent leur végétation qu'en
proportion de leur faculté de retenir l'eau de
l'atmosphère; mais la proportion est rompue en
faveur de celles qui en ont un, et qui donnent
alors une récolte que nous pourrions appeler
absolue, parce qu'elle est le produit d'une végétation non discontinuée.

Voici maintenant, dans les terres que nous

avons examinées, les résultats des récoltes obtenues.

TABLEAU N° I.

	Faculté de retenir l'eau.	Récolte.	Devrait être dans la proportion.
1°. Palus du Thor. . . .	56 40	. 77	. 77
2°. Terre d'alluvion. . .	51 30	. 68	. 70
3°. — palus d'Orange.	48 36	. 60	. 66
4°. — de Tarascon. .	43 60	. 57	. 60
5°. — d'Orange. . . .	46 40	. 61	. 64
6°. — bolbène. . . .	32 60	.	. 45

On voit, par ce tableau, que les récoltes sont moins fortes que la proportion dans les terres compactes, parce que sans doute le fumier s'y décompose moins bien; pour que l'expérience fût décisive, il faudrait augmenter la quantité de fumier en proportion de la ténacité du sol. Cependant, tel qu'il est, ce tableau nous indique assez que les produits sont bien proportionnels à la faculté de retenir l'eau, d'autant plus que nous avons pris pour base de la récolte n° 1 une terre qui ne reçoit pas d'influence sensible du réservoir inférieur.

Ayant ainsi déterminé la récolte proportionnément à la texture physique du sol, il nous reste à faire la part de la fertilité.—Il ne faut pas laisser ignorer ici qu'un terrain qui n'a jamais porté de garance possède en lui-même une quantité d'humus suffisante pour nourrir une récolte de cette racine proportionnée à cette fertilité et à l'ensemble de ses qualités physiques. On ne peut juger d'avance de cette fertilité que par les récoltes antécédentes, et ordinairement par celle du blé. En examinant donc des récoltes produites par des terrains de même nature physique, mais plus ou moins fertiles, on peut se faire une idée de l'influence de la fertilité. Le résultat de cet examen est que la récolte de garance croît en même temps que la récolte de blé, mais non pas dans la même proportion ; les terres plus maigres donnent plus de garance à proportion, et par conséquent s'épuisent plus vite de ce qui leur reste d'humus, que les plus fertiles.

Voici le tableau de mes recherches :

TABLEAU N° 2.

Récolte de blé par hectare.	Récolte de garance.
8	34
10	51
12	60
15	70

Ainsi, de 8 à 10 hectolitres de récolte, chaque

hectolitre d'augmentation donne un poids de 8 quintaux de garance; de 10 à 12, il en donne 4 $\frac{1}{2}$; de 12 à 15, on en trouve 3 $\frac{1}{2}$. Sans doute, cette proportion décroissante provient de ce que l'humus soluble n'est pas en proportion de l'humus total que renferme le sol.

Quoique ces données, qui sont déjà le fruit d'un assez grand nombre de recherches, eussent besoin sans doute d'être confirmées ou rectifiées par de nouvelles observations, elles nous donnent cependant le moyen de juger approximativement de la récolte probable d'un terrain. Ainsi, pour celui qui retiendrait 48 centièmes d'eau, et qui porterait une récolte de blé de 8 hectolit. par hectare, je prends sa récolte absolue avec une fumure complète, telle qu'elle se trouve dans le tableau n° 1, ci . . . . 66 q^x.

A déduire la quantité, dont la différence qui existe entre la récolte de blé de 8 hectolitres et celle de 15 abaisse la récolte de garance, ci. 36
_____

Reste pour récolte probable. . . 30 q^x.

Ce résultat se rapproche beaucoup de la vérité.

Second exemple. Une terre retient

43,60 d'eau, sa récolte totale, avec fumure complète, serait. . . . . 60 q^x

Elle produit 13 hectolitres blé en récolte moyenne; à déduire pour la différence de 2 hectolitres de 13 à 15, savoir
(3 q^x et', ⨯ 2). 7

Récolte probable. . . . 53 q^x

Ce qui est également exact. — Je ne m'étendrai
pas plus au long sur ces formules, qui donneront
des résultats assez approximatifs, au moins dans
les climats pour lesquels elles sont calculées.

CHAPITRE V.

Organisation de la culture de la garance.

La culture de la garance s'entreprend actuellement, dans le département de Vaucluse, par trois
différentes classes de cultivateurs : 1° les propriétaires qui la font avec soin sur leur terrain; 2° des
fermiers voués spécialement à cette branche, et qui
louent des terres pour la culture de la garance : ceux-ci entreprennent ordinairement sur
une grande échelle; 3° les fermiers à mi-fruit qui,

ayant un excédant de journées oisives (1) depuis
la récolte jusqu'aux semences, et aussi dans le
courant de l'hiver, les emploient à cette culture.
C'est un véritable bienfait pour eux que l'introduction de la garance dans leur assolement ; elle
leur fait tirer un parti utile d'un temps qui était
entièrement perdu pour eux, et en les entretenant
dans une activité constante, elle les soustrait à
ces habitudes de paresse, qui se conservent dans
les momens mêmes où leurs champs réclament
des travaux non interrompus. Nous trouvons donc
ici trois genres de culture adaptés à ces trois classes d'individus : 1° la culture soignée, jardinière,
par laquelle on a débuté dans ce pays ; 2° la
grande culture ; 3° la culture à bras sans engrais.

La première est permanente, étendue sur toutes les véritables terres à garance, et ne reçoit
guère que des augmentations insensibles ; la
deuxième a une grande extension dans les années où
l'on prévoit une augmentation de prix, et se res-
serre dans celles où les prix sont bas ; enfin la
dernière est permanente aussi, gagne chaque année de l'étendue, se propage dans les habitudes

(1) Mémoire sur la culture du blé dans le département de Vaucluse, inséré dans ce volume.

de nos cultivateurs : nous allons traiter successivement de ces trois genres de culture.

ARTICLE PREMIER.

CULTURES SOIGNÉES.

Quand on a un terrain propre à la garance, et
qu'on se propose d'y réitérer cette culture, il n'est
pas douteux qu'il ne convienne de le faire avec
des soins proportionnés au profit qu'on en peut
retirer, et des engrais qui puissent réparer la déperdition que la garance fait subir au sol : c'est dans
ces sortes de terrains que l'on est sûr d'être remboursé de ses avances.

Alors on doit faire défoncer le terrain à demi-
mètre de profondeur, à moins qu'il n'ait reçu depuis peu un travail profond : cette façon se
donne ordinairement à la bêche. Les ouvriers sont
disposés de manière à faire front à la ligne du travail, ils enlèvent ainsi une première pointe de terre;
faisant ensuite un à droite ils se trouvent en file,
descendant dans l'excavation qu'ils viennent de
faire, enlèvent une seconde pointe, et la rejettent
sur la première; ils font ensuite front de nouveau
pour continuer le travail, et ainsi de suite. Cette
opération a lieu pendant l'hiver; les pluies et les
gelées rompent les mottes de terre, qui se trouvent

pulvérisées au printemps : on l'entreprend quand la terre est dans cet état où, ayant une humidité suffisante, elle ne s'attache pourtant pas aux outils. Il faut observer, cependant, que les défoncemens qui ont lieu avant l'hiver favorisent la sortie des mauvaises herbes, et occasionent ensuite plus de frais de sarclage : aussi beaucoup de cultivateurs intelligens préfèrent-ils les travaux qui ont lieu au commencement de mars, quoiqu'ils obligent à de plus grands frais pour l'ameublissement de la terre.

Le travail dont il est question se faisant dans un état assez uniforme de résistance du sol, on a pu calculer par approximation le nombre de journées qu'il exige dans les différens terrains. Mes nombreuses expériences sur la ténacité des terres, comparées au nombre de journées faites en diverses années sur les mêmes sols, m'ont donné des résultats dont les épreuves journalières me prouvent la très grande approximation. Sur nos bonnes terres à garance, dont la ténacité n'est que d'un kilogramme et $\frac{1}{2}$; et qui se remuent presque avec la pelle de bois, on fait ce travail avec 44 journées de 8 heures de travail par hectare, ou avec 352 heures de travail. Cette quantité augmente de 66 heures par kilogramme d'augmentation dans la ténacité du sol avec les ouvriers dont on dispose

dans le sud-est de la France (1); mais l'augmentation devient moindre dans les terres gélisses, dont
une couche plus ou moins forte a été soulevée et
ameublie par l'effet des gelées : c'est particulièrement le cas de la terre n° 3 (palus d'Orange).
Si le terrain était gazonné, il faudrait augmenter les frais de main-d'œuvre dans une proportion
qui n'a pas pu être estimée.

On fait les charrois d'engrais tout l'hiver : il est
des terres où la quantité que l'on en met peut
être, pour ainsi dire, illimitée, et produire une
récolte de racine proportionnée ; mais il faut reconnaître ici que ce n'est que sur les sols poreux,
légers et frais qu'il convient de tenter ces doses
surabondantes d'engrais. Ces essais, qui réussissent très bien sur de pareils sols, sont sujets à
causer des pertes sur des terrains moins favorablement disposés, dans lesquels le fumier se décompose avec plus de lenteur : la proportion dépend donc d'expériences faites sur les différens

. (1) D'après les données ci-dessus, dans une terre compacte qui
exige 86 journées, nos ouvriers remuent, par jour, 50 mètres
cubes de terre. Selon Coulomb, un ouvrier ne devrait retourner
que 45^m,25. Le travail des paysans florentins n'est que de 44^m de
terre. Voy. *Nouvelles Annales d'Agriculture*, t. xxviii, p. 219. Il
est probable que ces deux expériences ont été faites dans des terres
moins dures que celle qui sert de base à mon calcul ; ce qui ferait
ressortir encore plus l'habileté de nos ouvriers pour le travail de
la bêche.

sols; cependant il faut convenir que l'engrais n'é-
tant pas perdu pour le propriétaire qui le retrouve
dans la récolte subséquente, il peut agir plus li-
béralement qu'un simple fermier et disposer d'une
masse de fumier au delà de la quantité que l'on
a coutume d'employer à cette culture, et qui est
de 880 quintaux (22 voitures de 40 quintaux) par
hectare.

Quand le fumier est étendu, on passe deux raies
croisées de labour pour l'enterrer légèrement; ensuite on herse pour égaliser le sol. On trace alors,
avec un sillonneur à bras, les sillons où l'on doit
semer la garance; ces sillons doivent avoir un
mètre et $\frac{2}{3}$ de largeur, avec un intervalle de $\frac{1}{3}$ de
mètre entre deux sillons: ainsi on trace les lignes
à 2 mètres de de distance l'une de l'autre. Cette
opération terminée, un homme creuse, le long
du sillon, une raie plus profonde avec une houe
à bras; il est suivi par une femme ou un enfant
qui répand la semence dans la raie : on en emploie
170 livres par hectare. Les grains doivent être espacés également, et au plus à un pouce et $\frac{1}{2}$ l'un
de l'autre dans tous les sens, et non pas placés
en ligne. En revenant sur ses pas, après avoir
achevé sa raie, l'homme en ouvre une autre à côté
de celle-ci, dont la terre lui sert à recouvrir la
graine mise dans la première; la semeuse le suit
encore, et ensemence cette nouvelle raie, et ainsi

de suite, jusqu'à la sixième, qui reste sans être semée, et qui fait l'intervalle du 1er au 2e billon. Dans les terrains légers de palus, cette opération est faite le plus souvent avec une pelle de bois.

Dès que la garance est sortie, tous les soins doivent être dirigés vers son sarclage, qui ne saurait être trop parfait et doit être répété après chaque pluie, dès que les herbes adventices commencent à se distinguer sur le sol. Les bienfaits de cette opération, accomplie d'une manière parfaite, se prolongent, au reste, bien au delà de la récolte de la garance : ce sarclage se fait à la main ; les femmes et les enfans qui y sont destinés se mettent à genoux dans l'intervalle des billons, et épluchent exactement tous les filamens de mauvaises herbes. Le sarclage est toujours suivi de l'opération de couvrir la garance d'une légère couche de terre prise dans l'intervalle, et destinée à raffermir la terre et remplacer celle que l'arrachement des herbes peut avoir déplacée. Ce sarclage est répété plus ou moins la première année, selon la faculté du terrain à produire de l'herbe ; mais on doit compter sur environ trois sarclages pendant le premier été : ils exigent 22 journées de femme par hectare pour chaque fois, dans les terrains qui produisent médiocrement d'herbes ; mais cette quantité peut être beaucoup plus forte dans ceux où la végétation est vigoureuse. Au mois de novembre, on couvre tous les billons de 2 à 3 pouces de terre, et c'est dans cet état que la garance passe l'hiver. A l'époque où l'on couvre, la fane est flétrie par les premiers froids et ne tarderait pas à sécher : il ne s'agit pas ici de la défendre des gelées, auxquelles elle résiste très bien, mais d'obliger la plante à former de nouvelles racines dans la terre dont elle est couverte pour se montrer au jour. La première végétation du printemps est si vigoureuse, qu'elle perce cette couche avec rapidité, et que la nouvelle tige ne tarde pas à en sortir dès que les premières chaleurs du printemps se font sentir. Cette circonstance a suggéré différentes expériences, qui ont été faites par un de mes compatriotes : il a fait couvrir différentes pièces de garance dans les différens mois de l'été, espérant que la végétation, en se faisant jour à travers la couche de terre dont on la chargerait, métamorphoserait les tiges en racines. C'est bien ce qui est arrivé; mais ces racines consistaient en filamens si déliés, qu'ils n'augmentaient pas le poids de la garance d'une manière sensible, et ne payaient pas du tout les frais extraordinaires qu'ils avaient causés; c'est que, dans cette saison, la végétation est plus faible, moins énergique qu'au printemps,

et que d'ailleurs la terre dont on charge les garances, n'ayant pas le temps de s'émietter par les
gelées, reste en petites mottes, à travers lesquelles la tige continue à s'allonger sans se con-
vertir en racines. Nos ouvriers se chargent de
couvrir les garances, à prix fait, moyennant
25 francs par hectare.

Pendant la seconde année, on continue à donner
des soins au sarclage; mais, s'il a été bien fait la
première, les plantes de garance, s'étant empa-
rées du sol, ne permettent guère aux herbes
étrangères de se montrer. On couvre légèrement
après chaque sarclage; cependant bien des personnes ne couvrent plus la seconde année, pré-
tendant, avec quelque raison, que l'arrachement
des herbes ne peut plus déranger les racines de la
garance, désormais bien établie en terre. Quand
la tige est en fleur, on la coupe pour avoir du
fourrage, ou bien on la laisse grener. Les avis
sont partagés sur ces deux méthodes : bien des
personnes pensent que le fauchage oblige la plante
à une nouvelle pousse qui doit épuiser la racine;
mais, d'un autre côté, qui ne sait comment la
fructification épuise les plantes et les racines de
tous leurs sucs ! Je dois dire, d'ailleurs, que
l'expérience ne m'a jamais montré de différence
sensible entre les produits en racine, dans les

cultures traitées selon l'une ou l'autre méthode, que d'ailleurs, dans les terrains qui ne sont pas naturellement frais, cette opération précède de peu de jours le temps où la tige se dessèche après la fructification, et où sa végétation s'arrête pendant la grande chaleur de l'été, et qu'ainsi la racine n'en est pas moins obligée à produire de nouvelles tiges aux premières pluies qui annoncent l'automne. Sous le rapport du produit de ces deux méthodes, indépendamment de la quantité du produit en racine, il ne peut plus y avoir de comparaison depuis que le prix de la graine est si modique. La culture faite seulement d'abord sur les terres palus, où la fleur coule aisément, ne produisait qu'à peine la quantité de semence nécessaire; mais transportée aujourd'hui, par la culture des métayers, sur des terres fortes, où la graine mûrit bien, elle en produit une quantité qui surpasse de beaucoup la demande. Sur un terrain pareil, un hectare de garance produit, en moyenne, 300 kilogrammes de graine, c'est à dire de quoi ensemencer quatre fois et demie un pareil espace. Portée en 1816 jusqu'à 3 francs la livre, elle n'a pu s'élever, depuis quelques années, qu'à 25 centimes.

Pour récolter la graine, on attend qu'elle soit d'un violet foncé; on fauche alors la tige rez sol, on la transporte sur l'aire, où elle se sèche ; on en sépare alors la semence en la remuant avec une fourche, ou tout au plus par le moyen d'un léger battage au fléau.

Quant au fourrage, il est d'une excellente qualité, presque aussi estimé que la luzerne ; on sait qu'il a la propriété de teindre en rouge les os des animaux qui en mangent, circonstance que l'on trouve souvent dans le pays à garance. Son produit est un assez bon critère pour juger du produit futur des racines, que les cultivateurs expérimentés estiment être égal au poids du fourrage de la première année, et double de celui de la seconde.

La troisième année n'exige d'autre travail que le fauchage de la tige, et enfin, au mois d'août ou de septembre, aussitôt après que les pluies ont assez pénétré le sol pour le rendre facile à creuser, on se livre à l'arrachement. Si l'on peut faire arriver l'eau dans les fossés qui séparent les billons, on a l'avantage de pouvoir devancer de quelques jours la masse des arracheurs, de trouver ainsi des ouvriers et des acheteurs avec plus de facilité. Dans les terres palus, où la ténacité de la terre est presque nulle, on peut pratiquer cette opération à l'époque que l'on veut : autre avantage de ces excellentes terres à garance.

Il est important que cette opération précède-le temps où l'on peut craindre des gelées, qui nuiraient beaucoup à la qualité de la racine pendant le séchage : pour le faire, les hommes sont disposés sur-chaque billon, on en place même deux si la terre est tenace et exige un grand effort; avec leur bêche, ils renversent la terre devant eux, et creusent aussi profondément qu'ils peuvent apercevoir dans le sol des filamens de racine. Il est important pour le propriétaire que cette opération soit bien faite : dans les terres meubles, où la garance s'approfondit beaucoup, on a vu perdre jusqu'au tiers de la récolte, que des cultivateurs industrieux venaient ensuite extraire à moitié profit; mais, d'un autre côté, dans les terrains compactes, elle s'enfonce rarement plus d'un pied, et tout le temps employé pour rechercher de trop petits filamens causerait de la perte au propriétaire, surtout dans les années où la racine est à bas prix. Après une heure de travail, tout homme expérimenté a bientôt jugé de la profondeur où doit se borner le travail.

Cet ouvrage est long et coûteux, sa durée varie dans le même terrain selon l'état actuel du sol; mais quand on attend une pluie suffisante pour le bien pénétrer, ou qu'on l'a ramolli par l'irrigation, on rentre dans des données plus précises

J'ai cherché à recueillir, à cet égard, des notes sur les différentes espèces de terrains ; il en résulte que dans les terrains de palus, que j'ai analysés sous le n° 1, on emploie 1,320 heures de travail par hectare, et qu'il augmente de 123 heures par kilogramme de plus dans la ténacité de la terre.

Devant chaque ouvrier se trouve placé un linceul dans lequel il jette la garance à mesure qu'il la recueille ; à chaque repos, ces linceuls sont portés sur l'aire, où l'on étale la récolte pour la faire sécher : on la remue à la fourche pour en séparer la terre et la poussière qui pourrait y être restée attachée ; on la transporte ensuite dans un local sec, car l'humidité lui ferait contracter de la moisissure et la détériorerait entièrement : il ne s'agit ensuite que d'emballer sa récolte. Il convient presque toujours au propriétaire de se charger de cette opération, parce que la récolte non emballée est soumise par l'acheteur à un triage toujours préjudiciable. 4 mètres et $\frac{1}{2}$ de toile pesant 10 livres servent à emballer 3 quintaux de garance, et coûtent 4 fr. 30 c. : ce qui donne 1 fr. 43 c. de toile par quintal de garance ; plus, 15 c. pour l'emballeur ; total, 1 fr. 58 c. Il y aurait donc de la perte toutes les fois que 3 livres et $\frac{1}{3}$ de garance ne vaudraient pas 1 fr. 58 c., c'est à dire environ 48 fr. le quintal ; mais la première considération réunie à celle du moindre espace qu'occupe une récolte, à l'arrangement qu'on peut lui donner, à la facilité de la changer de place, doit faire préférer au propriétaire d'emballer lui-même en attendant la vente, à moins qu'elle n'ait lieu de suite après la récolte.

Maintenant, pour appliquer le calcul à cette situation agricole, nous supposerons que la culture a lieu dans une terre palus, de bonne qualité, dont la ténacité est de $1^k, 50$.

A. *Dépense pour un hectare de terre en garance, cultivée à bras dans une terre palus du département de Vaucluse.*

1re ANNÉE.

1°. Défoncer le terrain, 44 journées d'hiver à 1 fr. 50 cent., ci. . . . . 66^f 00

2°. 22 charretées de fumier, à 20 fr. (prix moyen). 440 00

3°. Charroi du fumier, variable selon l'éloignement, et que nous supposerons, dans la position indiquée, à 6 francs la charretée. 132 00

————————
638 00

Ci-contre.	638ᶠ	00

4°. Deux raies de labour pour enterrer le fumier et hersage pour égaliser la terre. 24 00

5°. Graine, 170 livres, à 25 cent. . 42 50

6°. Huit journées d'homme et de femme pour semer. 22 00

7°. Sarcler trois fois, 66 journées de femme en été, à 1 fr.. . . . . . 66 00

8°. Couvrir trois fois. 34 00

9°. Couvrir en plein (prix fait). . 24 75

10°. Rente de la terre au prix du pays pour faire de la garance, location plus haute que pour d'autres emplois. 165 00

	1,016	25
Intérêt à dix pour cent. . . .	101	62
Total de la 1ʳᵉ année. .	1,117	87

2ᵉ ANNÉE.

11°. Sarcler en plein, 22 journées.	22	00
12°. Couvrir une fois.	12	00
13°. Couvrir en plein.	24	75
14°. Rente de la terre.	165	00
	223	75

Ci-contre.	223	75
Intérêt.	22	37
Intérêt du capital avancé la 1ʳᵉ année.	101	62
Total de la 2ᵉ année. . .	347	74

3ᵉ ANNÉE.

15°. Arracher , 165 journées , à 2 francs.	330	00
16°. Sécher et emballer , 1 fr. 58 centimes par quintal, et 77 quintaux.	121	66
17°. Rente de la terre pour un an. .	165	00
	616	66
Intérêt du capital de la 1ʳᵉ année pour 6 mois.	50	81
Intérêt du capital de la 2ᵉ année pour 6 mois.	11	18
Le capital de la 3ᵉ année n'est déboursé que presque au moment de la récolte et de la vente.	»	»
	678	65

RÉCAPITULATION.

1re année.	1117	87
2e année.	347	74
3e année.	678	65

Total. . 2144 26

PRODUIT.

1°. Fourrage de la 1re année, 77 quintaux, à 2 francs.	154	00
Intérêt de deux ans.	50	80
2°. Fourrage de la 2e année. . . .	77	00
Intérêt d'un an.	7	70
3°. 77 quintaux de racines, à 30 francs.	2310	00
	2579	50
Reste en bénéfice.	435	24
Somme pareille. . .	2144	26

Nota. Nous avons dû compter en déduction l'intérêt des sommes retirées dans le courant de la culture, puisque nous comptions ailleurs celui des sommes dépensées.

16

Les récoltes en fourrages et les intérêts revenant à. 269ᶠ 50ᶜ
il est clair que les 77 quintaux de racines devraient valoir, pour compléter
les frais de culture. 1874 76
——————————
Total des frais de culture. . 2144 26
——————————

Ainsi la garance revient à 24 f. 34 cent. ¾ à ce
cultivateur. Il est très important de refaire ce
compte pour un terrain compacte, afin de juger
d'un coup-d'œil de la différence que la nature du
sol apporte aux bénéfices de la culture.

B. *Dépense pour un hectare de terre en garance, cultivée dans une terre compacte, dont
la ténacité 6ᵏ 70ᶜ.*

1°. Défoncer le terrain, 86 jour-
nées $\frac{90}{100}$ à 1 fr. 50 cent. 130ᶠ 35ᶜ
2°. 22 charretées de fumier. . . . 440 00
3°. Charroi. 132 00
4°. Labour 24 00
5°. Graine. 42 50
——————————
768 85

Ci-contre.	768 f	85
6°. Semer.	22	00
7°. Sarclage.	66	00
8°. Couvrir trois fois.	34	00
9°. Couvrir en plein.	24	75
10°. Rente de la terre.	132	00
	1047	60
Intérêt.	104	76
	1152	36

2e ANNÉE.

11°. 12°. 13°. 14°. Comme ci-dessus, moins la différence de rente de la terre.	190	75
Intérêt.	19	07
Intérêt de la 1re année.	104	76
	314	58

3e ANNÉE.

15°. Arracher, 244 journées $\frac{95}{100}$,

à 2 fr.	489	90
16°. Sécher et emballer 55 quintaux de garance.	86	90
17°. Rente de la terre.	132	00
	708	80
Intérêt de la première année pour six mois.	52	38
Intérêt de la seconde année pour six mois.	9	53
	770	71

RÉCAPITULATION.

1re année.	1152	36
2e année.	314	58
3e année.	770	71
	2237	65

PRODUIT.

1°. Fourrage de la 1re année, 55 quintaux.	110	00
Intérêt de deux ans.	22	00
	132	00

Ci-contre. . . . 132   00

2°. Fourrage de la 2ᵉ année. . . .   55   00
Intérêt d'un an.   5   50
Resterait, pour le prix de 55 quintaux de garance, pour compléter la
somme des frais. 2045   14
                                   ‾‾‾‾‾‾‾‾‾‾
                                   2237   64

La garance reviendrait donc à 37 fr. 18 c., ce
qui éloigne toute idée d'en faire d'après cette méthode, aux prix actuels, dans des sols de cette
nature.

Mais, remarquons qu'une première récolte de
garance se fait fort bien sur ces sols sans l'emploi
du fumier, et qu'alors le compte des frais, se trouvant réduit de 715 fr., y compris les intérêts de
l'achat des engrais, n'est plus que de 1522 fr.
64 c., et que le prix de la racine n'est plus que
de 24 fr. environ. Les terres palus ne conservent
ainsi la supériorité que pour les récoltes subséquentes, et tous les sols d'une ténacité plus grande
que ceux dont il vient d'être question sont éloignés définitivement de la concurrence, si l'on
suit les procédés de culture qui viennent d'être
indiqués.

ARTICLE II.

GRANDE CULTURE.

La baisse des prix de la garance rendait donc la culture de la garance impraticable sur tout autre terrain que les terrains palus légers, sans des changemens complets dans la culture de cette plante, qui pussent mettre les autres sols à portée de leur faire concurrence.

Ces changemens eurent lieu forcément, et les fermiers qui avaient déjà planté des garances dans la période des hauts prix furent obligés de les introduire dans leur culture pour éviter une ruine totale : sortant donc entièrement de la routine, qui leur faisait employer les moyens de la petite culture sur de vastes étendues de terre, ils ont eu recours à la charrue ; ainsi, les premiers travaux de défoncement se sont faits avec une forte charrue. Tous les autres travaux des années intermédiaires s'exécutent à bras, comme dans la petite culture.

Les travaux d'arrachage se font aussi avec une forte charrue, mais dont l'oreille est plus relevée, pour que la terre ne retombe pas dans la raie. Son age est en bois; mais tout le reste de la machine est en fer battu. Construite entièrement sur les principes de la charrue du pays, dite *coutrier*, on y ajoute cependant deux roues basses, en forme d'avant-train, pour en rendre la marche plus ferme. On a soin d'avoir en double toutes les principales pièces, pour éviter les retards en cas d'accidens.

Le premier couple de l'attelage est ordinairement une paire de bœufs; on attelle devant ceux-ci des mules ou des chevaux, en nombre proportionné à la ténacité du sol. On compte sur six couples de bêtes, non compris les bœufs, pour une terre de la ténacité de 12 kilog.; on fait, avec ces moyens, un demi-hectare par jour : on creuse à 17 pouces de profondeur (45 centimètres).

Quand on ne peut pas disposer d'un bétail aussi nombreux, on passe une seconde fois dans la raie, et l'on parvient ainsi, avec trois paires de bêtes, à exécuter le même travail en employant le double de temps.

Deux charrues se succédant dans la même raie ne pourraient pas servir à cet usage, parce qu'on morcellerait et l'on enterrerait la racine. Pour exécuter ces travaux, 20 hommes et 20 femmes sont nécessaires pour chaque charrue quand la garance n'est pas bien fournie, comme cela arrive ordinairement dans les terres compactes dont nous parlons; si elle était très bonne, il faudrait augmenter proportionnellement le nombre des femmes. La largeur du champ est divisée en vingt distances égales, par le moyen de bâtons plantés: un homme et une ou deux femmes sont attachés à chacune de ces divisions. Les hommes sont armés d'un râteau de fer; ils étendent à mesure la terre qui vient d'être retournée par la charrue le long de leur division. Les femmes ramassent la racine dans des paniers, et la déposent ensuite dans des linceuls placés à distances égales. Outre son râteau, chaque homme doit être pourvu d'une bêche, pour le cas où quelque pièce de la charrue viendrait à se rompre; alors on les met à l'ouvrage sur une pièce de garance voisine, que l'on a réservée pour être arrachée à bras, et où ils emploient le temps écoulé jusqu'à ce que le désordre soit réparé.

Les autres opérations se font comme il a été dit dans l'article précédent. Voici maintenant le calcul de ce genre d'exploitation, fait pour des terres où nous l'avons observé réellement, et qui avaient 12 kilog. de ténacité; les bénéfices s'accroîtraient sans doute sur des terres dont la ténacité serait moindre.

C. 1re ANNÉE.

1°. Défoncement à la charrue, 2 journées de 7 couples de bêtes, à 6. fr. le couple par jour. 84 00

2°. Six journées d'hommes, qui conduisent la charrue et les attelages, à 2 fr. 12 00

3°. Deux raies de labour après l'hiver. 24 00

4°. Graine, 170 livres 42 50

5°. Semer à la charrue. 8 00

6°. Sarcler (ces terres produisent peu d'herbes). 33 00

7° et 8°. Couvrir trois fois et en plein. 58 75

9°. Rente de la terre pour un an, à 64 francs. 64 00

----

326 25

Intérêt pour un an. 32 62

----

358 87

2ᵉ ANNÉE.

10°. Comme ci-dessus, art. 7 et 8.	58	75
11°. Rente de la terre.	64	00
	122	75
Intérêt.	12	27
Intérêt de la 1ʳᵉ année.	32	62
	167	64

3ᵉ ANNÉE.

12°. Arrachage, 2 journées de 7 couples.	84	00
46 journées d'hommes, à 2 fr. . . .	92	00
40 journées de femmes, à 75 cent. .	30	00
13°. Sécher et emballer 33 quintaux de garance..	52	14
14°. Rente de la terre.	64	00
	322	14
Intérêt de la 1ʳᵉ année pour six mois.	16	31
	338	45

Ci-contre.	338	45
Intérêt de la 2ᵉ année.	6	13
	344	58

RÉCAPITULATION.

1ʳᵉ année.	358	87
2ᵉ année.	167	64
3ᵉ année.	344	58
	871	09

PRODUIT.

Graine pour mémoire (la tige ne peut pas être comptée ici), 33 quintaux de racine de garance, qui reviennent à. 26 40

Mais nous avons choisi, pour établir ce compte, des terres qui ont presque le maximum de ténacité, et si nous avions des terres qui élevassent le produit à 55 quintaux, en supposant que les frais restassent les mêmes, la garance ne s'élevarait pas à plus de 15 francs pour une première récolte ;

pour les récoltes suivantes, qui exigeraient l'emploi du fumier, ce qui augmenterait les frais de près de 600 fr., elle coûterait encore 27 fr. Mais il est assez commun de voir cette racine établie sur des terres de qualité intermédiaire, où la racine revient aux cultivateurs à environ 24 fr. le quintal, même pour la première récolte, qu'ils font sans fumier, et à laquelle ils se bornent dans ces terres louées spécialement pour la culture de la garance.

Ces moyens ne sont pas à la portée de tous les cultivateurs, parce que le plus souvent le local s'oppose à leur emploi, qui exige des champs très longs, qui ne soient bornés ni par des haies ni par de grands fossés. Ces procédés, en étendant la culture sur des terres qui autrement ne pourraient pas soutenir la concurrence avec les terres légères; ont sans doute contribué à abaisser le prix des garances. D'un autre côté, ils semblent avoir exclu de cette culture tous les terrains de peu d'étendue qui ne peuvent pas produire assez de garance pour payer les frais de la culture à bras, ce qui ferait plus que compenser l'extension causée par les nouveaux procédés, si l'organisation générale de la culture du pays n'avait fourni les moyens de sortir encore de cette alternative; c'est à quoi l'on est parvenu par la culture des métayers, dont nous allons parler dans l'article suivant.

ARTICLE III.

CULTURE DES MÉTAYERS.

La culture de nos métayers a été décrite avec exactitude dans un Mémoire inséré dans ce volume; il nous montre, comme une cause de leur misère, le non-emploi utile d'une grande partie de leur temps. Ainsi, à partir du mois d'août jusqu'en octobre, et de novembre en mars, le métayer n'y paraît occupé que d'ouvrages secondaires, dans lesquels il procède avec la nonchalance que l'on met à ce qui ne doit rapporter qu'un profit douteux. L'éducation des vers à soie leur procure, en avril et mai, une occupation lucrative; mais aux deux époques que nous avons citées, ils sont dans un véritable désœuvrement, qui les entraîne dans des habitudes de paresse et de nonchalance dont ne se ressentent que trop les momens où ils devraient déployer toute leur activité.

La culture de la garance est venue remplir ces intervalles d'oisiveté; en s'étendant de proche en proche chez tous nos fermiers à proportion des bras dont ils disposent, elle est devenue pour eux

une source de vrais bénéfices, à quelque prix que
cette racine puisse se vendre, puisqu'elle leur
paie à un prix quelconque un temps qui n'en
avait aucun pour eux. C'est cette considération
qu'il faut bien concevoir, pour juger du changement total de position de la culture de la garance dans nos pays.

Ordinairement tout se partage, dans ce genre de
ferme, entre le maître et le métayer; mais les
avances de la garance sont trop considérables pour
que de telles conditions n'aient point été modifiées.
Nous avons vu que les frais de la culture à bras,
déduction faite des engrais, sont de 1073 fr. dans
les terres communes qui ont une ténacité de 6;70,
tandis qu'un hectare de terre cultivé en blé ne
coûte que 120 fr., les semences comprises (1).
On voit donc qu'il n'y a aucune parité entre les
deux cas; aussi le maître s'engage-t-il, lorsqu'il
s'agit de la garance, à entrer pour une part
déterminée dans les frais de culture, et spécialement dans ceux qui ont pour but son arrachage
dans un moment où le fermier ne pourrait
seul suffire aux travaux. Examinons de quelle
manière, dans l'équité, doit se régler cette par-

(1) V. le Mémoire cité sur la culture du blé dans le département
de Vaucluse.

ticipation du maître, et pour cela voyons sur quelle base ils doivent opérer l'un et l'autre dans l'état actuel de la culture du midi.

Le fermier est aidé dans ses cultures par tous ses enfans, et même par les femmes qui ne trouveraient pas de l'ouvrage suivi à faire hors de la ferme; ce sont des journées de rebut qu'il fait ordinairement dans une morte-saison, et quand tous les travaux de la campagne sont achevés. L'appréciation de la valeur de cette sorte de journées est difficile : si on la compare à ce que le métayer en retirerait sans la culture de la garance, elle est presque nulle.

Un tiers de rabais sur le prix du travail semble, en général, contenter les métayers les plus exigeans : c'est à peu près à ce prix que je paie aux miens les ouvrages extraordinaires qu'ils font sur mes terres; et d'ailleurs, en leur comptant ici l'intérêt de leurs avances, et en les faisant entrer en part d'un bénéfice éventuel que peut procurer l'augmentation de prix de la garance, on satisfait à ce qui peut paraître trop exigu dans cette estimation. Le compte du fermier est donc le suivant, en supposant, comme nous l'avons fait à l'article 1er, une terre d'une ténacité de 6k 70c.

D. 1re ANNÉE.

1°. Défoncer le terrain.   86   90
2°. Labour.   16   00
3°. Graine.   42   50
4°. Semis.   14   67
5°. Sarclage.   44   00
6°. Couvrir trois fois.   22   67
7°. Couvrir en plein.   16   50

                         243   24

Intérêt.   24   32

                         267   56

2e ANNÉE.

8°. Sarcler en plein.   14   67
9°. Couvrir une fois.   8   00
10°. Couvrir en plein.   16   50

                         39   17

Ci-contre.	39	17
Intérêt.	3	92
Intérêt de la 1ʳᵉ année.	26	75
	69	84

3ᵉ ANNÉE.

11°. Arracher (l'arrachage total coûte, avec les ouvriers ordinaires, 489 fr. 90 cent. Ainsi nous supposons ici, ce qui a lieu en effet, que le fermier proportionne toujours l'étendue de garance qu'il entreprend aux forces dont il dispose dans sa ferme pour l'arracher).

pour l'arracher).	326	60
12°. Sécher et emballer.	86	90
	413	50
Intérêt de la 1ʳᵉ année pour six mois.	14	65
Intérêt de la 2ᵉ année pour six mois.	2	29
	430	44

10

RÉCAPITULATION.

1re année..	267	56
2e année.	69	84
3e année.	430	44
Total. .	767	84

Quant au maître, il a été prouvé (1) qu'il ne retire en moyenne que 80 fr. par hectare d'un terrain pareil à celui qui sert ici de type à nos calculs, exploité par des métayers avec la jachère alterne. Si les fermiers consentent à la réduction imposée dans la valeur des journées, il ne songera pas non plus à s'attribuer un excédant de rente pour la détérioration du sol par la culture de la garance. Il est content de tout bénéfice qui surpasse la rente actuelle de son champ. Son compte est le suivant :

Rente de la 1re année.	80	00
Intérêt.	8	00
	88	00

(1) Voyez le Mémoire cité sur la culture du blé dans le département de Vaucluse, p. 143.

Rente de la 2ᵉ année. 80   00

Intérêt. 8   00

Intérêt de la 1ʳᵉ année. 8   80

96   80

Rente de la 3ᵉ année. 80   00

Intérêt. 8   00

Intérêt de la 1ʳᵉ année. 9   68

Intérêt de la 2ᵉ année. 8   80

106   48

RÉCAPITULATION.

1ʳᵉ année. 88   00

2ᵉ année. 96   80

3ᵉ année. 106   48

291   28

Il existe donc, entre le compte du métayer et celui du propriétaire, une différence de 476 francs 56 cent., qui se compense en retranchant 238 fr. 28 cent. du premier compte, et en ajoutant la même somme au second. Or, si nous passons au compte du maître, l'emballage de sa part de

garance. . . . . 43 fr. 45 c.
il lui reste à payer sur l'arrachage. 194 83

_____

238 28

_____

Ces 194 fr. représentent 97 journées, qui sont environ la moitié de celles nécessaires à l'arrachage de la garance dans ces terrains ; *c'est à peu près sur cette base que s'établissent les conditions sur un pareil terrain*. Si la récolte est de 55 quintaux, qui coûteront en totalité 1,159 fr. 12 c., elle reviendra à nos cultivateurs à 21 fr. 07 c. $\frac{1}{2}$, et encore nous ne faisons pas entrer en déduction, comme dans les cas précédens, le fourrage ou la graine. On conçoit tout ce que l'extension d'un pareil système doit apporter de changement dans les prix de la garance, et par là dans toute la situation agricole du pays, et aussi dans le prix des journées payées en argent. C'est l'introduction dans la concurrence du travail d'une classe nombreuse, qui auparavant perdait une partie de son temps dans l'oisiveté, et qui vient prendre sa part au dividende général de l'agriculture, fait dont les conséquences peuvent être immenses.

On donne aussi, pour les cultures en garance, des terres détachées à des paysans qui se chargent

des cultures pour la moitié de la récolte; le propriétaire contribue à l'arrachage dans une proportion relative à la récolte présumée , et l'on
convient de l'indemnité à payer au cultivateur,
si par l'effet des intempéries la graine ne sortait
pas, et qu'il fût obligé d'abandonner gratuite-
ment sa première culture; on lui donne alors
de 40 à 60 fr. par hectare, ou bien on lui laisse
faire à moitié frais une récolte de grains sur son
travail.

CHAPITRE VI.

Variation dans les modes de culture de la garance.

ARTICLE PREMIER.

PLANTATION DE LA GARANCE.

Trois circonstances conduisent à planter la garance au lieu de la semer : 1° la cherté de la graine;
2° le climat; 3° l'état du sol, qui rend la sortie
des germes précaire.

1°. La plantation de la garance se faisait assez
généralement, il y a quelques années, quand le
haut prix de la graine pouvait se compenser avec
la valeur de la racine. On emploie, pour planter

un hectare, 3o à 4o quintaux de racine fraîche
bien nettoyée de terre, qui se paie un cinquième
du prix de la racine sèche : c'est la proportion
dont le poids de la garance diminue par le séchage;
mais il faut compenser avec cette augmentation
de frais la valeur d'une année de rente du terrain,
puisque la garance plantée ne l'occupe que deux
ans au lieu de trois. Ainsi, toutes les fois que le prix
de 6 quintaux et $\frac{1}{2}$ de racine sèche, plus l'intérêt
de ce prix pendant deux ans, est inférieur à une
année de rente, plus la valeur de la graine, plus
l'intérêt de cette valeur pendant trois ans, plus
l'intérêt des travaux de la première année pendant
un an, il peut convenir de planter la garance au
lieu de la semer. Ainsi, l'on a vu la garance à 5ofr.,
le prix de la graine étant de 5 fr.; et dans une
terre de palus, telle que celle désignée plus
haut (1), notre formule nous donne (2) 165 fr.
+ 5,10 fr. + 153 fr. + 80 > 325 fr. + 65, ou
908 fr. oo c. > 390. On voit qu'en pareil cas
il y a un bénéfice de 518 fr. oo c. à préférer la

(1) Chap. art. 1er.

(2) En appelant r la rente du terrain, s le prix de la semence, t
la valeur des travaux de la première année, et g la valeur de 6 quin-
taux $\frac{1}{2}$ de racine, cette formule est $r + 5 + \frac{35}{10} + \frac{10}{t} < g + \frac{g}{5}$,
dans le cas où il convient de planter.

plantation à la semence. Mais examinons ce qui
résulterait de l'état actuel des choses, de ce
qui se passe dans le moment présent; la racine
est aujourd'hui (décembre 1823) à 21 fr., la
graine à 15 centimes, la rente à 150 fr. : nous
avons donc 150 fr. + 25 + 7 fr. 50 + 80 > 136
50 + 27 30, ou 262 fr. 50 > 163 fr. 80. Ainsi,
dans les terres dont la rente est aussi chère, il y
a toujours un avantage à planter, même dans des
circonstances aussi différentes que celles qui se
présentent ici; aussi les terres de ce prix sont-
elles réellement celles où l'on plante habituellement et où cette opération s'est conservée dans les
temps actuels, quoiqu'elle y soit devenue rare, à
cause de la répugnance des cultivateurs pour de
fortes avances, et parce que le bénéfice est assez
petit dans la situation actuelle des prix pour devenir problématique.

Appliquons aussi notre formule aux terres
compactes, dont la rente est de 132 fr. Dans le
premier cas, la graine étant à 3 fr. et la garance
à 50 fr., nous avons 132 + 510 + 153 + 87 fr.
30 = 882 fr. + 30 > 390 fr.; et dans le second
cas, où la garance est à 21 fr., la graine à 15 c.,
la rente à 120 fr. + 25 + 7 fr. 50 + 87 fr. 30
= 239 fr. 80 > 163 fr. 80. On voit donc que si
d'autres raisons ne s'y opposaient, qui tiennent à

la nature du sol, et dont nous traiterons ci-après, l'opération de la plantation serait encore ici avantageuse dans les deux cas.

Mais si la rente descend encore jusqu'aux prix de 80 fr. comme dans l'article 3, ou de 64 fr. comme dans l'article 2, nous aurons, par exemple, pour 80 fr., dans le premier cas, $80 + 510 + 153 + 20 = 763 > 390$ fr.; ainsi, à ces prix, la plantation est encore plus avantageuse : et dans le second cas, $80 + 25 + 7$ fr. $50 + 20 = 132$ fr. $50 < 163$ fr. 80; ici donc, il devient plus avantageux de semer la garance que de la planter, et à plus forte raison pour la rente de 64 fr. l'hectare. On voit donc que la préférence entre les deux méthodes est une affaire de calcul; qu'il s'agit de connaître le parti que l'on tire de sa terre par les cultures communes si l'on en est propriétaire, ou la rente que l'on doit en payer si l'on n'est que fermier, appliquer les données nécessaires à la formule indiquée, et s'il n'y avait pas d'autres circonstances à examiner, il ne pourrait rester l'ombre d'un doute sur la méthode que l'on doit préférer. Il est évident cependant que, dans les terres dont le prix de rente est très élevé, il ne s'est pas encore présenté un cas où il ne fût plus avantageux de planter.

2°. Le climat devient cependant un élément im-

portant à considérer dans le choix d'une des deux
méthodes; partout où l'on a de fortes chances
d'éprouver des gelées après l'époque des semailles, on doit renoncer aux semis, car la garance
jeune est une plante très délicate, et l'on perdrait
de la sorte une grande partie des plantes, et peut-
être la totalité. — La réussite d'un semis a aussi
à craindre la sécheresse des printemps; et cette
circonstance, qui se présente assez souvent chez
nous, influe alors sensiblement sur la beauté des
cultures : les plantes sortent rares si elles manquent de pluie, et la récolte en éprouve un assez
grand déficit. Ainsi, sous le rapport du climat,
la méthode de plantation est aussi la plus sûre;
mais on ne doit pas s'exagérer cette difficulté, et,
par exemple, si la graine n'est pas chère, il est
facile de ressemer avec peu de frais une terre bien
préparée et qui vient de souffrir de la gelée : il
n'en est pas de même de la sécheresse, qui fait
perdre souvent le moment favorable en se prolongeant.

3°. Examinons maintenant ce qui tient à la
nature du sol. Quand les terres calcaires peu
abondantes en silice ont été bien ameublies, et
qu'elles éprouvent une pluie suivie d'un temps
sec, il se forme à leur surface une croûte que le
germe des plantes n'a pas la force de percer, et

qui exige qu'avec un râteau ou une herse légère,
tirée à bras, on en brise l'adhérence. C'est un
petit surcroît de travail qui, étant fait à temps,
détruit l'inconvénient dont nous venons de parler; mais il faut le réitérer plusieurs fois dans
certaines années où les petites pluies, suivies de
vent ou d'un bon soleil, se reproduisent à plusieurs reprises avant la sortie des semences. Dans
les terres très légères, comme celles de palus,
dont la ténacité n'est que de 1 à 2 kilogrammes,
les grands vents emportent quelquefois en forme
de poussière une assez forte couche de la surface
du sol, et déchaussant ainsi les jeunes plantes les
exposent à périr : c'est encore une raison qui mi-
lite dans ces terrains en faveur de la plantation.
Enfin, il est certain que la semence sort mal dans
les terrains où l'on a réitéré souvent cette culture,
et qu'il est des terrains que, pour cette raison, on
est presque forcé de planter au lieu de les semer.
Cependant le bon marché de la graine, permettant
de semer bien épais dans les terrains que l'on
connaît pour être rebelles à la sortie, diminue
beaucoup cet inconvénient.

Il résulte de ce que nous venons de dire que la
plantation de la garance est la méthode la plus
sûre, qu'elle est la plus avantageuse dans un grand
nombre de cas, et que c'est la forte avance à faire

qui décide le plus souvent les cultivateurs dans la préférence presque générale qu'ils donnent aux semis.

La plantation de la garance se fait en novembre ou décembre, et quelquefois en février et mars, sur un terrain préparé en tout point comme si on allait le semer; on tire le plant des pépinières, où on l'a semé très dru au printemps précédent, ou bien on l'achète, comme nous l'avons dit, à raison du cinquième du prix de la garance sèche, en portant une grande attention au nettoiement de la racine, qui peut garder aisément un dixième de son poids en terre pour peu qu'on manque de vigilance. On trace des raies avec la houe à bras, comme nous l'avons dit pour les semis à la main, et on en garnit le fond de racines bien étalées que l'on recouvre de la terre de la raie suivante.

ARTICLE II.

CULTURE EN ALSACE ET EN FLANDRE.

La culture de la garance, en Alsace, ne m'est connue que par un ouvrage de *Kauffmann* (1),

___

(1) Bonne et saine méthode de cultiver le tabac, le chanvre, le blé de Turquie et la garance; par *Kauffmann*, député à l'assemblée nationale.

où je vois qu'elle ne diffère de celle que je viens
de décrire, pour planter la garance, qu'en ce qu'on
y donne aux billons 6 mètres de largeur, y compris le fossé, au lieu de 2 mètres qu'on leur donne chez nous. On plante au printemps ; on ne couvre qu'une fois en plein, avec 3 pouces de terre,
vers le milieu de novembre.

Si l'on ne considère dans la disposition des fossés que la nécessité de se procurer la terre qu'il faut
pour couvrir les billons, il est certain que cet éloignement n'est pas trop grand, puisqu'en prenant
15 pouces de terre dans des fossés d'un mètre
(largeur qu'on leur donne dans ce pays), on
peut charger 5 mètres de 3 pouces de terre ; et
comme dans la garance plantée cette opération
peut ne pas être réitérée, on n'a pas besoin de
multiplier autant les fossés que dans la garance semée, qui doit durer beaucoup plus.

D'où viendrait donc la singulière erreur de nos
cultivateurs, qui ont une tendance constante à
rapprocher les fossés de leurs terres en garance ?
Sont-ce bien eux qui se trompent ?

Une observation attentive leur a appris que plus
la garance multipliait ses tiges, et plus elle s'é-
tendait en racines ; elle leur a appris que la garance venue sur les bords des fossés est plus abondante en produit que celle qui vient au milieu des

billons. En outre, les fossés facilitent beaucoup
l'arrachage de la garance, parce que, le billon se
trouvant pour ainsi dire en l'air, il est plus facile
de le détacher et le renverser à coups de bêche,
que quand une vaste surface adhère fortement par
sa conduite; cette dernière raison s'affaiblit beaucoup dans l'arrachage à la charrue, et on a vu,
je ne dirai pas encore avec quel succès, des cultivateurs supprimer tout à fait les fossés, et par
conséquent l'opération de recouvrir la garance,
pour faciliter ce mode d'arrachage. L'expérience
comparative étant en faveur du recouvrement de
la garance en hiver, je crois que l'on achète par
là trop cher l'avantage de faire marcher les deux
files de bêtes de tirage au même niveau.

En Flandre, selon *Duhamel*, les planches ne
sont que de 3 mètres, et le fond intermédiaire
d'un tiers de mètre. Les plantations se font de
préférence en automne, à cause, sans doute, de
la douceur des hivers du climat océanien, que
l'on n'a pas en Alsace.—La principale différence
entre nos méthodes et celles de ces pays du Nord
consiste dans la nécessité où ils sont de sécher à
l'étuve, tandis que nous pouvons sécher sur nos
aires à dépiquer le blé : c'est un accroissement de
frais qui paraît être assez important.

ARTICLE III.

CULTURE DE *Thaër* ET DE *Crud.*

Dans ses principes d'agriculture (§1211),
Thaër décrit la culture de la garance à peu de
différence près comme nous l'avons indiquée nous-
même ; mais il veut que l'on couvre la plante en
plein dès qu'elle paraît hors de terre : nous ne
pouvons approuver ce précepte, qui ne serait propre qu'à étouffer toute végétation. Il veut ensuite
que, le premier hiver, on recouvre les billons d'un
lit de fumier; selon lui, ce fumier doit être retiré,
au printemps, dans les fossés latéraux, où on le
mêle à la terre, et au printemps la troisième année seulement, il utilise cet engrais pour en couvrir en plein les billons. Nous insisterons, à ce
sujet, sur un principe capital dans la culture
de la garance : c'est la nécessité de bien incorpo-
rer les engrais avec le sol. J'ai vu tout engrais,
donné par dessus la garance, favoriser la croissance de la tige aux dépens de celle de la racine,
ou plutôt, la racine se multiplie en fibrilles sans
consistance près du sol, là tige prospère, et le
poids des racines n'est pas sensiblement augmenté.

Il est évident que, par l'opération proposée, *Thaër* a voulu surtout préserver sa plante des rigueurs du froid ; mais pourquoi lui retirer l'engrais au commencement du printemps, quand le renouvellement de la végétation pourrait le lui rendre utile ? Et enfin, quelle déperdition n'éprouverait-il pas pendant une année entière qu'il resterait dans les fossés en attendant la 3e année, époque où, réduit en terreau, il profiterait, sans doute, bien moins aux plantes que si on l'avait laissé sur les billons après le premier hiver ! —Toute cette description annonce assez que l'auteur n'avait pas fait de la culture de la garance l'objet de ses méditations, et qu'il ne parle guère que par ouï-dire.

Il est vrai qu'il indique, d'après ses propres idées, une autre méthode de culture qu'il assure être préférable (§ 1212) : en voici la description en abrégé. Il fait ouvrir des sillons à 3 pieds d'éloignement les uns des autres avec une charrue à double versoir ; sur le sommet des planches étroites qui se trouvent entre les sillons, il fait planter la garance ; deux fois l'année, il fait butter avec la même charrue, dont il écarte les versoirs, et achève à la main le nettoiement des lignes ; avant l'hiver il fait répandre du fumier sur tout le champ, et au printemps suivant, cet engrais est de nouveau

reporté au sommet des planches par un buttage :
par ce moyen , l'arrachage à la charrue devient
facile avec des moyens ordinaires.

Cette méthode a plusieurs inconvéniens très
graves : 1° le terrain perdu est immense, puisqu'il n'établit que deux lignes de plantes où nous
en mettons cinq, et cette perte n'a pour but que
d'éviter les sarclages à la main, qui ne sont qu'une
faible partie des frais de culture, et qui d'ailleurs ne sont pas entièrement évités par cette méthode ; 2° le fumier n'est mis, en grande partie,
en contact avec les plantes , qu'après avoir crou-
pi tout un hiver dans les sillons : il est vrai, cependant, que l'arrachage devient plus facile, parce
qu'il faut bien moins de temps pour ouvrir des
planches étroites que des planches larges.

Il est évident, au premier coup-d'œil, que cette
culture ne peut être avantageuse que dans les terrains dont la rente est très faible; car, dans ceux
où elle est chère , la perte du terrain ne pourrait
se compenser par la diminution des frais : es-
sayons les formules de nos calculs à cette
méthode.

E. DÉPENSE.

1re ANNÉE.

1°. Préparation du sol, telle que nous l'avons indiquée pour la grande culture. . . . . 128^f 00^c

2°. Plants, en supposant la garance à 25 francs, 14 quintaux à 5 francs. 70 00

3°. Deux buttages. 13 00

4°. Sarclage à la main, un tiers de la valeur dans les autres cultures. 11 00

222 00

Intérêt. 22 20

244 20

2e ANNÉE.

5°. Buttage. 6 50

6°. Arrachage, charrue à six bêtes, et le conducteur. 21 00

7°. Dix journées d'hommes et dix de femmes pour ramasser la garance. 27 50

55 00

18

	55	00
Intérêt de la 1re année.	24	42
	79	42
Frais de la 1re année.	244	20
Frais de la 2e année.	79	42
	323	62

Pour achever ce compte, il ne s'agit plus que
de fixer la valeur de la terre, et nous commence-
rons par la supposer pareille à celle sur laquelle
nous avons pratiqué la culture en grand, c'est
à dire de 64 fr., ce qui nous donne pour deux
ans 128 francs, et avec les frais ci-dessus, 451 fr.
62 c. — Comme les plantes ont eu plus de terrain
pour s'étendre, je pense qu'on peut leur supposer un quart de produit en sus des terres auxquelles nous les comparons, et auxquelles nous avons
attribué 33 quintaux de racine : ainsi nous aurons
ici 41 quintaux et $\frac{1}{4}$; mais comme il n'y a que les
deux cinquièmes du terrain occupés, comparativement à celui de la culture usitée, nous trouvons
une récolte de 16 quintaux 1/2, qui reviennent à
27 f. 36 c. Ainsi, dans cette hypothèse, la culture
proposée par *Thaër* est un peu plus chère que la
nôtre, où la garance revient à 26 fr. 70 c : mais

observons que la comparaison n'est pas parfaitement exacte, puisque, dans ce cas, où nous avons
employé la méthode de la plantation; mais comme
la différence est très petite quand la vente est
bonne, nous en ferons abstraction.

Mais, sur un terrain dont la rente serait de
132 fr., le total des frais serait de 587 fr. 62 c.,
la récolte dans notre culture, 55 quintaux, avec
un quart en sus, 68 quintaux et $\frac{3}{4}$, dont les $\frac{2}{5}$ sont
27 quintaux et $\frac{1}{3}$, qui reviendraient à 21 fr. 35 c.,
tandis qu'elle ne coûterait que 15 fr. par la méthode ordinaire (*voy*. grande culture); et plus la
terre augmenterait de valeur, plus on sentirait l'inconvénient de ne pas l'occuper en totalité.

M. *Crud*, habile cultivateur suisse, a si hono-
rablement associé son nom à celui de *Thaër*, que
nous ne pouvons finir cet article sans examiner la
culture qu'il propose. Aussitôt après la récolte du
blé, il fume la terre avec 4,000 kilogrammes de
fumier, dont il dispose en deux fois, à la première
et à la seconde année, ce que nous avons déjà dit
n'être point avantageux; sème des féveroles au
mois de septembre, les enterre souvent à la bêche avant les gelées, ensuite *plante* la garance dans
les lignes ouvertes à la charrue; il recommande
avec raison de plonger les racines dans une bouil-
lie composée de fiente de bêtes à cornes, de terre

végétale un peu argileuse et d'eau de fumier. Il
arrache la garance à bras; mais il laisse son plant
trois ans en terre. Malgré une récolte assez ché-
tive, sa culture lui donne encore un bénéfice tel,
qu'il n'est pas inutile d'examiner le compte qu'il
en donne. Le total de ses frais est, selon lui, de
1,508 fr. par hectare, et nous admettons ce compte sans entrer dans des critiques de détail sur plusieurs articles qu'il nous paraît passer trop bas;
mais quant à la récolte il se trompe beaucoup, s'il
croit récolter quelque fourrage d'une terre qui ne
lui rendrait que 1,600 kilogrammes de racine de
garance (40 quintaux, poids d'Avignon): il ne
vaudra pas la peine d'être récolté. Il fait passer,
sans doute, avec raison une partie du fumier qui
n'a pas été consommé, à la charge des années de
l'assolement qui vont suivre; il en fait de même
du défoncement. Dans un assolement bien entendu, cela doit être, comme nous le verrons dans le
chapitre suivant; mais comme nous n'avons pas
fait les mêmes avantages à nos cultures, et qu'il s'a-
git ici de les comparer, j'observe qu'il est juste de
traiter de la même manière la culture de M. *Crud* :
ses 40 quint. de garance lui coûteront donc 1508 fr.
et lui reviendront à 37 fr. 70 c. — Si M. *Crud*,
dans une note au bas de son article, trouve considérable la quantité que fournissent nos récoltes,

nous trouverions les siennes bien pauvres si elles résultaient d'une donnée expérimentale, car dans le compte de ses frais la rente du sol n'a pas été comptée. Un terrain préparé comme le désire M. *Crud*, et d'une ténacité telle que nous la donnent à connaître ses journées d'arrachage, devrait fournir un tiers en sus de garance, surtout après trois ans de séjour en terre, ou bien le sol a quelque défaut qui nous échappe, faute de données suffisantes. Ainsi, tout en ne trouvant à blâmer dans sa culture que la distribution de son fumier à deux époques différentes, je ne puis approuver les résultats qu'il en tire, et qui doivent être plus avantageux qu'il ne le suppose (1).

CHAPITRE VII.

Assolemens dans lesquels il convient d'intercaler la culture de la garance.

C'est ici le lieu de traiter de toutes les questions qui peuvent influer sur la place que doit

(1) L'auteur se trompe dans sa note, en croyant qu'il y a une grande différence pour l'épuisement du sol entre la production de la graine et celle de la fane; cette différence est si peu sensible, et l'épuisement vient si bien de la racine, que dans un pays couvert de garance, on est encore à disputer sur la convenance agricole de récolter la graine ou le fourrage.

occuper la garance dans un assolement : ainsi, nous examinerons 1° l'état dans lequel cette culture laisse le sol ; 2° la convenance de laisser la garance plusieurs années en terre; 3° le succès des cultures qui suivent celle-ci; enfin, 4° nous montrerons, par un exemple, comment la garance peut entrer dans un assolement régulier sans en troubler l'équilibre.

ARTICLE PREMIER.

ÉTAT DU SOL APRÈS LA CULTURE DE LA GARANCE.

Une récolte peut détériorer un sol de trois manières, ou en le durcissant, ou en le salissant, ou en l'épuisant. La garance, loin de durcir le sol, lui procure un ameublissement très profond par l'opération de l'arrachage : ainsi, sous ce rapport, elle est favorable au sol ; et, dans toutes les estimations de culture que nous avons faites, on doit, en toute justice, si l'on sait profiter, pour une récolte consécutive, de cet excellent travail du sol, déduire du compte des frais d'arrachage une somme égale à la valeur dont il peut être, et qui équivaut à la préparation du sol de la première année de culture.

Si la garance a été soignée, il ne faut pas

douter aussi que la terre ne se trouve, après sa récolte, dans un grand état de netteté. Cependant, je dois observer que dans les garances de métayers et dans celles de la grande culture, où l'on néglige souvent les sarclages de la seconde année, la terre se trouve salie par cette culture; et quoique ces plantes paraissent peu la troisième année, où elles sont dominées par la vigueur de la garance, leurs semences, dispersées dès la seconde année, remplissent le sol, et ne tardent pas à se remontrer; mais comme la garance pourrait, à la rigueur, se passer de ce sarclage, il paraît juste d'en porter le prix sur les cultures qui doivent suivre, et d'en décharger les frais de la seconde année de garance.

Quant à l'épuisement du sol, il est indubitable pour toute personne qui a suivi cette culture. Je dois dire, cependant, que des doutes sur son étendue m'ont été manifestés par des cultivateurs éclairés des pays du Nord. Nous différons aussi avec eux sur l'épuisement causé par les pommes de terre, les betteraves, les carottes, et en général toutes les racines : il est considérable chez nous, et ils le regardent comme presque nul. Cette divergence ne peut provenir d'une erreur chez les uns et les autres; mais tiendrait-elle à ce que ces cultures, qui végètent une partie de l'été, tirent plus du sol et moins de l'atmosphère dans nos régions du Midi, dans une saison aussi chaude et aussi sèche? Je penche d'autant plus pour cette explication, que nous sommes d'accord sur l'intensité de l'épuisement causé par les céréales, dont la végétation a lieu dans des saisons plus constamment humides.

Nous avons déjà parlé (chap. 4, art. 1er) de la quantité de sucs que la garance soustrait à la terre; il nous reste à rendre compte ici de deux faits qui peuvent faire quelque illusion à cet égard.

Quand on cultive un sol profond et riche dans toute sa profondeur, que la couche arable en a été épuisée par une longue série de cultures superficielles, la culture de la garance, ramenant à la surface, par un travail profond, les principes féconds qui n'ont pu être atteints par les labours ordinaires, semble communiquer à ce terrain une fécondité nouvelle, et l'améliorer au lieu de le détériorer. Ainsi, sur un sol d'alluvion du Rhône, nous avons vu de superbes récoltes de céréales succéder à la culture de la garance, tandis qu'elles étaient devenues chétives par une rotation vicieuse avant le défoncement du sol ; bien plus, la garance ayant été répétée sur le même terrain, la seconde récolte fut plus abondante que la première.

D'autres fois il arrive que la couche arable soumise à la charrue manque de profondeur, que l'humidité stagne l'hiver au pied des racines des céréales : la culture de la garance change l'état des choses, et produit sur ces sols une amélioration qui fait plus que compenser l'épuisement qu'elle cause. Il est donc des cas où, tout en soustrayant au terrain une partie de son humus, la culture en question produit une véritable amélioration, et ces cas sont assez fréquens pour qu'une première récolte de garance soit souvent favorable au terrain.

Il n'en est plus de même de cette culture répétée plusieurs fois ; la même couche, se trouvant alors appauvrie à chaque renouvellement de garance, finit pas tomber dans un état d'épuisement bien difficile à réparer, parce qu'on ne peut plus y remédier que par des masses considérables d'engrais.

Il arrive aussi très souvent que la couche arable imprégnée d'humus n'est pas très profonde, et qu'au dessous d'elle se trouvent des argiles ou des graviers maigres ; dans ce cas, la garance détériore réellement le sol, et ce n'est que par des engrais réitérés qu'on lui rend sa fécondité première.

Quoi qu'il en soit, la soustraction d'une partie de l'humus, trésor véritable du sol, me semble devoir être évaluée et appréciée dans le compte du propriétaire, parce que le temps arrive toujours, s'il entreprend une culture active, où il doit faire à son terrain la restitution de celui qui en a été enlevé. On sent, d'après cela, que tout propriétaire qui loue ses terres pour la garance doit bien examiner leur constitution; si elles sont maigres au fond comme à la surface, la garance achèvera de les détériorer, en leur enlevant le peu de substance organique qu'elles possèdent. Si le sol est fertile dans sa couche supérieure et maigre dans l'inférieure, il faut se garder absolument de cette culture; mais, dans le cas où le sol est vraiment fécond dans sa couche inférieure, tout se réunit pour recommander cette opération : augmentation de fermage pour les années de la garance, augmentation de valeur du sol pour les années qui suivront.

ARTICLE II.

DURÉE DE LA GARANCE.

Le temps que l'on doit laisser la garance en terre dépend de plusieurs élémens : le prix de la rente, l'augmentation de poids de la racine, et l'assurance qu'elle n'éprouvera pas de mortalité par un plus long séjour.

Quand la rente de la terre n'est pas forte, et que la terre est fertile, on peut, avec avantage, prolonger la durée de cette culture ; c'est ainsi que dans la Livadie la racine reste cinq à six ans en terre (1). La moindre augmentation de poids compense alors l'avantage que l'on tirerait d'ailleurs du sol ; mais comme cette augmentation va toujours en proportion décroissante, il est un point où sans doute on doit s'arrêter : ce point n'a pas encore été fixé expérimentalement, et l'on n'a que des à-peu-près vagues sur cet objet, puisqu'ils ne tiennent qu'à quelques récoltes plus tardives, qui n'ont aucun point fixe de comparaison.

Dans les terrains légers, où la racine s'empare

(1) Mémoire de la Société d'Agriculture de Paris. Semestre d'hiver 1817, p. 91.

avec facilité des sucs de la terre, on regarde le
terme de trois ans comme le plus avantageux;
il peut n'en être pas de même dans les terrains
compactes, où la garance laisse une plus grande
quantité d'engrais non consommés. L'opinion
des cultivateurs est que, sur ces sols, la quatrième année augmente la récolte d'environ 3 à
4 quintaux par hectare : la cinquième année produirait, sans doute, une augmentation moins forte.
C'est une expérience à faire, mais qui dépend
encore tellement des saisons et des sols, qui
devrait être variée de tant de manières, qu'elle
pourrait bien n'être pas aussi concluante que
difficile.

Mais il est une cause qui tend à abréger la
durée de la garance sur beaucoup de terrains;
c'est un rhizoctone non décrit (1), qui attaque
cette racine et l'enveloppe d'un épais réseau
couleur de lie de vin; ce rhizoctone a des rapports avec celui de la luzerne, dont il diffère
d'ailleurs spécifiquement. Quand la garance est
gagnée par le rhizoctone, elle jaunit et meurt,
et la plante parasite, se communiquant d'une
racine à sa voisine, finit par dévaster de grands
espaces. Les terrains où les luzernes sont sujettes

(1) Genre de la famille des champignons. (Rhizoctonia rubiæ.)

à cette cause de destruction la présentent aussi pour la garance quelquefois dès la seconde année, mais surtout si on en prolonge la durée. Je ne crois pas que l'on ait encore bien caractérisé la disposition du sol qui occasione cette espèce de maladie des racines : ce n'est pas toujours sur des sols humides qu'on l'observe. C'est encore un sujet d'observation qui s'offre à l'agriculteur intelligent.

On doit conclure de tout ceci, quand une terre est susceptible de conserver la garance sans mortalité pendant plus de trois ans, que, parvenue à ce terme, le prix des racines est au dessous de la moyenne des prix communs, ou que la saison trop sèche rend la terre difficile à pénétrer et renchérirait le travail outre mesure, ou que les ouvriers sont rares et chers par quelque cause accidentelle, on peut hasarder de prolonger d'une année le séjour en terre de la garance, pourvu que le prix de location de l'hectare n'excède pas la valeur de 3 quintaux, ou telle autre quantité à déterminer d'une manière plus précise dont la racine augmente dans cette année, et qui est relative à la nature du sol; mais, dans aucun cas, on ne doit faire cette extraction au printemps, quand la racine est entrée en séve, car alors elle se dessèche prodi-

gieusement, et sa couleur n'est pas de bonne
qualité. Cette opération, pratiquée assez souvent
quand une pièce de garance a mal réussi, ou
qu'on destine le terrain à une autre culture, ou
quand la terre a été trop dure, ou qu'on a été
trop occupé l'été précédent, fournit une mauvaise qualité de marchandise.

ARTICLE III.

SUCCÈS DES CULTURES QUI SUIVENT CELLE DE LA GARANCE.

Dans les terres qui ont porté plusieurs récoltes
de garance, les céréales qui suivent cette culture
sont très pauvres, à moins qu'on ne leur applique une fumure considérable. Après une première récolte, leur réussite dépend de la valeur
de la couche inférieure que l'on a ramenée au
dessus ; mais, en général, elle est moins belle que
celle que l'on retirerait après un repos d'un an,
et cela tient à deux causes : d'abord, à l'état de
trop grand ameublissement dans lequel se trouve
le sol, dans lequel la plante ne se trouve pas
ferme, mais est sans cesse ébranlée par les tasse-
mens de la terre ; beaucoup de semences aussi
sont entraînées trop profondément, et elles sor-

tent fort clair; ensuite, à ce que la couche de terre ramenée à la surface n'est pas suffisamment aérée, et son humus trop peu soluble, faute d'avoir éprouvé assez long-temps les effets atmosphériques. Quand on se décide donc à faire succéder les céréales à la garance, ce que je pense que l'on doit éviter, il ne faut pas manquer de bien rouler la terre avant les semences.

Les fourrages artificiels réussissent fort bien après la garance; j'ai vu des sainfoins donner deux bonnes coupes dès la première année de leur semis, et dans une année sèche, où les autres sainfoins étaient sans produit. Des luzernes en donnent plusieurs très belles; mais on a besoin de semer épais à cause de la perte de la semence, et de rouler le terrain comme pour les céréales. Le défoncement du sol produit donc un effet tellement marqué sur ce genre de récolte, qu'on ne doit pas hésiter à la préférer, toutes les fois que cela se rattache aux autres convenances agricoles : bien entendu que, si c'est de la luzerne que l'on sème, il faut lui consacrer les mêmes engrais qu'on lui destine ordinairement.

Sur les sols médiocres ou mauvais, on profite de ce défoncement pour planter des vignes, des arbres, etc., et les frais du premier établissement se trouvent ainsi réduits à rien.

Il est facile d'imaginer que les racines se trouveraient très bien de cette préparation, et qu'avec les engrais suffisans elles ne pourraient donner que de belles récoltes.

ARTICLE IV.

ASSOLEMENS OU PEUT ENTRER LA GARANCE.

La nature du terrain, le climat, la facilité de se procurer des engrais achetés, les débouchés pour les denrées, sont autant de données qui rendent tous les assolemens proposés d'une manière générale autant de chimères impraticables. Examinons plutôt d'abord ce qui se pratique dans le pays, et nous parviendrons ainsi à trouver quelques principes qui pourront être d'une application immédiate.

Dans les bonnes terres palus du centre du département de Vaucluse, on fait succéder une garance à l'autre sur le même terrain, deux fois au moins, et quelquefois plusieurs fois de suite, jusqu'à ce qu'il en soit las et épuisé ; on se livre alors, pendant plusieurs années, à la culture du blé. Tout cet assolement roule sur des achats de fumier faits à Avignon et Carpentras ; les années de produit en garance sont très lucratives, parce que les frais d'établissement de la seconde garance sont presque nuls, l'arrachage servant de défoncement. Le blé est ensuite intercalé avec le sainfoin, la luzerne, et plus rarement le trèfle ; il est bien fumé, et donne d'assez bons produits. Mais quoique cette dernière période paie bien aussi la rente du sol, il faut convenir que l'aptitude de ces sols à porter la garance est telle, que le produit en est inférieur, et que le cultivateur ne soupire qu'après le moment où il pourra revenir à sa culture favorite, et cette impatience lui fait souvent devancer le temps où il pourrait le faire sans imprudence ; mais un tel assolement exige absolument une position où les transports d'engrais soient faciles, où on les trouve avec abondance, et enfin, des avances assez fortes pour le cultivateur. Quoiqu'il soit industrieux pour mettre à profit tous les fumiers de sa ferme, leur quantité est très peu de chose en comparaison de ce qui lui est nécessaire, et ce n'est qu'auprès des grandes villes, ou à proximité d'une industrie pastorale étendue, que ce mode de culture peut être praticable. Quand cet assolement est bien dirigé, ce qui n'est pas rare aujourd'hui, il est composé comme il suit : 1,

2, 3, garance semée; 4, 5, garance plantée; 6, 7, 8, et quelquefois 9, luzerne ou sainfoin; 10, avoine; 11, 12, blé.—Analysons-le, car il est fort remarquable.

1, 2, 3. Garance, d'après la formule A, produit 165 fr. par hectare, la garance étant à 24 fr. 33 c. : ainsi, à 24 fr., nous avons environ 156 fr. pour le produit annuel de

l'hectare, et pour trois ans. . . . . 468 fr. . . . 22 voitures.

Quantité de fumier.

4, 5. Garance plantée, moins les frais d'établissement. . . . . 468 fr. . . . 22 voitures.

6, 7, 8, 9. Luzerne sans frais de défoncement (1). . . . . 612 fr. . . . 22 voitures.

10. Avoine, léger labour croisé. . . . . . 115 fr.

1,663   66

(1) Voici la note des frais de cette sole.

	Dépense.	Produit.
Préparation de la terre pour unir. .	27f	700 quintaux
Graine de luzerne.	44	de fourrage à
Fumier.	572	2f. . . . 1400f
Préparation des fourrages pendant quatre ans.	145	

788f $\Big\}$ 1400
Solde. . . . . . 612 $\Big\}$

Ci-contre. . . . . 1,663 fr. » c. 66 voitures.

11. Blé. 156   50

12. Blé. 148   »

TOTAL . . . 1,967 fr. 50 c. 66 voitures d'engrais.

ou, par an, 164 fr. Remarquons bien qu'il faut toute l'activité du fermier pour reproduire sa rente, ses frais de culture payés; mais cette rente n'est pas celle d'une longue série d'années, c'est celle d'un fermage de trois ou six ans pour passer une terre en garance; et c'est sans doute un effort remarquable d'y arriver par une succession de cultures qui peut se continuer indéfiniment et aux prix actuels des denrées.

Remarquons que cet assolement consomme, en douze ans, 66 voitures d'engrais ou 2,640 quintaux d'engrais, tandis qu'il en fournit à l'équivalent de sa récolte de fourrage.

SAVOIR :

Fourrage de garance. 153 q^x produit en fumier 306 q^x

Luzerne. . . . . . : 700 1,400

Paille. 150. 300

2,006

Déficit. 634

ou. . . . . 16 voitures environ.

Mais aussi remarquons que nous avons compté les charrois de toute cette quantité de fumier, et que c'est un bénéfice de 400 fr. à ajouter à la masse totale pour les 50 voitures recueillies sur la ferme ; c'est à dire que la rente totale s'élève à près de 200 fr. par an : c'est une superbe rente au prix fixé par les denrées ; songeons qu'elle aurait pu s'élever à plus de 400 fr. dans les années de prix de faveur que nous avons passées.

Mais, à une seconde rotation, il faudrait, sans doute, remplacer la luzerne par du sainfoin , et peut-être faudrait-il se borner à une seule récolte de garance ; ce qui réduirait le taux de la rente, qui , sans doute , remonterait à une nouvelle rotation , quand on pourrait revenir à l'assolement indiqué ci-dessus.

Dans nos terres compactes , la valeur du défoncement étant encore plus grande , il est d'autant plus avantageux de l'utiliser de la manière la plus profitable. Mais pour peu que la terre soit maigre ou qu'on veuille la ménager, l'assolement est, chez les cultivateurs intelligens, 1 , 2, 3, garance ; 4 , 5, 6 , sainfoin; 7 , 8, blé. Cet assolement est moins productif que l'autre ; mais il est suivi sur des terres qui ne valent que 64 francs de rente. Ainsi , après les trois premières années, qui rendent, d'après la formule $C,$ . . . 192 fr.

Ci-contre. . . . . 192 fr.

on sème le sainfoin, qui rapporte (1). . 273

Les deux années de blé, qui ne fait que 4 à 5 fois la semence sur ces terres, qui doit faire plus après le sainfoin, mais que nous nous bornons à compter pour récolte de 9 hectolitres à 22 fr.; le blé se fait sur un labour croisé, coûte 157 fr. de travaux, et rapporte 81 fr., y compris la valeur de la paille. 162

627

ou, par année, 78 fr. environ.

Mais si la garance était à 24 fr., il y aurait un déficit de 2 fr. 70 c. par quintal de garance, puisque la formule C l'a produit à 26 fr. 70 c.; ce qui, diminuant le total de 89 fr. 10 c., le réduirait à 537 fr. 90 c., et la rente annuelle à 67 fr. 24 c., prix fort au dessous de la rente accoutumée.

(1) Frais du sainfoin.

Graine.................	30f	Et rapporte 175 quin-	
Semer.................	20	taux fourrage, à 2 f......	350f
3 fauchages pend. 3 ans.	42	3 regains, mangés par	
Rentrer le foin........	51	les troupeaux, à 22 f.....	66
	143 ⎰ 416 f.		416
Solde.........	273 ⎱		

Cet assolement ne peut pas se continuer sur le même sol sans fumer la terre à la seconde rotation, ce qui fait que rarement les fermiers entreprennent de recommencer une nouvelle ferme; mais un propriétaire pouvant se promettre une augmentation dans la valeur de ses fonds doit d'autant moins hésiter à la faire, qu'une première rotation lui a créé une partie des engrais nécessaires pour soutenir son assolement; en effet, chaque hectare rapporte d'engrais dans cet assolement :

	fourrage,	fumier,
En paille de garance, après avoir recueilli la graine.	50 ^{qx}	100
En sainfoin.	175	350
En paille de blé.	60	120
	285	570

faisant, à 300 quintaux près, la quantité de fumier nécessaire pour un hectare de garance, et devant produire une augmentation de 20 quintaux environ dans la récolte de racine habituelle à la nature du sol.

En voyant des assolemens, dans lesquels entre une assez forte proportion de plantes fourragères, être encore insuffisans pour la production des engrais qui devraient assurer leur pro-

longation indéfinie, on se dit que ces formules
de cultures ne peuvent exister qu'auprès des
marchés d'engrais, et que, quand on en est loin,
et que la garance a parcouru les terres neuves du
domaine et épuisé la mine, il faut, ou bien y
renoncer, ou en réduire beaucoup l'étendue dans
la proportion des fourrages, ou, enfin, introduire dans l'assolement des cultures plus riches
encore en production d'engrais : c'est l'effet que
commencent à produire sur certains points isolés
la culture des racines, et en particulier celle de
la betterave; mais ne devançons pas les nouveaux
progrès, et après nous être borné à décrire ce
qui est, ne préjugeons rien sur l'extension d'une
culture qui peut trouver des obstacles, mais qui,
si elle n'en rencontre pas d'imprévus, couvrira
bientôt notre sol de nouvelles richesses.

J'ai vu pratiquer une méthode de culture pour
faire succéder la garance à la luzerne, que son
grand avantage ne nous permet pas de passer
sous silence.

Quand la luzerne est sur son décours, on la
tranche, avec la houe à la main, très près du collet, en ameublissant la surface de la terre, et
évitant, autant que possible, de faire des mottes;
ce qui arriverait si l'on tranchait plus profondément. Sur cette simple préparation, on sème la

garance à l'araire. Celle dont je parle était venue
sensiblement plus belle que celle qui avait été
faite sous labour profond ; et il était remarquable
que la portion de champ que l'on avait cultivée
plus profondément présentait la moins belle garance. Les paysans disaient que la racine de cette
plante s'entortillait autour des pieds de luzerne.
On sait que cette idée n'est pas fondée ; mais elle
sert à leur expliquer ce phénomène singulier
d'une racine réussissant sur un terrain non ameu-
bli par la culture.

On fait précéder aussi avec avantage, par une
culture de garance, les plantations de vignes,
que l'on établit ainsi sans frais sur ce bon défoncement.

CHAPITRE VIII.

Commerce de la garance.

Après avoir produit il faut pouvoir vendre, et
pour bien vendre il faut des concurrens. Le bas
prix que l'on offre d'une denrée nouvelle dans un
pays dépend de ce que les négocians qui l'achètent tâtonnent eux-mêmes, et ne veulent sortir
du cercle de leurs spéculations ordinaires que sur

l'appât d'un gain qui surpasse de beaucoup celui
dont se contentent ceux qui en font leur affaire
suivie. Dans les pays où la culture de la garance
est étendue, tout est préparé pour son emploi :
des marchés florissans où se rendent les acheteurs et les vendeurs, des courtiers spéciaux, des
usines, des correspondances avec les pays de
consommation, des commis voyageurs qui vont
pour voir les manufactures; le prix que reçoit le
cultivateur est toujours le maximum de ce qui
peut lui être offert dans le moment en raison de
la proportion des produits à la consommation :
mille concurrens en sont le garant.

A moins d'être producteur habituel d'une
masse très considérable de garance, il ne convient pas à l'agriculteur de vendre ailleurs que
dans son grenier : il est dupe de toute préparation manufacturière ou de toute opération com-
merciale qui va au delà de la récolte; car, s'il n'a
pas d'usines, il est obligé de confier ces opérations à un fabricant, qui veut faire sur lui un bénéfice d'autant plus grand qu'il prévoit qu'il n'y
reviendra plus ; et, s'il se procure des usines, il
devient lui-même manufacturier.

Non que je croie qu'il soit impossible de faire
passer au cultivateur une partie du bénéfice des
négocians. Ainsi, dans la récolte de la soie, le

cultivateur s'est emparé, en grande partie, du bénéfice de la filature ; mais il faut que ce mouvement vienne du petit propriétaire, qui fait ses
opérations sans frais au moyen de sa famille; et
quand la concurrence a tout régularisé, a fixé
des prix équitables, alors le grand propriétaire
peut participer aussi au même avantage. Je sais
que déjà de petits moulins à garance, mus par
des chevaux, se sont établis sur plusieurs points;
sans doute il se formera aussi un commerce intermédiaire de négocians qui, n'ayant point d'u-
sines, recueilleront ces petites quantités de poudre provenant des récoltes particulières, et les
assortiront; sans doute le propriétaire pourra
s'emparer de la mouture de la garance, si toutefois il peut jamais jouter dans la préparation en
petit, avec celle d'un moulin bien et convenablement disposé.

Je dois, au reste, donner ici une idée rapide
du commerce de la garance, pour que le propriétaire puisse lui-même juger de ses difficultés, et
de la nécessité où il se trouve, dans l'état des
choses, de vendre sa racine aux fabricans, dans
les pays au moins où cette branche de commerce
est bien établie : c'est ce que nous allons faire
dans les articles suivans.

ARTICLE PREMIER.

QUALITÉ DE LA GARANCE.

La racine de garance est composée, comme toutes les autres, d'écorce, d'aubier et de bois ; au centre est le canal médullaire. Quand la plante est en sève, on sépare facilement ces trois parties l'une de l'autre ; l'écorce est dépourvue de propriétés colorantes, et altère même la couleur des poudres auxquelles elle serait mêlée ; l'aubier fournit la véritable fécule colorante ; le bois en contient une dose beaucoup moindre et beaucoup moins énergique.

D'où il suit d'abord qu'une racine contient d'autant plus de matière colorante que, proportionnément à son poids, elle renferme plus d'aubier et moins d'écorce et de bois.

Dans les terres compactes ou trop sèches, la garance acquiert beaucoup d'écorce : les petites racines ont plus d'écorce proportionnellement à leur volume. Une garance trop vieille ou trop grosse a une plus grande proportion de bois ; de plus, celle qui est plantée a plus de fibres latérales que celle qui a été semée. La garance arrachée en sève au printemps, surtout quand elle n'est pas parvenue au terme de son accroisse-

ment, et qu'on l'arrache un an après son semis;
enfin, une garance conservée trop long-temps en
magasin perd aussi de ses propriétés colorantes :
le négociant juge au coup-d'œil de ses qualités, et
sait y proportionner ses prix.

Après l'abondance de la matière colorante,
vient la couleur elle-même. Dans les terres sèches, la garance a une couleur jaune; dans les
terres fraîches, elle est plus ou moins rouge :
c'est cette dernière qui se paie le mieux, comme
on le verra par le tableau du prix que nous don-
nerons plus loin. Les terres palus contiennent
toutes plus ou moins d'hydrochlorate calcaire :
ce sel contribue-t-il à la coloration des racines
indépendamment de la fraîcheur du sol? C'est
un problème qui pourrait peut-être se résoudre
par l'affirmative, d'autant plus que toutes nos
terres donnant de la racine jaune ne contiennent
que des nitrates. Cependant, comme ces dernières sont aussi des terres sèches, il est possible
que la couleur de leur racine ne tienne qu'à cette
dernière qualité.

On augmente la coloration en rouge de la garance en la faisant sécher quand elle est humide;
mais cette préparation détériore la fécule et ne
peut être tentée par un propriétaire honnête, qui
d'ailleurs pourrait voir rejeter sa partie par un

acheteur clairvoyant. Certaines grottes ou maga-sins légèrement humides développent aussi la couleur rouge dans les garances qui y sont con-servées, nous en avons des exemples; mais il y a aussi à courir le danger de la moisissure, et une garance qui a une odeur de moisi perd pres-que toute sa qualité, et immédiatement le tiers ou la moitié de son prix : elle n'est plus achetée que pour falsifier, par sa mixture, de la bonne ga-rance.

ARTICLE II.

ACHATS.

Les achats de la garance se font au comptant, et on s'engage au moyen d'arrhes plus ou moins fortes. Sur les marchés on achète à la vue de l'échantillon ; mais les négocians commencent aussi à envoyer des commis chez les détenteurs de la denrée qu'ils achètent à la vue de la récolte, ce qui est préférable pour les uns et les autres, et prévient les difficultés. En effet, quand l'ache-teur n'a vu que l'échantillon, il peut prétendre que la racine n'est pas suffisamment desséchée, qu'elle est sale, et qu'il faut en faire un nouveau triage, toutes difficultés qui ne peuvent naître quand on achète après avoir examiné la marchandise elle-même; les acheteurs, à leur tour, sont moins exposés à être trompés quand ils achètent de la sorte. Voici le compte des frais d'achat à la charge du négociant, les garances étant à 24 francs; cela nous mettra à même de suivre le mécanisme de ce commerce.

Toile et ficelle pour sacs à emballer la garance coûtent 4 fr. 50 c. par sac de 10 livres qui contient 3 quintaux; ainsi, par quintal, 1 fr. 50 c., dont il faut déduire la valeur

de la garance : reste.	»	60
Emballeurs.	»	15
Courtage, 15 p. o/o.	»	25
Transport du lieu de la récolte au magasin, prix moyen sur des récoltes transportées dans un rayon de trois lieues.	»	40
Poids public.	»	20
Crocheteurs, etc.	»	10
2 p. o/o pour frais de commis. .	»	50
Frais par quintal. . . .	2 f.	20 c.

Ainsi, arrivée dans son magasin, la garance, achetée à 24 fr., coûte 26 fr. 20 c. au négociant.

ARTICLE III.

PULVÉRISATION.

Je n'entrerai pas dans les détails de fabrication de la poudre, ce qui exigerait un autre ouvrage et des figures, et surtout une longue habitude d'une chose dont je ne me suis jamais occupé. Laissons cette matière à nos industrieux compatriotes, qui en font une étude constante et la perfectionnent sans cesse; bornons-nous à dire que, dans le département de Vaucluse, un grand nombre de moulins à farine ont été convertis en moulins à garance, que, partout où l'on a pu établir une prise d'eau, il s'est formé une de ces usines, et que, d'après tous les faits que j'ai pu recueillir, la pulvérisation de la garance revient à environ 1 fr. 50 c. par quintal au propriétaire d'une de ces usines, savoir : 85 centimes représentant la main-d'œuvre, et 65 centimes l'intérêt du capital.

Ainsi, le négociant qui possède de la garance à 27 fr. 50 c. verra ses frais augmentés de la manière suivante par la pulvérisation :

Perte sur le poids, 10 p. 0/0. . . . 2 f. 75 c.
Pulvérisation. 1   50
Tonneaux, 16 fr. par tonneau de
20 quintaux. . . . . »   80
                                       _____
                                       5   05
Plus, la valeur d'achat de la ga-
rance. 27   50
                                       _____
                    TOTAL. . . . . . 32 f. 55 c.

La garance étant achetée à 24 fr., le quintal
de poudre revient de 32 à 33 fr. au négociant ;
celui-ci doit alors opérer la mixture de ses poudres de manière à assortir les différentes sortes,
les différens degrés de coloration, de force, etc.,
que les besoins de ses acheteurs lui font connaître : ce travail ne demande qu'une certaine habitude et une connaissance des débouchés. En
effet, quand on a préparé ses échantillons, et
qu'on connaît les degrés de mixture de chacun,
il est aisé, sur les demandes qui sont faites, de
préparer une partie de la même manière, au
moyen d'une proportion donnée de chaque espèce.

Ce commerce qui a été très avantageux pendant
long-temps, tend à niveler ses bénéfices à ceux
des autres commerces, par l'effet de cette concur-

rence inévitable dont la rapidité est toujours proportionnée au développement de l'industrie, et que l'on doit attendre aujourd'hui partout où quelque avantage élève une branche au dessus de ceux que présentent les autres genres de spéculations.

En achevant cet article, nous croyons rendre service aux cultivateurs qui voudraient vendre leur garance au loin, en mettant sous leurs yeux un compte de vente d'une partie de garance faite à Rouen, et qui pourra servir à les guider dans une opération semblable.

COMPTE DE VENTE ET FRAIS,

Et net produit de vingt-cinq balles d'Alisari de Provence, d'envoi de M. R. F., d'Orange, du 22 novembre 1818, vendues pour son compte.

Déc.	30	Vingt-cinq balles vendues à 13 mois ½, province.				
		Nᵒˢ 59	80	Nᵒˢ 76	88 ½	
		66	112 ½	72	110	
		56	114 ½	77	110	
		75	148 ½	68	110 ½	
		57	167	61	161 ½	
		78	123	63	168	
		80	64	74	106 ½	
		64	93 ½	73	114 ½	
		58	168	71	119	
		79	157	65	121 ½	
		60	119 ½	Rapports... 1908		
		70	163		3118	
		69	127	Dᵒⁿ 2 k.....	50	
		67	100 ½			
		62	170		3068	
			1908	Tare 4 p. % 123		
				Net...... 2945 k., à 200 f les % k.		5890 »

FRAIS.

Déc.	30			
		Port..................................	936 f 55 c	
		Avances..............................	88 45	
		Courtage ½ p. %.....................	29 45	
		½ papier sur province, à 1 ½ p. %........	44 17	1365 4
		Brouettier, 6 f. les °⁄₀₀ kil................	18 73	
		Emmagasinage, 50 c. pour balle............	12 50	
		Commission de vente et du croire, 4 p. %...	235 60	
		Net produit, valeur 30 juin 1819..........		4524 5

On conçoit que l'avantage d'une telle opération dépend des prix relatifs, dont il faut être parfaitement informé, et du choix d'un commettant honnête; mais on la trouvera rarement aussi lucrative qu'elle pouvait l'être dans le moment où fut envoyé le compte que nous venons de rapporter.

ARTICLE IV.

PRIX DE LA RACINE DE GARANCE.

S'il est un principe prouvé en économie politique, c'est que les prix d'une denrée sont en raison directe de la consommation et inverse de la production de cette denrée. C'est dans l'examen des circonstances qui accompagnent la consommation et la production, qu'il faut chercher la cause de toutes les oscillations dans la valeur vénale des marchandises; mais, comme il est tout à fait impossible à un particulier, et qu'il le serait même à un gouvernement, d'avoir des notions exactes sur la production et la consommation futures, nous n'avons que le passé pour nous éclairer sur les effets de l'avenir. L'emploi des moyennes tirées des années antérieures est fondé cependant sur la supposition

que la production et la consommation s'accroissent dans les mêmes proportions, car, si leur
équilibre vient tout à coup à être rompu, les prix
futurs pourront, pendant quelque temps, être
fort différens de ceux qui sont passés, aussi long-
temps du moins que l'équilibre ne sera pas réta-
bli ; et, s'il ne doit pas l'être, il se forme une
nouvelle série de prix proportionnés au nouvel
état de choses, et qui fournissent enfin de nouvelles moyennes, qui pourront guider à l'avenir,
quand, le mouvement de progression étant
achevé, il s'établira enfin un nouvel équilibre.

Or, il est assez difficile de juger si l'on est
dans un mouvement de transition ou d'oscilla-
tion, quand on se trouve au milieu du tourbillon.
On n'est que trop porté à croire que ce qui se
passe aujourd'hui est irrévocable, et l'on s'arrange pour de longues années, en partant quelquefois d'une base transitoire ; mais il faut convenir que, dans l'état actuel de la statistique,
nous n'avons pas un critère certain pour juger de
l'avenir, et que celui-là sera le plus habile qui
saura le mieux conjecturer. Quant à la garance,
quelle que soit l'augmentation de la production,
il semble que celle de la consommation n'a pas
été moins grande, puisque le produit n'a pas
cessé de se maintenir au dessus du prix de re-

vient; ce qui continue à étendre cette culture
même hors des terrains qui ont des qualités
privilégiées pour sa réussite, et à enrichir tous
les pays qui s'y sont livrés. Le prix moyen des
dix années de 1813 à 1823, étant pour les racines jaunes de 30 fr. 63 c., n'est-il pas remarquable que, pour les vingt et une années de 1813
à 1834, il soit de 31 fr. 30 c.? Cette permanence
indique une limite, qui pourrait bien encore
profiter à l'avenir, et la difficulté d'étendre indéfiniment la culture pourrait en donner l'explication.

CONCLUSIONS.

On voit donc que la culture de la garance a enrichi le pays où elle a commencé à se développer, et où elle était devenue comme un monopole par l'incurie de ses voisins; qu'elle a fait long-temps la prospérité de la Zélande, de l'Alsace et du comtat d'Avignon; qu'aujourd'hui, son cercle s'étant étendu, elle n'est point descendue cependant au niveau des récoltes ordinaires; mais qu'elle affectionne certaines natures de sol où elle se produit toujours avec un avantage marqué, comparativement aux autres récoltes; que ces terrains sont les terrains légers, frais et riches, naturellement ou artificiellement.

Il faut convenir, en outre, qu'elle offre une occupation active à nos ouvriers, dans une morte-saison, qu'elle leur fournit un moyen de faire épargne, pour ainsi dire, de leur travail, et leur payant, au bout de trois ans, une somme considérable, les met dans l'aisance, et leur facilite les moyens d'acquérir et d'entreprendre, qu'ils n'auraient pu trouver dans le prix de ce travail, payé quotidiennement.

Ajoutons que, bien différente des autres

denrées; là garance, ayant créé un corps de négocians qui s'occupent spécialement des spéculations qui s'y rapportent, ne reste jamais invendue; mais qu'en suivant le cours, on est sûr de trouver, à toute heure, la vente de telle quantité de racine que ce soit, et d'en être payé comptant, avantage immense dans les années où les blés, les fourrages, etc., n'offrent point les mêmes avantages, parce que ceux qui commercent sur ces denrées ne sont presque partout que des spéculateurs, qui, n'ayant point de grands établissemens formés, peuvent suspendre leurs achats quand cela leur convient, pour reprendre le même commerce plus tard, et avec les mêmes avantages. Les pays où l'on fabrique de la farine offrent, dans le commerce du blé, quelque idée de ce qu'est ailleurs le commerce de la garance; il faut, dans les pays à garance, que les moulins s'approvisionnent de racines, les propriétaires d'usines ne veulent pas les laisser chômer, et ne peuvent les appliquer instantanément à un autre usage. Les achats sont donc continus, comme la fabrication, quel que soit le prix de la matière première, et quelque mince que soit le bénéfice sur la matière fabriquée.

Partout où l'on réunit toutes ces facilités, où l'on peut se procurer aisément des ouvriers, et où il existe des capitaux qui peuvent attendre les produits, la culture de la garance peut présenter des avantages réels aux cultivateurs.

TABLE.

MÉMOIRE

SUR LA

CULTURE DU SAFRAN

AUX ENVIRONS D'ORANGE,

DÉPARTEMENT DE VAUCLUSE.

●●●●●●●●●●●●●●●●●●●●●●●●●●●●●●●●●●●●●

AVANT-PROPOS.

———

Ce mémoire fut imprimé dans la *Bibliothèque universelle de Genève* en 1818. Je n'avais pas la prétention d'y donner un traité complet de la culture du safran, je décrivais ce qui se passait autour de moi. Parmi les cultures industrielles du Midi, celle du safran occupe une place secondaire en raison du petit nombre de localités qui s'y sont adonnées, et des conditions qu'elle exige. Elle a cette propriété de ne pouvoir être entreprise en grand, de rester comme une ressource des petits propriétaires pères de famille, de ne pouvoir s'étendre avec rapidité; mais elle est d'un grand intérêt pour les positions spéciales auxquelles elle convient. Si jamais l'on parvenait à bien sentir combien il importe de placer les hospices d'Enfans-Trouvés à la campagne, d'occuper ces malheureux enfans aux soins de la culture et de leur donner, avec la santé, le goût des occupations agricoles, celle du safran serait parfaitement adaptée à leur position et à leurs forces.

On a plusieurs écrits sur la culture du safran; La Rochefoucauld a parlé de sa culture dans l'Angoumois, Duhamel, de celle du Gâtinais; Descourtilz, dans son *Voyage d'un Naturaliste*, a aussi décrit la culture du safran dans cette même province. Mon ouvrage eut le bonheur d'attirer l'attention d'un savant botaniste, qui travaillait alors à une monographie de cette plante, et qui voulut bien me communiquer des notes comparatives de la culture d'Orange et de celle du Gâtinais. M. Gay me confia ses notes, qui s'accordaient d'une manière surprenante avec les résultats que j'avais obtenus dans un autre climat. Cette comparaison, que je place au bas des pages de mon mémoire, sera utile aux agriculteurs des deux pays, et l'on me saura gré d'avoir publié ce travail d'un homme distingué, que l'amour d'une perfection excessive retient trop souvent quand il s'agit de donner ses ouvrages au public.

MÉMOIRE

SUR LA

CULTURE DU SAFRAN

AUX ENVIRONS D'ORANGE,

Département de Vaucluse.

———

Les cultures, comme tous les objets qui occu‑
pent l'industrie humaine, demandent l'avance de
capitaux ; ces capitaux peuvent être destinés à
payer le travail ou à acquérir les matériaux néces‑
saires à la culture ; ces matériaux sont les semences,
les engrais, la terre. Quoique, dans aucun cas, on
ne puisse se passer des uns et des autres, cepen‑
dant il est des cultures où la portion du capital
destinée à payer le travail doit être beaucoup
plus considérable que celle destinée à acquérir des
matériaux, et réciproquement il est des cas où la
portion des capitaux destinée à acquérir les maté‑
riaux est beaucoup plus forte que celle destinée

21

à payer le travail. La culture de la garance est dans ce dernier cas. Nous avons vu, dans un de mes précédens Mémoires (1), que, sur 239 francs destinés à mettre en valeur une étendue de 225 toises carrées, 178 fr. 44 c. étaient employés à acquérir les engrais, les semences et à payer la rente de la terre, et seulement 60 f. 56 c. à solder le travail; tandis qu'au contraire, dans la culture de la vigne et dans celle du blé, traitées comme elles le sont presque partout sans soins particuliers et sans engrais, les avances consistent presque toutes dans le travail. Ces dernières cultures offrent un grand appât à la classe peu aisée, qui possède l'avance de quelques parties de son travail dont elle ne trouve souvent pas un emploi continu; et, cependant, les deux cultures dont nous venons de parler lui présentent encore de graves difficultés. Quand la vigne est plantée, il faut attendre plusieurs années avant d'en retirer les fruits; et la culture du blé n'est point faite avec avantage sur des terres médiocres, comme celles qui sont à sa disposition. La culture du safran n'offre ni l'un ni l'autre de ces inconvéniens: elle commence à s'acquitter envers le cultivateur dès la première année, elle le rembourse avec usure dans la seconde, et elle n'exige pas une

(1) *Bibliothèque britannique*. Agriculture. Tome XX, p. 444.

qualité de terrain très précieuse. C'est véritablement
la culture par excellence du père de famille chargé
de nombreux enfans; le plus faible de tous trouve à
s'y occuper avec le plus âgé. Cette industrie semble
aussi un trésor mis en réserve pour les écoles d'industrie, quand on saura les organiser partout. Au
lieu de ces filatures malsaines auxquelles on oc
cupe les enfans indigens, et dont le succès est
subordonné aux circonstances du lieu et du moment, combien n'est-il pas heureux de trouver
une culture qui paie tous les soins, qui procure
un bénéfice honnête, et permet d'occuper ces êtres
malheureux, en plein air, et à des ouvrages mêlés
qui fortifient à la fois la santé et le caractère!
Telle me semble être la culture du safran pour les
pays où elle peut réussir, et la zone ne paraît pas
en être fort resserrée. On cultive le safran en Gatinais (1) et en Autriche comme aux environs

(1) Le safran est cultivé en grande quantité dans l'ancien Gâtinais, notamment à Beaune et dans les communes environnantes,
arrondissement de Montargis, département du Loiret; dans l'arrondissement de Pithiviers tout entier (Puiseaux et Bromeilles,
où j'ai observé sa culture, font partie de cet arrondissement); à
Neuville au-Bois, arrondissement d'Orléans; à Beaumont, arrondissement de Fontainebleau, département de Seine-et-Marne.
(Note de M. Gay.)
La Rochefoucauld dit que, dans l'Angoumois, le safran était cultivé avant 1520. Descourtilz dit que, si l'on en croit les vieillards

d'Orange, et il paraît qu'il peut accompagner la vigne jusqu'à ces dernières limites.

La culture du safran est très ancienne dans nos environs. En 1613, Jean Bauhin (1) parlait du safran du Comtat Venaissin; en 1715, Garidel (2) faisait mention du safran d'Orange comme du meilleur connu; mais je n'ai pu découvrir l'époque de son introduction, qui se perd dans la nuit des temps. Cette culture dut nous venir de l'orient avec celle de la vigne et de l'olivier que les Grecs, fondateurs de Marseille, apportèrent en Provence (3); au moins, la plante est originaire de l'Asie (4). Les anciens botanistes, qui l'avaient annoncée comme européenne, l'avaient confondue avec le safran printanier, qui croît dans les Alpes et

du Gatinais, le safran y a été transporté d'Avignon par un seigneur de Boines, et ils disent que cette culture y a été recherchée de mémoire d'homme, sans citer l'époque précise de l'introduction. Elle y a fait de sensibles progrès depuis la révolution par la destruction du gibier, qui obligeait à enclore les champs d'échalas. Les paysans paraissaient craindre que la multiplication nouvelle de gibier qui avait eu lieu pendant la restauration ne les obligeât à abandonner cette culture par la nécessité de recourir de nouveau à ces précautions.

(1) *Histoire générale des plantes.*
(2) *Histoire des plantes des environs d'Aix*, article *Crocus.*
(3) Justin, *Hist. univ.*, liv. XLIII, cap. 4.
(4) Liv. III, chap. 4, § 10. « *Quintus Curcius... Monstrabantur urbium sedes Lyrnessi et Thebes, Typhonis quoque specus et Corycium nemus ubi crocum gignitur.* » (In Cilicia.)

fleurit au printemps, tandis que l'officinal ne fleurit qu'en automne. Quand Haller eut signalé l'erreur (1), Allioni vint; et, tout en admettant l'existence du safran printanier, il annonça avoir trouvé le safran officinal en Maurienne, dans les champs près de St-Martin (2). Cette assertion a été admise par De Candolle dans sa Flore française; mais d'autres botanistes, et particulièrement Persoon (*Synopsis*, p. 41, tom. I), ont pensé qu'elle mériterait confirmation, et ont cité le safran officinal comme une plante orientale : c'est ce qui nous semble très probable, et nous avons quelque peine à croire que le safran, que l'on n'a pu trouver encore dans aucune autre partie de l'Europe, eût été se cantonner dans une vallée de Savoie, s'il n'y avait pas été introduit par la culture (3).

Les anciens citaient les safrans que l'on cultivait à Cyrène en Barbarie, au mont Olympe en Lycie, à Centivipini en Sicile, et sur le Tmole en Lydie, comme les meilleurs safrans :

Nonne vides croceos ut Tmolus odores,
India mittit ebur, molles sua thura Sabœi? Georg., lib. I.

(1) *Hist. plant. Helvet.*, tome II, p. 127.
(2) *Flora pedemontana*, tome I, p. 84.
(3) Depuis que ceci a été écrit, le safran a été définitivement retranché de la flore de Maurienne, et l'erreur d'Allioni a cessé de passer de compilation en compilation.

Ces faits semblent annoncer que cette plante venait du Midi, puisque c'est dans cette direction que les anciens en plaçaient les principales cultures. Voilà donc encore une plante à ajouter à celles que notre Agriculture a reçues de l'Asie. En effet, nous lui devons les céréales, la vigne, l'olivier, la luzerne, la garance, le mûrier, le cerisier, l'abricotier, le pêcher, et enfin le safran. Faites disparaître tous ces dons de la terre d'Europe, restituez aussi le maïs et la pomme de terre à l'Amérique, et voyez ce qui reste à ses malheureux habitans. Mettons dans cette position un de ces hommes que les progrès de l'espèce humaine offensent comme la lumière offense l'oiseau des ténèbres; qu'il nous dise, s'il l'ose, la limite où doit s'arrêter le génie de l'homme, et s'il l'a fixée au temps où il croit que ses ancêtres retenaient leur serfs sous la servitude de la glèbe et les attelaient à leur charrue; qu'il nous dise la raison suffisante pour s'arrêter en si beau chemin, et pour ne pas remonter au temps où les uns et les autres se disputaient le gland, en attendant le pain des mains de l'industrie et de la liberté.

§ I. *Culture du safran.*

Le safran donne les meilleurs produits possibles dans une terre meuble et fertile. Les terrains qui ont porté des prairies artificielles ou naturelles, les défrichemens nouveaux avec ou sans écobuage, lui plaisent principalement (1). Il vient

(1) Le safran réussit très bien à Cairanne (2 lieues d'Orange), dans des terres dont les principes minéraux sont :

Carbonate calcaire. 20
Argile. 30
Silice. 44

Ce sont des terres douces, à apparence sablonneuse, un peu rougeâtres, sur lesquelles les sainfoins plâtrés réussissent parfaitement.

« Plus la terre est forte et compacte, mieux elle vaut, pourvu qu'elle ne soit pas argileuse, parce qu'elle défend mieux l'oignon de la gelée. Dans le Gatinais, on ne plante point le safran dans les terrains qui ont servi à des prairies naturelles, ou qui ont été nouvellement défrichés, mais de préférence dans ceux qui ont porté du froment ou d'autres céréales, principalement dans les terres fortes. Il produit un rouge beaucoup plus beau dans ces terres que dans les terres maigres et sablonneuses. »

(*Note de M. Gay.*)

Je crois que toute la dissidence entre M. Gay et moi ne vient que de la difficulté d'exprimer ce que l'on entend, de part et d'autre, par une terre *forte, compacte, argileuse.* Le safran ne craint, en réalité, que l'humidité permanente. L'analyse de terre rapportée plus haut prouve que ce n'est pas la présence de l'argile qui est incompatible avec lui, mais bien plutôt la faculté qu'a cette terre de retenir l'humidité.

dans tous ces terrains, quelle que soit la portion
d'humus qu'ils renferment; mais son produit est
évidemment proportionnel à l'état de fertilité de
la terre. Il craint les sols nouvellement fumés,
ceux qui sont trop compactes, ou qui contiennent
trop de gravier, ceux où une couche imperméable à l'eau est trop rapprochée de la surface, tandis qu'il réussit bien dans une couche assise sur
un fond de gravier qui, par le desséchement excessif de la terre, nuit à presque toutes les autres espèces de récolte ; le sommeil de la végétation de
cette plante pendant l'été, et les sucs que renferme l'oignon, la rendant presque insensible à
la sécheresse de cette saison. Un terrain pareil qui
était de nulle valeur pour les cultures de grain,
où la vigne réussissait mal, et qui consistait en
une légère couche de terre rougeâtre sur du gra-

M. Descourtilz annonce, comme lui étant propres, les terres fixes,
meubles ou glaiseuses : il dit qu'il ne se plaît ni dans les sables, ni
dans les terrains humides, qu'il lui faut huit à neuf pouces de fond,
qu'il pullule plus avantageusement dans une terre noire, légère,
que si elle favorise la perfection de l'oignon, une terre roussâtre
développe beaucoup plus les fleurs, etc.

Dans tous ces aperçus vagues, on sent le besoin d'une nomen-
clature des terrains qui en donne enfin des idées précises : c'était
une laborieuse tâche à laquelle j'ai consacré bien du temps, et que
je n'ai pu terminer avant l'époque où les affaires publiques m'ont
privé des loisirs qui m'eussent été nécessaires pour l'accomplir.

vier, rendait des récoltes extraordinaires pendant un temps (à raison de 142 liv. de safran par hectare).

L'emploi le plus judicieux que l'on puisse faire du safran est donc de le placer sur les défrichemens des terres sèches, ou de le faire succéder sur ces terres à un blé bien fumé : on le plante aussi dans les lisières de mûriers qui bordent un champ dont le milieu est occupé par des prairies artificielles. Le sainfoin ne peut être rapproché des mûriers sans causer leur mort, et çe terrain resterait vacant et inutile sans la culture du safran.

Les terres à safran se louent, dans nos environs, de 21 à 38 fr. le dixième d'hectare (décare) par an, avec obligation de fumer la terre à la dernière année, pour le blé que le propriétaire doit y semer. Cette condition annonce assez que cette culture fait une grande consommation des principes fertilisans de la terre. La même étendue de terrain ne vaut pas au delà de cinq fr. de fermage pour la culture du blé (1).

(1) L'arpent en usage dans le Gâtinais est de cent perches et la perche de vingt pieds. Vingt-cinq perches ou un quart d'arpent équivalent à dix ares, plus cinquante centiares. Ainsi, en établissant mes calculs sur le quart d'arpent, je me sers d'une moitié de mesure de $^1/_{18}$ plus forte que le décare (dix ares) employé par M. de Gasparin.

On prépare le terrain en le béchant complètement à la profondeur d'un fer de bêche. On se
sert pour semence des oignons et des caïeux d'une
ancienne plantation que l'on détruit. Quand ces
plantations n'ont pas été attaquées par les rats
très friands des oignons, ou par le rhizoctone des
safrans, plante parasite qui en détruit un grand
nombre, les oignons triplent en nombre; mais ces
accidens en détruisent beaucoup, l'on ne peut pas
compter en moyenne sur plus du doublement, et
quelquefois la plantation se perd en entier par les
grands froids, comme cela arriva en 1789 : ces
faits expliquent comment une culture aussi inté-
ressante gagne si lentement en surface. Dans les
années où le safran se vend bien, on ne trouve
même à aucun prix des oignons à acheter, et
chaque propriétaire consacre exclusivement à
augmenter sa culture tout ce qu'il peut en recueillir sur ses terres; tandis que, quand il a été à très
bon marché, j'ai vu jeter les oignons : ce dernier

Les terres à safran se louent, dans le Gatinais, de vingt à vingt-
quatre francs le quartier. Le locataire n'est pas obligé de fumer lorsqu'il rend la terre au propriétaire ; ici le safran nettoie sans épuiser. Le quartier de terre à blé ne se loue que cinq à six francs. Depuis la gelée de 1820, le prix des terres à safran est descendu à
quinze francs.

(*Note de M. Gay.*)

cas arrivait en 1813, où le safran valait 18 fr. la livre; en 1816, il a valu 120 fr.; et l'on a cherché, de tous les côtés, à augmenter cette culture. Mais on sent avec quelle lenteur elle peut s'accroître, puisque ce n'est qu'à la troisième année que l'on arrache, et que l'on peut profiter de la multiplication des oignons (1).

Le temps le plus favorable à la transplantation est celui où les anciennes feuilles sont mortes et où les nouveaux bourgeons n'ont pas encore paru. C'est vers le mois de juin, avant les moissons, que se font les meilleures plantations; mais elles sont rares, les ouvrages étant multipliés dans cette saison, et elles se diffèrent ordinairement jusqu'au mois d'août et jusqu'à la fin de ce mois.

(1) Les meilleures terres à safran du Gatinais ne produisent en oignons, à la fin de la troisième année, qu'un tiers en sus du nombre planté. Souvent, lorsque les champs ont été attaqués par le mulot ou le rhizoctone, ils rendent à peine le nombre d'oignons qui avait été mis en terre. Il faut quinze boisseaux d'oignons pour planter un quartier, chaque boisseau pèse de seize à dix-huit livres. Quatre boisseaux ou une mine d'oignons coûtent quatre francs dans une année d'abondance; on n'en trouve à aucun prix dans les années de rareté.

Dans le Gatinais, on arrache les oignons la quatrième année, après la troisième récolte, c'est à dire que les oignons plantés dans l'été de 1823 seront arrachés dans l'été de 1826 : on les plante aussitôt après qu'ils ont été arrachés, et cette opération peut se faire indifféremment dans les mois de juin, de juillet ou d'août.

(*Note de M. Gay.*)

La terre étant bien émiettée et bien unie, on ouvre un sillon à la houe dans la direction du levant
au couchant, on y place les oignons en rangée, à
deux pouces de distance les uns des autres : on les
recouvre ensuite à six pouces de profondeur, en
ouvrant un nouveau sillon parallèle à huit pouces
d'éloignement du premier. On continue de la sorte
jusqu'à ce que la plantation soit terminée. Il faut
quatorze sacs d'oignons par décare, et quatre journées d'homme pour les planter (1).

Vers le milieu d'octobre, les premières fleurs
commencent à paraître. Elles ne sont pas nombreuses, la première année. Tous les deux jours
on passe dans le champ, on les cueille, on les
porte à la ferme, et la soirée est occupée à en extraire les pistils. La récolte dure ainsi une quinzaine de jours, dont les huit premiers sont les plus
abondans en fleurs ; quand elle est terminée, on
racle légèrement à la houe toute la surface du terrain qui a été foulée pendant l'apparition des
fleurs (2). Au printemps, on donne une seconde

(1) Le même procédé est employé dans le Gatinais pour planter le
safran, avec cette différence qu'on n'attache aucune préférence à la
direction des sillons du levant au couchant, que les rangées sont
distantes de six pouces les unes des autres au lieu de huit, et qu'on
ne laisse entre un oignon et l'autre que l'intervalle d'un travers de
doigt.
(2) Dans le Gatinais, on ne houe point la surface d'un champ de

culture à la houe le long des lignes ; on la répète s'il est nécessaire, pour détruire les mauvaises herbes. Quand les chaleurs augmentent, les feuilles se dessèchent, et alors on houe de nouveau toute la surface du terrain en coupant rez terre les feuilles desséchées. Toutes ces cultures doivent être faites dans un temps sec. La cueillette des fleurs de la seconde année, bien plus considérable que celle de l'année précédente, a lieu à la même époque. On cueille tous les jours pendant huit jours, et tous les deux jours pendant huit autres jours. Cette cueillette est toujours précédée, un mois auparavant, par une culture générale à la houe de toute la surface du sol, qui écroûte le terrain et donne aux fleurs la facilité d'entr'ouvrir la terre. Les cultures sont les mêmes ensuite, jusqu'à l'époque de l'arrachement des oignons, que l'on fait à la bêche. Ici s'élève une question. Dans le Gatinais, on

safran après la récolte. Le premier labour qu'on y donne se fait vers la Saint-Pierre (29 de juin), après que les feuilles desséchées ont été arrachées (non coupées). Le second labour a lieu en septembre, il est très superficiel, il n'a d'autre objet que d'ameublir la terre pour livrer le passage plus facile aux fleurs de la plante prêtes à éclore. C'est au mois de mai qu'on arrache les feuilles mortes ; on les conserve avec soin : les vaches en sont très friandes, et cette nourriture détermine chez elles une grande sécrétion de lait.

(Note de M. Gay.)

n'enlève les oignons qu'à la troisième année; M. de la Rochefoucauld propose même de les laisser cinq ans en terre. A Moelk, en Autriche, ce temps varie de deux à quatre ans. Les anciens les laissaient sept à huit ans en place (1). Selon la statistique de Vaucluse, on les laisse six ans auprès de Carpentras, et ce n'est qu'à la quatrième année qu'ils sont suffisamment garnis d'oignons. Aux environs d'Orange, on les enlève à la seconde année. Laquelle de ces époques est la plus favorable au cultivateur? Je pense qu'on ne peut donner de règle à cet égard. Si un safran a éprouvé des saisons contraires dans les deux premières années, que les caïeux soient peu nombreux, que les rats ou le rhizoctone ne l'aient point attaqué, je crois qu'il peut être avantageux d'attendre la troisième ou quatrième récolte; mais si, au contraire, les caïeux sont très nombreux, ou qu'ils aient souffert des rats ou du rhizoctone, on doit prévoir une diminution dans la récolte suivante, et l'on doit se décider à arracher, à moins que le prix soit si avantageux, qu'une récolte même médiocre paie encore le cultivateur de l'attente.

Les oignons arrachés sont épluchés, on leur ôte, par cette opération, la partie la plus grossière

(1) Pline, *Hist. nat.*, lib. *XXI*, cap. 6.

de l'enveloppe filamenteuse qui les recouvre, et on s'occupe bientôt après de les transplanter.

§ II. *Cueillette, triage et séchage du safran.*

Le safran craint le froid excessif : il mourut entièrement en 1789, de même que les oliviers. Dans cette fâcheuse année, le thermomètre descendit à — 12°½ R., dans la nuit du 31 décembre au 1ᵉʳ janvier (1). Un été froid est ordinairement suivi d'une mauvaise récolte, telle fut celle de 1816. Les temps froids, au mois d'octobre, retardent la sortie des fleurs et rendent les pistils moins beaux ; mais, après un été sec et chaud, si l'automne est modérément pluvieux et point froid, les champs de safran se couvrent de fleurs vers le milieu d'octobre (2). Rien n'est beau alors comme

(1) Les quatre cinquièmes des oignons de safran du Gatinais ont péri par les gelées de janvier 1820, si j'en juge par la proportion des cultures de cette plante à Bromeilles en 1819 et 1823. On comptait cent arpens de terre cultivés en safran dans cette commune avant la gelée; le 5 novembre 1823, les cent arpens étaient réduits à vingt : cela fait un ¹/₂₀₀ des terres de la commune au lieu de ¹/₃₀. S'il ne survient pas de gelée, il faudra près de dix ans, à partir de janvier 1820, avant que les pertes soient réparées et que la culture du safran soit rétablie sur l'ancien pied. (*Note de M. Gay.*)

(2) Dans les années chaudes, le safran du Gatinais commence à fleurir le 21 septembre, jour de la Saint-Martin : de mémoire

les terrains consacrés à cette culture. Qu'on s'imagine un riche tapis violet relevé par des points dorés et pourpres, tel est l'effet singulier que font les fleurs violettes du safran avec leurs étamines jaunes et leurs pistils rougeâtres. Les enfans de la ferme sont alors occupés tout le jour à ramasser ces fleurs ; ce qu'ils font en parcourant les lignes vacantes, coupant la fleur rez terre, et la mettant dans un panier passé au bras gauche.

d'homme, on ne l'a pas vu en fleur avant le 15 septembre. Ordinairement la récolte commence avant le mois d'octobre, et dure deux ou trois semaines, selon que le temps est plus ou moins beau et la floraison plus ou moins régulière et simultanée. Il est bien rare que la floraison soit retardée comme elle l'est cette année (1823) jusqu'à la fin d'octobre : les hommes âgés en ont à peine vu un seul exemple. Cette année (1823), les premières fleurs n'ont paru que vers le 20 octobre. La saison était froide et humide, par conséquent très défavorable. Les fleurs se sont succédé à de longs intervalles. J'étais à Bromeilles, le 5 novembre; à cette époque, à peine avait-on vu éclore la moitié des fleurs que l'on attendait : on pensait que la récolte serait fort irrégulière, fort mauvaise, et se prolongerait fort avant dans le mois.

Toutes les fois qu'il pleut en juillet et août, le safran produit peu dans le Gatinais. Dans ce pays, il y a un proverbe dont le sens est que la récolte du safran manquera s'il pleut le jour de la Saint-Pierre.

Autant qu'il est possible, on cueille les fleurs avant qu'elles soient ouvertes, et même quelques heures avant le moment où elles s'ouvriront ; car on a remarqué que l'action de l'air et de la lumière affaiblit considérablement l'éclat de la couleur des stigmates et diminue l'intensité de leur odeur.   (*Note de M. Gay.*)

Le soir venu, les fermiers, leurs femmes, leurs
enfans, leurs valets se réunissent autour de la table; chacun est muni d'une petite écuelle, où il
dépose les pistils à mesure qu'il les arrache à la
fleur (1). Huit personnes travaillant pendant la
durée ordinaire d'une veillée (de six à onze heures)
trient ordinairement une demi-livre de safran (2).
Dans les pays où cette culture est très étendue, chacun cherche à se procurer des ouvrières supplé-
mentaires; heureux ceux qui auront les plus jolies
pour attirer à leur veillée les jeunes gens du ha-
meau, qui s'adjoignent volontairement au travail.
On paie à ces filles 60 centimes par jour, et elles
sont nourries pendant les quinze jours de la récolte (3). Elles sont tenues à la cueillette et au
triage. Ce dernier travail se prolonge dans la nuit

(1) Pour éplucher les fleurs du safran, après qu'elles ont été
cueillies à la main, à fleur de terre, on coupe avec l'ongle le tube
de chaque fleur, à l'endroit où il commence à s'évaser en limbe.
Cette opération coupe le style lui-même qui, devenu libre, est facilement extrait du milieu de la fleur avec les stigmates qui le couvrent.

(2) Une ouvrière louée pour une saison, lorsqu'elle est en même
temps occupée à cueillir les fleurs, ne peut éplucher que $\frac{1}{2}$ livre
de safran par jour, tout au plus, ou sept livres $\frac{1}{2}$ pendant la saison supposée de quinze jours. Les sept livres $\frac{1}{2}$ se réduisent, par la
dessiccation, à une livre $\frac{1}{2}$.

(3) Dans le Gatinais, l'ouvrière se loue pour le temps de la récolte,
et on lui donne vingt à vingt-quatre francs, outre la nourriture.

(Note de M. Gay.)

22

autant qu'il est nécessaire pour le terminer. Quand les ouvrières de louage ne suffisent pas pour le triage, on fait trier ce safran à 5 centimes l'écuelle; il faut quatre écuelles pour faire une once de safran séché (1).

Ces opérations deviennent très embarrassantes quand la récolte du safran se rencontre avec la vendange, comme cela est arrivé en 1816. L'embarras est très grand aussi, dans les pays où cette culture est générale, quand les safrans fleurissent par la pluie; alors il faut trier de suite après la cueillette, faute de quoi les fleurs se pourrissent. On est quelquefois réduit, dans ce cas, à faire trier à moitié.

On pratique deux méthodes pour sécher le safran : la première, pratiquée près de Carpentras,

(1) Dans le cas où les ouvrières de louage ne suffisent pas, les cultivateurs du Gatinais font éplucher le safran à la tâche. A cet effet, ils portent les fleurs dans des hottes, partout où le safran n'est pas cultivé et où il y a des bras libres, souvent à plus de quatre lieues de leur domicile. On paie depuis 1 franc 50 centimes jusqu'à 5 francs pour l'épluchage d'une quantité de safran qui pèse une livre à l'état frais, et qui se réduit à environ deux onces ½ par la dessiccation; ce qui fait 7 francs 50 centimes à 25 francs pour cinq livres de safran frais ou une livre de safran sec. Ce prix est, dans tous les cas, fort supérieur à celui d'Orange, où l'épluchage d'une quantité de fleurs qui produira une livre de safran frais n'est évalué qu'à 60 centimes.

(*Note de M. Gay.*)

est de l'exposer au soleil; la seconde, autour d'Orange, consiste à mettre les pistils dans un tamis garni en canevas, que l'on place sur la braise de sarmens. On dit que c'est à cette différence de méthode, autant qu'à la plus courte durée des champs de safran, que tient l'infériorité des safrans du Comtat, qui valent toujours un tiers de moins que ceux d'Orange. Cette différence est très ancienne, Garidel en fait mention, et d'anciens livres de commerce antérieurs à Garidel constatent qu'elle a toujours existé (1).

§ III. *Maladies du safran.*

L'accident le plus redoutable qui menace chez nous la culture du safran est celui de l'invasion des rats, qu'elle semble appeler de loin. Ces animaux sont très friands de l'oignon de cette plante, et en détruisent bientôt une grande quantité, si l'on ne prend pas les moyens les plus actifs pour les chasser de la plantation. Ce sont eux qui ont fait renoncer à cette culture les habitans de Mazan, près Carpentras, où elle était très répandue. Les efforts des cultivateurs vinrent échouer con-

(1) C'est la méthode d'Orange, qui est usitée dans le Gatinais.
(*Note de M. Gay.*)

tre la multiplication prodigieuse de ces animaux.
Peut-être aussi la longue durée des safranières,
dans ce pays, favorisait-elle l'établissement de ces
ennemis acharnés.

Les safrans souffrent aussi beaucoup de la multiplication d'une plante parasite de leur bulbe.
C'est le rhizoctone des safrans (1), de la famille des
champignons. Cette plante consiste en petits filets
bleuâtres, portant de distance en distance des
tubercules. Ces filets s'établissent sur l'oignon ,
vivent de sa substance et s'étendent ensuite au loin
pour atteindre les oignons voisins. On voit alors
les feuilles jaunir dans tout l'espace occupé par
le rhizoctone, qui s'étend indéfiniment, si l'on
n'a pas soin de creuser le cercle déjà formé , d'en
enlever les oignons en pénétrant même dans la
partie saine. On arrête ainsi les progrès du mal;
mais quelquefois on le voit recommencer sur un
autre point. Il est probable que la naissance du
rhizoctone est favorisée par une portion de terrain où il y a de l'humidité stagnante; mais il est
bien certain aussi que de là il peut s'étendre
même sur des parties sèches (2).

(1) C'est l'affarun de nos cultivateurs, *rhizoctonia crocorum*, De
Cand.

(2) Cette maladie s'appelle *mort* dans le Gatinais. Elle se manifeste,
en automne, par un changement de couleur dans les fleurs, qui de
violet et lilas deviennent blanches ; au printemps, par les feuilles,

§ IV. *Produits de la culture du safran.*

Si l'on établissait un calcul sur le prix que les
safrans ont valu depuis la paix, on ne trouverait
aucune culture qui rapportât un pareil revenu,
et ce n'est qu'à la lenteur de son accroissement
que l'on peut attribuer son peu d'extension, car
il est certain que tous les caïeux ont été replantés
depuis lors ; et quoiqu'ils ne se soient pas beaucoup
multipliés ces dernières années, cette culture s'est
cependant beaucoup étendue dans les terrains de
Ste-Cécile, Cairanne et Camaret, où elle s'agran-
dira encore si les prix se soutiennent. Dans son
état actuel, elle n'occupe encore qu'un point dans
le territoire qui nous environne : je n'ai pas les
données suffisantes pour en fixer les produits (1).

qui pâlissent et se fanent avant l'époque de leur maturité. On parvient à guérir les oignons attaqués de la *mort*, lorsqu'après les avoir
arrachés au printemps on les dépouille de leurs tuniques, et on
les laisse exposés pendant quelque temps à l'action de l'air et du
soleil.

(Note de M. Gay.)

(1) Cette année 1817, on estime, dans le village seul de Ste-Cécile,
la récolte à trois quintaux par jour, qui, à 100 f., donnent un produit
de 30,000 fr.; la totalité de la récolte ne s'éloignera pas de 300,000 fr.

(Note de l'auteur.)

En 1816, le safran valait en Gatinais, au moment de la récolte,
120 francs la livre, et plus tard 153 francs. Depuis la gelée, en 1829,

L'auteur de la statistique de Vaucluse établit à cinq mille kilogrammes la quantité exportée de ce département, et je crois qu'il ne s'écarte pas de la vérité. Ce serait le produit moyen de cent hectares de terre cultivée en safran.

Voici comme je pense qu'on peut établir la dépense d'un dixième d'hectare (décare; 1000 mètres carrés) de terre cultivée en safran.

Rente de la terre, à 24 fr. par an, pour
deux ans. . . . . 48 —
Bêcher complétement, quatre journées.   6 —
Planter les oignons, quatre journées. .   6 —
Valeur des oignons pour mémoire (1),
seize sacs. . . . .   —
Soins pour préserver des rats : ils ne
peuvent être précisés; mais on ne peut
compter moins de deux journées par
an. . . . .   3 —

A reporter.. . . . 63 —

21, 22, le prix s'est élevé jusqu'à 60 francs. Etant à Bromeilles, le 5 novembre 1823, j'ai su que le safran de la récolte de 1822 valait 40 francs et qu'on estimait 45 francs la livre celui de la récolte précédente.

(*Note de M. Gay.*)

(1) Rarement les oignons sont achetés et vendus dans ce moment; au moins, le cultivateur n'en achète que pour commencer un petit coin de culture, et s'agrandir à mesure de la multiplication : le prix qu'on pourrait en donner n'est donc qu'un prix de convenance

Report. . . .	63	—

Cueillir les fleurs, première année, douze journées de femme, à 60 cent. 7 20

Douze journées de nourriture, à 60 cent. 7 20

Cueillir : seconde année, deux journées de femme, à 60 c., pendant huit jours, et une journée pendant huit autres jours ; total, vingt-quatre journées. . 14 40

Nourriture desdites. 14 40

Trier huit livres dans les deux années ; une livre et demie est mise au compte des ouvrières louées pour ramasser : reste six livres et demie triées ; à 3 fr. 20 c. la liv. 20 80

Sécher (c'est le travail de la maîtresse de la maison passé pour mémoire.)

Arracher les oignons. . . . . 6 —

Les éplucher. 2 40

Deux voitures de fumier, pour laisser la terre fumée en sortant, selon les accords. 30 —

Total.	165	40

qui ne se réaliserait pas sur une grande quantité. On paiera cinq francs un sac dans cette circonstance, et on ne donnera rien d'un second sac dans l'état ordinaire des choses. J'ai donc cru être plus exact en ne portant rien ni en recette, ni en dépense pour les oignons, qu'en leur attribuant un prix qui, le plus souvent, n'a rien de réel.

Produit.

Première année, deux livres de safran; à
30 fr. . . . . 60 —
Seconde année, huit livres de safran; à
30 fr. . . . . 240 —
(*N. B.*) Le produit est, en moyenne, de
huit livres, on en obtient quelquefois
dix-huit sur des terres très favorables
à cette culture.
Oignons : leur valeur pour mémoire; ils
doublent et triplent quelquefois.

300 —
Dépense d'autre part. 165 —

Reste pour solde. 135 —
Ce qui, divisé en deux années, donne
par an, par décare, de bénéfice net. 67 50

Le safran revient au cultivateur à 16 fr. 50 c.
la livre; le prix de 30 fr. était un haut prix avant
la paix. Que l'on juge, d'après ces données, du
gain qu'ont fait nos cultivateurs en 1816 et 1817,
où le safran s'est vendu 100 et 120 fr. la livre (1).

(1) Dépense à faire pour établir la culture du safran dans le Gatinais
sur un quart d'arpent équivalant à dix ares cinquante-cinq centiares.
Location de la terre, à 20 sous le pied, par an. . . . 75 f. » c.

Bien que le prix intrinsèque du safran soit de 16 fr.50 c. pour nos cultivateurs, les négocians ne peuvent jamais espérer de les y réduire pour long-

Report. . . .	75 f.	» c.
Premier labour pour préparer la terre avant de planter les oignons. . . . . ".	12	»
Deuxième labour immédiatement avant de planter la moitié du premier labour.	6	»
Prix des oignons pour mémoire environ, 124 francs.		
Arrachage des oignons, à 20 francs la perche.	15	»
Plantage des oignons, 1/2 du prix de l'arrachage. . .	12	50
Soins pour préserver des rats.	0	»
Frais pour cueillir les fleurs de la première année et en épluchant la totalité (la 1/2 des frais de la seconde année, moins l'épluchage, qui ici est à la charge de l'ouvrier).	15	60
Labourage de la deuxième année, en juin d'abord, puis en septembre.	5	»
Location d'une ouvrière pour cueillir les fleurs de la deuxième année et pour en éplucher la moitié, qui produit, par la dessication, deux livres 1/2 de safran sec.	20	»
Nourriture de l'ouvrière; pour quinze jours, à 75 centimes par jour.	11	25
Épluchage d'une quantité de fleurs, qui produit douze livres 1/2 de safran frais ou deux livres 1/2 de safran sec, le reste de l'épluchage étant à la charge de l'ouvrière ; à 3 francs 25 centimes par chaque livre de safran frais.	40	60
Dépenses de la troisième année, elles sont les mêmes que celles de la deuxième année; ci.	5	»
	20	»
	11	25
	40	60
	299	80

temps, parce que la culture du safran est une espéce de monopole, à cause de sa lenteur à s'accroître, et de sa disparition subite par les grands froids, les rats et le rhizoctone. La variété des usages du safran, recherché à la fois pour sa couleur et pour sa saveur, assure aux cultivateurs une demande

D'où il résulte qu'un quart d'arpent, cultivé en safran dans le Gatinais, coûte près de 300 francs pour les trois ans ou 100 francs par an.

PRODUIT.

Première année, douze livres ½ de safran frais, qui se réduisent, par la dessiccation, à 2 livres ½, au prix de 40 francs la livre de safran sec. . . . . 100 »

Deuxième année, 25 livres de safran frais ou 5 livres ½ de safran sec. . . . . 200 »

Troisième année   idem. . . . . 200 »

Total. . . . . 500 »

De telle sorte que, pour une dépense de 300 francs, la culture du safran, dans le Gatinais, produit 500 francs en trois ans, ou 66 francs 65 centimes nets par an, pour l'étendue d'un quart d'arpent.

En retirant de ces 66 francs 65 centimes les 3 francs 70 centimes qui en font la dix-huitième partie (fraction exprimant la différence de ma mesure et de celle employée par M. de Gasparin), il reste, pour le produit net d'un décare, 62 francs 95 centimes, c'est à dire 4 francs 55 centimes de moins que dans le calcul de M. de Gasparin pour le safran des environs d'Orange.

(*Note de M. Gay.*)

La dépense du cultivateur du Gatinais étant de 299 francs 80 centimes, pour obtenir 13 livres ½ de safran sec, il lui revient à 22 francs 21 centimes la livre, c'est à dire 5 francs 70 centimes de plus qu'au cultivateur du Midi.

(*Note de l'auteur.*)

constante. Cette ressource, précieuse pour les très petits propriétaires, qui y trouvent à la fois une haute rente de leurs fonds et une occupation pour leurs enfans en bas âge, offre une nouvelle preuve de l'infériorité de la culture du blé, dans nos pays, conduite par les méthodes ordinaires (1). N'est-il pas curieux de voir, auprès de ces cultures jardinières qu'exigent les garances et les safrans, nos vastes champs de blé livrés à la plus impardonnable routine, par les hommes mêmes qui fertilisent le coin de terre qu'ils se sont décidés à soustraire à cette culture? C'est que le safran comme la garance sont des cultures à bras, et qu'elles sont séparées par un espace infini de la grande culture du blé. Quand je traiterai de la culture de la vigne en Languedoc, je ferai observer qu'elle a produit un effet contraire et qu'elle a amélioré la culture du blé, parce que la vigne s'y travaille avec de fortes mules, par les mêmes moyens que le blé, et que ces moyens, appliqués successivement aux deux cultures, s'associent parfaitement, ainsi que les époques et tous les autres détails de l'exploitation rurale. La grande culture de la vi-

(1) En 1823, le cultivateur d'un arpent de blé était en perte de 4 francs, dans la partie du Gâtinais où j'ai été observer la culture du safran.

(*Note de M. Gay.*)

gne a donc amélioré toute la surface du pays, tandis que nos cultures industrielles à bras n'ont
amélioré que des parcelles, et concentré, pour
ainsi dire, les forces des individus. Telle est
aussi, dans les pays où on la pratique, l'effet de la
culture de la vigne à bras; accumulation d'hommes,
division extrême des propriétés, grande culture
souffrante, parcelles de sol florissantes. La culture privilégiée gagne peu à peu du terrain, la
population s'augmente outre mesure, jusqu'au
moment où la culture industrielle à bras a en-
vahi tout le territoire, et où l'extrême division des
terrains n'offre plus de quoi vivre à chaque famille. Ce moment est encore bien loin pour nous,
quoique nous possédions déjà dans les deux cantons
d'Orange deux mille quatre cent vingt-trois habitans par lieue carrée de deux mille cinq cents
toises de côté; mais de vastes étendues restent
encore, qui n'ont point été soumises à la petite
industrie, et peut-être la grande culture s'y
développera simultanément et viendra offrir un
remède au mal que l'on peut craindre dans un
avenir lointain (1).

(1) Le remède à un excès de population dans les pays à petite
propriété n'est point là, il est dans l'extrême prudence des pères de famille. Un prolétaire payé à la journée voit sans crainte la
multiplication de ses enfans, ce n'est pour lui qu'une multiplica-

tion de salaires, et il ne peut calculer les funestes effets d'une concurrence excessive de bras; mais le petit propriétaire obligé de vivre de son sol, seul en présence de la nature dont il connaît et ap-
précie les forces nutritives, sait que chaque enfant vient au partage
d'une quantité donnée de subsistances. Aussi l'accroissement de la
population est-il peu considérable dans les pays où le paysan est
propriétaire. C'est encore un bienfait de ce régime sous lequel la
France jouit d'un bien-être qu'il faut chercher dans les campagnes
et non dans les grandes villes.

TABLE.

MEMOIRE

SUR LA

CULTURE DE L'OLIVIER

DANS LE MIDI DE LA FRANCE.

Oleæ sator fructum ex eâ quemquam non percipit.

HESIODIUS, *apud Plinium, Hist. nat. Lib. XV,*
cap. I.

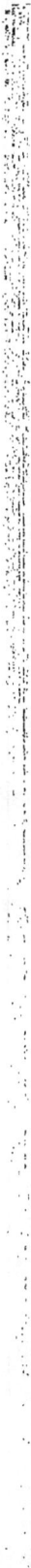

AVANT-PROPOS.

———

J'espérais pouvoir ajouter de nouvelles observations à mon mémoire sur l'olivier; mais les
graves occupations d'une nouvelle carrière ne
m'ont plus permis de recueillir mes notes et mes
souvenirs. Jusqu'au moment où ma tâche de dé-
vouement à mon pays sera accomplie, je dois être
tout entier aux devoirs qu'elle m'impose. Mais
si ce mémoire est reproduit ici avec une partie
de ses imperfections et de ses lacunes primitives,
je ne l'en crois pas moins utile à mes concitoyens;
c'est un trait de plus au tableau de nos cultures
locales : il en marquera l'état au moment où je

23

m'occupais avec tant de suite et d'activité de leur histoire et de leur perfectionnement. L'olivier est, pour notre sol, un étranger naturalisé par son long séjour : il accompagna jadis le Grec d'Asie dans son émigration ; et il a survécu bien des années à la destruction de sa puissance ; mais il est le plus ancien et le plus utile monument de cette colonisation qui civilisa la Provence.

Tendrait-il à disparaître aussi de nos bords ? de nouvelles cultures viendraient-elles aussi expulser ce glorieux réfugié comme les peuples du Nord ont fait disparaître la langue et la nationalité de ceux qui l'avaient apporté ? Nul doute que nous toucherions à cette catastrophe, si le cultivateur de l'olivier résistait plus long-temps aux améliorations que le progrès de l'art a imposées aux autres cultures, si la routine s'obstinait à conserver des pratiques qui n'ont plus pour elles que leur antiquité. Ainsi, montrer à nos compatriotes les avantages qu'il peut retirer de l'olivier, développer devant lui tous les vices

qui réduisent ses profits au dessous de ceux des
cultures rivales, et qui, après l'avoir repoussé
dans une étroite lisière, tendent encore à l'y détruire, prouver qu'il y a des moyens de l'affranchir de cette fatalité qui semble peser sur lui,
tel est le but de ce mémoire, qui servira au moins
de point de départ à ceux qui voudront, à l'avenir, s'occuper des moyens de perfectionner un
produit que l'on aurait tort de traiter avec dé-
dain, et qui, sous des mains habiles, peut assurer la fortune des familles qui s'en occuperont
avec intelligence.

MÉMOIRE

SUR LA

CULTURE DE L'OLIVIER

DANS LE MIDI DE LA FRANCE.

———

En continuant l'examen de l'économie agricole de ma patrie, j'ai hésité en arrivant à l'olivier. Frappé par un de ces froids que notre climat ne reproduit que trop souvent et auxquels vingt-quatre siècles d'hospitalité n'ont pu l'accoutumer, il a souffert, en 1820, des pertes bien sensibles, qui ont rendu l'avantage de sa culture problématique aux yeux de bien des gens; d'un autre côté, plusieurs cultures nouvelles sont venues lui faire concurrence et se sont introduites avec des avantages de convenance et de perfectionnement. Les progrès de la culture de la vigne et du mûrier envahissent aujourd'hui une partie des terrains qui naguère étaient couverts d'oliviers.

Cet état de choses exige un examen sérieux, nous allons le tenter; et si des vérités trop dures n'étaient pas toujours bien accueillies de mes compatriotes, puissent-ils trouver quelque consolation dans les ressources que je cherche à leur offrir dans la suite de ce travail! Pour prendre une idée complète de mon sujet, j'ai dû rechercher : 1° les conditions générales de la culture de l'olivier, celles qui tiennent au climat et aux expositions, pour établir les limites physiques et géographiques dans lesquelles il peut convenir de le cultiver; 2° les conditions de culture auxquelles il est soumis dans nos contrées, j'ai donc dû m'appliquer à voir si, par l'effet de ces conditions de culture réunies aux conditions générales, l'olivier était une culture onéreuse, soit en elle-même, soit relativement à celles qui lui faisaient concurrence; 3° les conditions nouvelles sous lesquelles l'olivier pourrait devenir plus avantageux et faire concurrence aux autres cultures.

PREMIÈRE PARTIE.

CONDITIONS GÉNÉRALES DE LA CULTURE DE L'OLIVIER, CLIMAT, RÉGION DE L'OLIVIER.

La détermination d'un climat de culture est une chose simple pour une plante annuelle, telle

que le maïs, par exemple. Elle peut s'étendre
jusqu'aux limites où elle cesse de mûrir dans
l'année : par conséquent, son climat résulte seulement de la température des étés. Pour le succés
d'une plante pérenne, il faut, de plus, considérer
la température de l'hiver et savoir le *minimum*
de chaleur qui lui suffit pour vivre : ainsi le *sulla*
(*hedysarum coronarium*), ne supportant pas au
delà de 5 à 6 degrés au dessous de zéro, ne peut
être cultivé dans les climats où l'hiver est habituellement plus froid (1).

Il en est encore autrement pour un arbre qui
ne doit donner des produits qu'après un nombre
d'années plus ou moins grand ; il ne suffit pas
alors que l'hiver ne soit pas habituellement plus
froid ; mais il faut encore qu'il y ait de fortes probabilités que les hivers extraordinaires, ceux qui
sont plus froids que la température exigée pour
la vie de l'arbre, ne seront pas assez fréquens
pour revenir avant l'époque de sa fructification.

Il y a donc ici trois élémens tenant au climat :
1° température de la saison de végétation suffisante pour faire fructifier l'arbre ; 2° température moyenne de l'hiver suffisante pour mainte-

_____

(1) Toutes les températures annoncées dans ce mémoire sont
fixées à l'échelle du thermomètre centigrade. Cette observation est
faite une fois pour toutes.

nir l'arbre en vie; 3° intervalle des hivers extraordinaires, tel que la durée de la vie moyenne
de l'arbre puisse promettre des profits au cultivateur.

Tous ces élémens sont tellement fixes, comme
nous le montrerons plus loin, que les limites
d'une culture comme celle de l'olivier, par exemple, devraient être immuables; ils ne rendent
donc pas raison des avancemens et des rétrogra-
dations qu'elle subit. Ainsi, du temps d'Olivier
de Serres, l'olivier tendait à s'avancer vers le
nord (1); il est constant qu'aujourd'hui il rétrograde vers le midi; les exemples nous entourent de toute part, et de Candolle l'a observé
vers l'ouest du département de l'Aude (2),
comme nous le voyons au centre et à l'est de la
région méditerranéenne. Cette circonstance ne
peut s'expliquer que de deux manières; ou par la
détérioration des climats ou par la concurrence
des cultures nouvelles plus avantageuses. Nous
verrons que cette dernière cause est la seule véritable.

Dans l'examen de la région où la culture de l'o-

(1) *Théâtre d'Agricul.*, édit. de la Société d'Agriculture de la
Seine, tom. II, p. 399.

(2) Il a reculé de 6 myriamètres dans ce département. *Voyage
botanique; Mémoires de la Société de la Seine*, tom. XI, p. 44.

livier peut être faite avec profit, nous avons donc
à considérer ces différens élémens ; il en résul-
tera, nous l'espérons, une connaissance certaine
de l'étendue de cette région en France et des caractères particuliers de son climat.

CHAPITRE I.

*Température des étés nécessaire pour la fructification de
l'olivier.*

M. de Humboldt a suffisamment prouvé (1)
que la température moyenne de l'année ne pouvait déterminer le caractère d'un climat ; ainsi
Péking, avec trois mois d'hiver, dont la moyenne
descend à — 3 comme à Stockholm, a ses étés
comme ceux de Naples. Nous allons voir bientôt
que la température moyenne des étés n'est pas
non plus un élément suffisant.

Pour me former une idée claire de la chaleur
nécessaire à la végétation de l'olivier, j'ai dû
comparer les bonnes observations faites près de
la limite du nord de cette région avec celles qui
étaient faites en dehors. Voici le résultat de ces

(1) *Mémoires sur les lignes isothermes.*

comparaisons. La température moyenne de l'année est

A Avignon (1). . 14,50) dans la région des oli-
A Alais (2). . . . 15,90 { viers.
A Vienne (Isère). 12,80
A Montauban. . . 13,10 } (3) hors de la région.
A Bordeaux. . . . 13,60)

On voit donc ici qu'un seul degré de diminution dans la température moyenne rendrait raison
de la différence des climats. Examinons donc la
température des mois d'été, nous avons :

Avignon. . . . . . 22,8) dans la région.
Alais. . . . . . . 23,3 {
Bordeaux. . . . . 21,6)
Toulouse. . . . . . 21,4 } hors de la région.
Vienne (Isère). . . 22,0)

(1) Les notes météorologiques d'Avignon sont tirées d'un petit
ouvrage intitulé : *Observations météorologiques faites à Avignon,
de 1802 à 1812*, par J. Guérin. Ce savant a le premier recueilli des
observations exactes sur son pays, dont il complète la climatolo-
gie; aussi obligeant qu'instruit, il a bien voulu me communiquer
des notes manuscrites dont ce Mémoire a beaucoup profité.

(2) Les observations d'Alais sont faites par un autre savant recommandable, M. d'Hombres-Firmas, qui les a insérées dans
l'excellent *Recueil des Mémoires* de l'Académie du Gard.

(3) D'après Humboldt, *lignes isothermes*.

Ici moins d'un degré devrait suffire pour expliquer l'exclusion de l'olivier. Je ne puis absolument croire à ces effets, et mes raisons sont que
l'olivier fructifie bien et porte des récoltes abondantes dans les années où chez nous la température moyenne de l'année est descendue à 13°, plus
bas, par conséquent, que hors de la région, comme
en 1808 et 1809, et dans celles où la température moyenne des étés est descendue à 20,70
comme en 1809, c'est à dire près de 2 degrés au
dessous de la température qui ne comporterait
pas l'olivier.

J'ai donc dû chercher d'autres causes, et voici
ce qu'elles me paraissent être. Les observations
thermométriques sont faites à l'ombre et ne représentent nullement la chaleur directe et réfléchie du soleil. La chaleur directe seule accroît la
température de 7°,93 (1); cette augmentation est
fort considérable, et elle n'est cependant rien encore auprès de la chaleur réfléchie. M. Bon, de
Montpellier, suspendait un thermomètre à l'ombre et un autre au plein soleil sur un mur en
face ; le thermomètre au soleil donnait ordinairement une température double de celui qui était à
l'ombre : leur différence était souvent de 27 à

(1) Flaugergue, *Mémoire sur la chaleur des rayons solaires.*

28 degrés. Il y a plus, le même observateur trouva, le 30 juillet 1805, le thermomètre au soleil à 100°, chaleur de l'eau bouillante; tandis que celui qui était à l'ombre marquait 38°,70 (1). Tels peuvent être les effets étonnans de la chaleur réfléchie; qu'on juge maintenant nos scrupules sur un ou deux degrés de chaleur moyenne. Il s'agit de bien plus, il faut savoir si notre arbre ne reçoit pas pendant la journée moitié, deux tiers en sus de la chaleur d'un autre.

Mais pour arriver à cette appréciation, il faudrait pouvoir comparer des observations sur la chaleur reçue par le terrain et les végétaux dans les divers climats. Elles rendraient probablement raison des difficultés que notre mode actuel d'observation paraît présenter. Un climat habituellement nuageux, dont la température moyenne obtenue à l'ombre est égale à celle d'un climat serein, ne peut lui être comparable sous le rapport des effets de la chaleur solaire sur la végétation. Les météorologistes se sont beaucoup trop renfermés jusqu'à présent dans les cadres tracés d'observations, très utiles sans doute pour la physique générale du globe, mais sans aucune rela-

(1) Flaugergue, Mémoire cité, pag. 257. V. aussi le Mémoire de M. Amoureux sur le même sujet. Société d'Agriculture de Paris, hiver 1790, pag. 33.

tion avec la vie des plantes. J'ai dirigé mes recherches vers cette météorologie agricole, qui est encore pour nous un terme inconnu; mais, faute d'observations comparatives faites en différens climats, il m'est impossible de tirer de mes recherches les conclusions qu'il serait si important d'obtenir. Mais si l'on considère que la chaleur solaire élève la température du sol avec rapidité depuis le lever du soleil jusqu'à deux heures de l'après-midi jusqu'au double de la chaleur à l'ombre, on concevra qu'il ne s'agit pas, pour exprimer la différence d'un climat nébuleux, d'un climat serein, de quelques degrés de l'échelle thermométrique, mais d'une quantité très forte, et l'on explique ainsi naturellement le défaut de maturité de l'olive dans les pays situés sur les côtes occidentales de l'Europe où le ciel est plus habituellement couvert.

CHAPITRE II.

Température moyenne de l'hiver suffisante à la vie de l'olivier.

Quel est le degré de froid susceptible de tuer un olivier? La question est loin d'être décidée d'une manière aussi absolue. Nous allons voir des hivers où le thermomètre est descendu à — 15 degrés et où cet arbre n'a éprouvé qu'un mal très léger, et d'autres où — 9,35 degrés ont suffi pour lui faire éprouver des pertes. La mortalité des oliviers tient donc à d'autres circonstances qu'à celle du degré de froid qu'ils subissent. C'est donc par l'étude de ces circonstances qu'il a fallu commencer avant de répondre à la question. Les auteurs qui m'ont précédé n'ont examiné que très superficiellement les effets du froid sur la végétation. La plupart ont pensé que la glace occupant plus de volume que l'eau, si la sève vient à se geler, sa dilatation rompt les canaux qui la renferment, et que leur décomposition en est la suite (1). Cette explication n'est pas admissible, car si l'on prend un navet gelé et qu'on le fasse dégeler au feu ou au soleil, il se décomposera ; mais, si on le laisse dégeler en terre ou dans de l'eau froide, il se conservera entier. Or, dans l'un et l'autre cas, il a éprouvé les effets de la dilatation de la sève. D'autres (2) attribuent la gelivure des plantes aux gouttelettes d'eau qui se rassemblent à la surface des feuilles ou de l'écorce, et qui font

(1) Adanson, *Familles des plantes*, tom. 1, p. 47 ; *Nouv. Dict. d'Hist. nat.*, seconde édit., tom. xxv, pag. 322.
(2) Rozier, *Cours d'Agriculture*, art. *Gelée*.

l'effet d'un verre convexe ; mais l'expérience directe et le calcul ont prouvé que la convexité des
gouttes et leur distance focale ne permettaient pas
de leur attribuer cet effet. Il paraît donc que la
destruction des organes s'opère au moment d'un
dégel trop brusque, et seulement alors, comme
pour la gangrène pour cause de froid chez les
animaux; dans ce cas, le calorique traverse si
rapidement et si abondamment, par un courant
continu, les parties solides de l'écorce et du liber
pour se transmettre à la sève congelée, qu'il y
cause une violente inflammation, une espèce de
combustion, suivies d'un véritable sphacèle. Il
y a donc deux circonstances au lieu d'une à examiner dans chaque hiver pour apprécier le mal
qu'il a pu faire : 1° le degré de froid qui doit être
suffisant pour congeler la sève; 2° la rapidité du
dégel, qui sera rendu moins funeste par toutes
les circonstances qui s'opposeront aux effets
du soleil direct ou réfléchi, ou qui, humectant
fortement la plante, la dégeleront sans le secours
d'une vive chaleur solaire. Nous allons voir, dans
les exemples suivans, la solidité de cette théorie.

Quoique le thermomètre eût été inventé dès
1620, ce n'est guère que vers le milieu du siècle
dernier que les observations météorologiques ont
commencé d'être d'un usage un peu général :

nous n'avons donc que des notions vagues sur les froids qui ont précédé l'époque où Réaumur, en donnant une forme et une graduation commodes à cet instrument, en rendit les observations comparables entre elles.

Les grands hivers des dix-huitième et dix-neuvième siècles, dans notre région, ceux où le thermomètre est descendu à — 9 degrés, qui est le point le plus élevé où les oliviers aient paru souffrir, sont les suivans : 1709, 1745, 1748, 1766, 1768, 1775, 1776 (c'est le même hiver dans lequel il a gelé à deux reprises), 1789, 1795, 1802, 1811 et 1820 (1).

1709. On ne sait rien que de très vague sur le degré de cet hiver; le thermomètre n'était pas encore observé dans nos contrées. A Paris, il descendit à — 19,37 degrés, 1 degré de moins encore qu'en 1789, et si l'on supposait qu'il ait suivi la même proportion dans nos contrées, il s'ensuivrait que cet hiver n'alla guère qu'à — 14,50°. M. Laure a publié, au sujet de cet hiver, une petite notice trouvée dans les archives de Toulon (2). Il paraît, d'après ce document, que, le

(1) Les détails que nous trouvons sur les grands hivers ne nous donnent rien de positif sur nos contrées, entre 1709 et 1715. *V. Essai sur les grands hivers*; Châlons, 1821.

(2) A la suite de son *Mémoire sur la régénération des oliviers*; Toulon, 1820.

9 janvier, à la suite d'une neige, il s'éleva un vent de N.-E. accompagné de gresil (neige gelée); que ce vent se renforça le 11, et devint violent et très froid. Le dégel arriva subitement le 12, car les feuilles se flétrirent, le bout des branches sécha, et l'écorce, décomposée, se sépara du tronc, phénomènes qui n'arrivent qu'au dégel. Ainsi, deux jours de très fortes gelées et un dégel subit par un temps sec amenèrent la catastrophe. Tous les oliviers périrent, de Perpignan à Nice. En Afrique même, ils se ressentirent de cette funeste température. Depuis long-temps les oliviers de nos contrées n'avaient éprouvé un désastre aussi complet, si l'on en juge par la beauté des troncs qui existaient alors, et qui, si l'on s'en rapporte à la notice, avaient un poids moyen de 150 quintaux et jusqu'à 4 à 500 quintaux au maximum : il n'existe plus d'arbres pareils en Provence.

De l'hiver de 1709 à celui de 1745, il existe un manque de renseignemens qui prouve au moins que dans cet intervalle nos arbres n'éprouvèrent pas de grands désastres.

1745. A Nîmes (1), le thermomètre descendit à — 10° le 20 janvier; le dégel eut lieu le surlendemain, 22. Le recueil d'observations que je

(1) Toutes les observations suivantes ont été faites à Nîmes, par M. Baux, observateur fort exact, jusqu'à l'hiver de 1789.

possède ne fait pas mention des circonstances qui l'accompagnèrent; mais comme, ce jour-là, le thermomètre fut, le matin, à + 2°,5 ; et que, le soir, il ne monta qu'à + 5, j'ai droit de conclure qu'il faisait ou un grand vent du nord ou un temps couvert, qui sont des circonstances favorables. La mortalité n'eut lieu que partiellement dans quelques localités et principalement en Provence.

1748. La gelée commença le 10 janvier, elle augmenta jusqu'au 15, et, ce jour-là, le thermomètre marqua, à Nîmes, — 10° ; il s'éleva les jours suivans, il commença à dégeler, le 18, dans l'après-midi, le dégel fut complet le 22; le vent du nord régna pendant toute cette période, il fut violent, le 23. Cette circonstance diminua considérablement les effets de la chaleur directe et réfléchie du soleil; de 6 degrés, au moins, pour la chaleur directe (1), et d'une beaucoup plus grande quantité pour la chaleur réfléchie. Ainsi le calorique parvint en beaucoup moins grande abondance à la sève congelée, et le dégel a lieu sans accident quand il arrive avec un vent un peu fort. Cette circonstance sauva apparemment les oliviers du mal que pouvait leur faire le froid de

(1) Flaugergue, Mémoire cité, p. 270.

cette année, car ils n'éprouvèrent pas un dommage sensible; quelque circonstance particulière aut affecter les oliviers de Provence qui périrent.

1755. Le 6 de janvier, le thermomètre descendit à — 8°,75; il fut à — 11°,25 le lendemain; il tomba de la neige à plusieurs reprises dans le courant du mois; il continua à geler, les arbres étant couverts de frimas, jusqu'au 8 de février. Le dégel eut lieu avec de petites pluies dans certains endroits, avec le soleil dans d'autres; ceux-ci furent très maltraités.

1766. Le 11 janvier, le thermomètre descendit à — 10° avec le vent du nord, le dégel arriva dès le surlendemain avec un vent du nord très violent. Les oliviers éprouvèrent du mal aux abris.

1768. Le 5 janvier, le thermomètre fut, à Marseille, à — 11°,25 seulement (1); à Nimes, à — 12°,5. Le lendemain, il ne marqua que — 2. Le froid n'avait duré que quatre jours. Le 7 de janvier, le dégel eut lieu avec la pluie, mais ne finit complètement que le 10 et le 11, avec un soleil brillant. Le mal qu'éprouvèrent les oliviers fut assez grand, parce qu'ils n'étaient pas remis dès souffrances des deux hivers précédens qui avaient été froids.

(1) Papon, *Hist. de Provence*, tom. 1, pag. 139.

1775 et 1776. Le 28 décembre 1775, après deux jour de froid vif, le thermomètre descendit, à Nîmes, par un vent du nord très violent; mais, le lendemain, le vent tourna au N.-O., il y eut dégel accompagné de pluie. Cette circonstance fut très favorable aux oliviers, qui ne souffrirent qu'un peu dans leurs branches.

1789 (1). Les gelées commencèrent vers le 23 novembre 1788, elles continuèrent tout le mois de décembre, avec des alternatives continuelles de dégel accompagné de pluies; le 20 décembre, le thermomètre descendit, à Orange, à —7°,5, le 28, à —10°. Le froid augmenta toujours jusqu'au 31 décembre, qu'il fut de —15°,63. Il tomba de la neige dans les premiers jours de janvier 1789, mais le temps se maintint au froid jusqu'au 8, que le vent tournant au sud occasiona un dégel subit, qui amena la perte de la plus grande partie des oliviers.

1795. Les renseignemens positifs me manquent sur cet hiver, qui fut très fatal aux oliviers.

1802 (2). Le froid commença le 12 par un vent du nord-ouest violent. Il augmenta jusqu'au 17, que le thermomètre marqua — 10°,37. Le froid diminua ensuite progressivement, et le dé-

(1) Observations faites à Orange, par M. d'Aymard.

(2) Observations de M. Guérin, d'Avignon, pour les années 1802 et 1811.

gel eut lieu avec une violente tempête, circonstance heureuse qui protégea les oliviers et em-
pêcha qu'ils n'éprouvassent aucun dommage.

1811. Le mois de janvier offrit deux retours
de froid; le 1er janvier, le thermomètre fut à
— 5, et le 3, à — 8,75 au lever du soleil, et à
— 9,37 à dix heures du soir (1). La nuit fut donc
très froide ; mais dès le lendemain il y eut un
dégel dans l'après-midi par un vent de S.-E. très
léger. Près du Rhône, et surtout au nord de la
Durance, il fut accompagné d'une petite pluie :
dans ces localités, les oliviers ne souffrirent pas;
mais au midi de la Durance, d'Orgon à Marseille,
la pluie manqua, et j'eus occasion de voir alors
les oliviers maltraités dans leurs branches. Toutes les feuilles étaient brûlées, et les orangers périrent jusqu'au sol dans les jardins d'Hyères.

Le second retour de froid eut lieu vers la fin
du mois. Le 27, le thermomètre fut à — 7,50;
mais le dégel eut lieu par un vent de N.-O. très
violent, et ce froid n'ajouta rien au mal qui
était fait.

1820 (2). L'automne de 1819 avait été fort hu-

(1) Cette dernière circonstance a été recueillie dans la Notice
de M. Paris sur la culture des cotonniers, en 1811. (Voyez *Mémoires de la Société d'Agriculture de la Seine*, tom. xvi, p. 273.)

(2) Observations faites au nord de la Durance, à Avignon, Carpentras, Orange, etc.

mide, la température moyenne froide, quoique
le thermomètre n'eût jamais descendu plus bas
que + 2. Le temps continua à être beau dans les
premiers jours de janvier; quelques petites gelées
et des jours couverts ne nous annonçaient pas le
temps qui allait suivre.

Cependant des froids rigoureux régnaient dans
le nord; le 28 décembre, le thermomètre était
descendu à — 31° à Pétersbourg. Un vent de
nord-est nous apporta cette température glaciale.
Mêlée à l'air de nos climats, elle produisit, le
11 janvier, en froid de — 13°, qui fut à — 15 à
Joyeuse, selon M. Tardif (1). Le vent tourna au
nord-ouest, le 15; le thermomètre monta à — 2.
Il y eut neige et verglas; dans la nuit, une pluie
détermina le dégel complet. Tels furent les faits
que l'on remarqua dans la vallée du Rhône, et
quoique le froid eût été aussi intense et plus
prolongé qu'à l'est et l'ouest de la vallée, la mortalité y fut bien moindre. Ce qui fit adopter l'i-
dée que le froid avait été plus considérable au
midi; idée fausse, et qui ne rendait raison de la
différence de mortalité que parce qu'en effet la
vallée du Rhône est la partie de la région des
oliviers qui s'avance le plus vers le nord. Nous

(1) *Bibliot. univ.*, sc. et arts, tom. XIII, p. 175.

allons voir que cette différence de mortalité tenait à une autre cause.

A Toulon (1), le 12 janvier, le thermomètre descendit à — 13°, et le même jour, le vent qui avait passé au nord-ouest, dans la vallée du Rhône, cessa tout à coup aux abris qui sont à l'est et à l'ouest de cette vallée; le dégel survint avec un beau soleil, et tout fut perdu. Cet effet a marqué la route du nord-ouest par la verdure qu'ont conservée les oliviers sur son passage. Au reste, c'est un phénomène assez fréquent, que le nord-ouest régnant dans la vallée du Rhône ne se fasse pas sentir à quelque distance de ses bords. Cette vallée est alors comme un grand fleuve aérien, dont les parties abritées ne ressentent que le remous. C'est par là que ses rives sont souvent préservées de ces gelées blanches printanières qui brûlent toutes les feuilles de mûriers à peu de distance.

Or, la seule différence que l'on observe entre les circonstances de l'hiver de la partie frappée et de la partie préservée, c'est que dans la première le dégel a été subit et a eu lieu par un temps calme, tandis que dans l'autre il a eu lieu avec la pluie et le vent du nord-ouest.

(1) Laure, *Régénération des oliviers.*

Si nous revenons maintenant sur les faits que nous venons de rapporter, nous trouverons 1° que le degré de température au dessus duquel on n'a pas vu geler les oliviers est —9,37 ; 2° que ce degré de froid, seul et isolé des autres circonstances, ne cause aucun mal aux oliviers, car ils ont éprouvé, en 1802, un froid de — 10°,37, en 1775 un froid de — 15°, en 1768 un de — 12°,50, en 1748 un de — 10°, et n'ont souffert qu'un peu dans leurs branches, et qu'enfin, en 1820, ils ont éprouvé, presque sans perte, dans la vallée du Rhône, un froid de — 13°.

3°. Toutes les fois que le dégel a été accompagné de pluies, de temps couverts ou de vents du nord forts, en un mot de quelques circonstances qui diminuent l'effet de la chaleur solaire directe ou réfléchie, les froids qui se sont élevés jusqu'à — 15 degrés ont été insuffisans pour tuer les oliviers (1).

Si de ces régles générales nous descendons aux cas plus particuliers que nous a offerts l'hiver de 1820, nous aurons à expliquer les singulières anomalies qu'il nous a présentées. J'ai étudié avec beaucoup de soin les effets de cet hiver dans

_____

(1) Depuis que ceci est écrit, nous avons lu avec grand plaisir les observations de M. de la Harpe, qui confirment les nôtres. Voyez les Feuilles du canton de Vaud, tom. VII. pag. 141 et suiv.

les environs de Tarascon, et j'avoue qu'au premier coup-d'œil il était difficile de démêler quelque ordre dans cette mortalité : ici, des olivettes entières ont péri, là, le fléau a choisi les individus comme dans une épidémie; tantôt ce sont les plus jeunes, tantôt les plus vieux qui ont été frappés. Après beaucoup de recherches et de questions, voici ce que j'ai trouvé : 1° la préservation a été totale dans les olivettes qui avaient l'ombre le matin, dans celles qui étaient peu fumées et qui avaient porté une petite récolte l'année précédente; et *vice versâ* les olivettes exposées aux influences opposées avaient beaucoup souffert. Dans une même olivette, quoique tous les arbres fussent d'une même espèce, on en voyait de morts et de vivans, selon le produit de l'arbre et sans doute aussi selon sa santé et son tempérament individuel.

Ainsi, tout ce qui avait pu contribuer à augmenter la quantité de la sève propre, comme les fumiers abondans et réitérés; tout ce qui rendait la constitution de l'arbre plus abondante en sucs, et les canaux séveux plus larges, comme une forte récolte qui occasione le mouvement d'une sève abondante, mouvement qui continue après l'enlèvement du fruit; et tout ce qui avait pu concourir à un dégel subit, comme un bon abri et les rayons directs du soleil, avait causé ces mortalités : plusieurs autres causes plus particulières, et que j'ai essayé d'analyser dans le temps, ne peuvent avoir place ici (1).

Tous ces faits nous conduisent à la solution qui fait l'objet de ce chapitre. Dans l'état actuel de nos connaissances, nous n'avons pas éprouvé de mortalité au dessus de — 9° de température. Il est donc probable que l'olivier est éternel dans les pays qui n'éprouvent jamais ce degré de froid, et qu'il a une vie moyenne d'autant plus longue qu'il l'éprouve plus rarement. Nous allons examiner, dans le chapitre suivant, la fréquence des retours de ces froids qui causent la mort de l'olivier ; mais ici il nous suffit d'observer que le thermomètre ne descend habituellement à ce degré, dans les climats continentaux de l'Europe, que là où la température moyenne de l'année est au dessous de 10 degrés.

(1) Par exemple, j'ai remarqué que les olivettes sujettes à l'humidité, et qui, par suite des pluies de l'automne, étaient fortement imprégnées d'eau, ont peu souffert. Sans doute. l'eau, ayant dégelé la première, a causé avec lenteur le dégel de la sève, comme l'eau froide dégèle les membres gelés d'un homme.

CHAPITRE III.

Intervalle des hivers extraordinaires ; vie moyenne des oliviers.

Notre région est loin de jouir d'une égalité de température telle que nous la donnent les moyennes thermométriques. L'arbre d'Athènes serait éternel chez nous comme près du Parthenon, s'il ne survenait souvent des hivers où il subit toute la rigueur d'un climat plus froid ; et si ces hivers ennemis se répètent trop souvent, il devient impossible qu'il parvienne à une grosseur capable de dédommager de l'attente. Interrogeons donc attentivement le passé, et qu'il nous serve de guide pour nos spéculations à venir.

Nous avons vu que, dans le siècle passé et le commencement du présent, nous avons éprouvé treize de ces hivers qui compromettent l'existence de l'olivier ; savoir, 1709, 1745, 1748, 1755, 1766, 1768, 1775 et 76, 1789, 1796, 1802, 1811 et 1820. Dans cette série, nous ne pouvons compter sur une exactitude suffisante qu'à dater du commencement des observations de M. Baux, de Nîmes, qui les a entreprises en 1743. Dans une période de soixante-dix-huit ans (de 1743 à

1821), nous avons donc eu onze hivers où le thermomètre est descendu au dessous de — 9, terme fatal où les oliviers sont compromis et où leur existence ne tient plus qu'aux circonstances du dégel : ce serait un grand hiver tous les sept ans; et cependant, dans cet intervalle, ils n'ont éprouvé que deux grandes mortalités, et en outre des mortalités partielles où on ne perdit que quelques individus et où les arbres souffrirent seulement dans leurs branches; et dans toute la période de 1709 à 1821, c'est à dire en cent douze ans, ils n'ont éprouvé que trois grandes mortalités; ce qui prouve que les circonstances favorables se présentent assez souvent pour diminuer beaucoup les chances des grands froids.

Si nous devions établir sur ces bases les probabilités de la vie des oliviers, et que nous supposions que les grands hivers causent une mortalité de $\frac{1}{2}$, excepté celui de 1820, qui évidemment n'a pas causé une mortalité de moitié sur l'ensemble de la région, et les hivers de seconde classe une mortalité de $\frac{1}{10}$, base que je crois exagérée; si, en outre, nous remplissons la période douteuse de 1709 à 1743 d'un nombre d'hivers de seconde classe proportionnel à la période de 1743 à 1821, c'est à dire près de $4\frac{1}{2}$, nous avons le tableau suivant :

	Perte par cent.
1709.	50
4 ½ hivers de seconde classe supposés dans l'intervalle de 1709 à 1743.	45
Onze hivers de seconde classe, de 1743 à 1821.	110
1789.	50
1795.	50
1821.	50
Total.	355

Ce qui, divisé par 112 ans, nous donne une mortalité de $3\frac{1}{3}$ environ pour 100 par an. D'où il s'ensuivrait que nos olivettes devraient être renouvelées l'un dans l'autre tous les 31 ans environ, terme que je crois plus court encore que la vie moyenne de l'olivier prise sur l'ensemble de notre région. Faute de données plus exactes, c'est néanmoins sur celles-ci que nous devons établir nos calculs.

CHAPITRE IV.

Détérioration des climats.

En voyant la série des hivers rapportée dans les chapitres précédens, nous trouvons entre eux les intervalles suivans :

De 1745 à 1748. . . . . . 3 ans.
à 1755. 7
à 1766. 11
à 1768. 2
à 1775. 7
à 1789. 14
à 1795. 6
à 1802. 7
à 1811. 9
à 1820. 9

On ne pourrait guère conclure de cette liste une détérioration de climats; au contraire, les intervalles paraissent s'agrandir du commencement à la fin ; mais il faut convenir que les irrégularités qu'elle présente ne nous permettent pas de prendre des conclusions pour ou contre.

Au reste, ce n'est pas le degré du thermomètre qui laisse des traces dans la mémoire du peuple, ce sont seulement les effets des intempéries sur la végétation, et sous ce rapport il s'appuie, pour conclure à une détérioration progressive du climat, sur la considération que la période de 1709 à 1789 a été de quatre-vingts ans, et que celle de 1789 à 1820 n'a été que de trente et un. Voilà donc les grands hivers, ceux qui causent les mortalités, plus rapprochés qu'ils ne l'étaient autrefois : les oliviers offrent donc toujours de moindres chances de vitalité, et leur culture doit devenir de moins en moins avantageuse.

On ne peut pas raisonnablement tirer une telle conséquence d'une expérience aussi courte, et pour y suppléer j'ai tâché de rassembler la note des grands hivers des siècles précédens de ceux où il paraît y avoir eu de grandes mortalités d'oliviers ; la voici (1) :

Intervalle entre les hivers.

De 1302 à 1364. . . . . . 62 ans.
à 1450. 86
à 1476. 26
à 1507. 31
à 1564. 57

(1) Voyez Papon, tom. iii, pág. 102; *Esprit des journaux*, fév. 1789, p. 377 et suiv.; et Amoureux, *Traité de l'olivier*, p. 286.

De 564 à 1601. 37
        à 1608. 7
        à 1664. 56
        à 1684. 20
        à 1709. 25
        à 1789. 80
        à 1795. 6
        à 1820. 25

Il suffit de la vue de ce tableau pour se convaincre que les intervalles des grandes mortalités ne sont régis par aucune loi, et qu'ils tiennent à une multitude de chances très variables : il en résulte, au reste, qu'elles ont eu lieu quatorze fois en cinq cent dix-huit ans, c'est à dire une fois tous les vingt-sept ans ; et si nous supposons que, dans cette période, il y ait eu un nombre d'hivers de seconde classe proportionnel à celui du siècle dernier, c'est à dire $71\frac{3}{4}$, nous aurons le tableau suivant :

	Perte par cent.
Douze grands hivers en 518 ans. . . .	600
$71\frac{3}{4}$ hivers de seconde classe.	717
	1317

Ce qui donnerait un peu plus de $2\frac{1}{2}$ pour 100 de mortalité par an, et ce qui tend à nous faire tronver la vie moyenne de l'olivier de quarante ans, c'est à dire comme un peu plus longue, en effet, que dans le dernier période. Mais cet argument portant sur les deux derniers siècles, et le dix-septième ayant eu quatre grands hivers, tandis que le dix-huitième n'en a eu que trois, et que les autres qui précèdent n'en ont eu régulièrement que deux, il perd tout son poids; car il ne serait de quelque valeur que si la détérioration, au lieu d'être accidentelle, était progressive de siècle en siècle et paraissait tenir au plan de la nature. Mais, pour éviter le reproche de combattre l'hypothèse de la détérioration des climats par d'autres hypothèses, nous allons l'attaquer plus directement et par des raisons solides : or, nous pensons qu'il importe beaucoup aux progrès de la culture de l'olivier que le cultivateur ne se laisse pas décourager par de tels préjugés, et qu'il se persuade que les saisons ont un cours régulier, permanent, dépendant des lois générales de l'univers, et par conséquent immuables comme lui, et que leurs variations en plus ou en moins ne sont que des oscillations autour d'un point fixe dont elles ne sauraient s'écarter beaucoup.

Laplace a donné la démonstration la plus générale de l'immutabilité de la température du

25

globe terrestre, depuis les temps les plus anciens dont nous ayons des observations sûres, c'est à dire depuis Hipparque, célèbre astronome d'A-lexandrie, qui vivait cent vingt-huit ans avant notre ère. Depuis cette époque reculée, la durée du jour n'a pas varié d'un centième de seconde : or, si la température moyenne du globe eût diminué d'un degré seulement, ses dimensions auraient diminué d'un cent-millième, ce qui aurait augmenté la vitesse angulaire de rotation d'un cin-quante-millième, et par conséquent diminué la durée du jour de deux secondes, c'est à dire deux cents fois plus que les bornes des probabilités les plus désavantageuses : d'où il suit que l'on est certain que la température moyenne générale n'a pas varié depuis lors d'un centième de degré, et probablement n'a pas varié du tout (1).

Cette preuve est incontestable pour l'ensemble du globe terrestre; mais ne pourrait-il pas y avoir des variations locales qui reçussent ailleurs leurs compensations?

Interrogeons l'histoire, elle nous répondra que, cinq siècles après notre ère, Julien passait l'hiver dans la petite ville de Lutèce, autour de laquelle croissait la vigne, mais dont le climat ne per-mettait de conserver des figuiers qu'en les entou-

(1) *Connaissance des temps pour* 1822 , p. 286 et suiv.

rant de roseaux (1). Aujourd'hui Paris est encore compris dans la région de la vigne, et on n'y cultive le figuier qu'avec des précautions.

L'histoire nous apprend également que la limite du climat de la vigne ne s'étendait pas jusqu'au nord des Gaules et s'arrêtait un peu au nord de Paris, comme elle le fait aujourd'hui. Dans la Gaule septentrionale, le froid des hivers est si grand, dit Diodore de Sicile, que la vigne et l'olivier n'y peuvent croître, et que les habitans y font une boisson avec l'orge (la bière) (2). La Provence avait reçu l'olivier des Grecs Phocéens (3), à la même époque où il fut introduit en Italie (4), et elle le conserve encore aujourd'hui, quoique cet arbre soit si délicat sur le climat qui lui convient, qu'il s'arrête à sa limite naturelle aussi fixement que le flot de la mer sur son rivage ; et si Diodore de Sicile (lib. V) nous dit que la plupart des fleuves des Gaules se gelaient de manière à fournir l'hiver un passage, ce qui, au reste, arrive de temps en temps au Rhône lui-même, dans les hivers où ses eaux sont basses

(1) Misopogon, dans les *Historiens de France* de Bouquet, tom. 1, pag. 729.

(2) Dans l'édition des *Historiens de France* de Bouquet, tom. 1, p. 304 D. et *note*.

(3) Justin, liv. 1.

(4) Pline, *Hist. nat.*, lib. xv, cap. 1.

et les froids prolongés, l'alinéa qui suit nous indique que cet auteur n'entend parler que de cette portion de la Gaule qui ne produisait ni huile ni vin.

Ainsi l'histoire nous prouve, d'une manière in-contestable, que le climat des Gaules ne s'est point refroidi depuis les temps anciens; nous avons vu que, depuis le quatorzième siècle, le nombre des grands hivers n'a pas été en augmentant : sur quoi donc peut porter l'opinion vulgaire? N'est-elle point seulement établie sur l'habitude des vieillards, *laudatores temporis acti?* Quelle ressource reste-t-il aux partisans de cette opinion, aujourd'hui que leur grand argument de l'avancement des glaciers vient d'être réfuté par une théorie lumineuse de ces vastes fleuves solides, exposée par l'auteur du mémoire couronné par la Société helvétique (1), qui établit la différence entre la limite des glaciers se mouvant sur des plans inclinés indépendamment de la température, et dont les mouvemens en avant et en arrière dépendent d'autres causes, et celle des neiges perpétuelles, qui dépend entièrement de la température et qui est restée fixe.

D'après tout ce que nous venons de dire, on sent ce que peut avoir de ridicule l'assertion de

(1) *Bibliot. univ.*, tom. xiv, *Sc. et arts*, p. 289.

ceux qui prétendent que, de nos jours, de mémoire d'homme, les climats se sont détériorés;
mais il ne faut pas non plus laisser ce prétendu fait
sans réponse, et nous consentons à l'examiner
aussi en détail. On sent qu'il ne s'agit point ici de
moyennes thermométriques et de tout ce qui peut
porter avec soi une conviction raisonnée, mais
on vous cite seulement quelque année isolée où
une certaine récolte a été d'une précocité extraordinaire, et l'on voudrait en faire une espèce de
type pour lui comparer les époques naturelles de
ce temps. Tout homme qui observe sait la variation extrême qu'il y a entre les différentes époques. Ainsi, par exemple, en 1818, la feuille de
mûrier était développée, et on mit couver la graine
des vers à soie le 18 avril, et en 1819, le 8 avril.

En 1779, on eut des cerises le 2 mai, on ne les
a ordinairement aujourd'hui que le 19 : ainsi, en
prenant ce fait, que l'on trouve dans de vieux re-
gistres comme une règle, le climat se serait dé-
térioré de dix-sept jours; mais dans le même re-
gistre je trouve que la feuille de mûrier ne faisait
que d'éclore le 27 avril 1782, et comme elle est
éclose le 8 avril en 1819, voilà dix-neuf jours de
gagnés.

La vendange eut lieu le 6 octobre en 1818, et
le 23 septembre en 1820. Quel bel argument

pour combattre des mêmes armes que nos adversaires! Voilà les climats améliorés de quinze jours
en un an.

C'est assez s'arrêter à ces puérilités. Passons à
des considérations plus importantes.

Après avoir reconnu les limites météorologiques de la région des oliviers, il peut être intéressant d'examiner à quels signes pris dans la
nature on reconnaît que l'on est dans ses limites,
et les plantes nous offrent à cet égard les indices
les plus fixes et les plus sûrs. Nous nous propo-
sons donc ici ce problème : Quelles sont les plantes qui ne vivent en France que dans les mêmes
circonstances que l'olivier, qui l'accompagnent à
ses limites et qui donnent à la végétation de cette
enceinte un caractère particulier, qui prouve que
sa séparation du reste du continent est naturelle?

Nous devons avouer que, malgré la surabondance des flores locales, la géographie botanique
est loin d'être portée, en France, à son point de
perfection; d'abord les auteurs de ces flores ont
grand soin d'y réunir un vaste territoire, dans
lequel, le plus souvent qu'ils peuvent, les hautes
montagnes sont réunies aux plaines : par ce moyen,
ils augmentent le nombre de leurs espèces et jet-
tent de la variété dans leurs ouvrages. Ces sortes

de flores peuvent être utiles à quelques personnes qui étudient les plantes d'une localité donnée, elles sont nécessaires pour les pays qui avoisinent un centre d'études naturelles : ainsi on doit avoir la flore de Montpellier, celle d'Alsace, celle de Paris; mais des ouvrages de ce genre ne servent que faiblement la géographie botanique, qui recevrait, au contraire, de grandes lumières d'ouvrages faits sur un plan différent et qui n'embrasseraient que les plantes d'une région végétale naturelle. Ainsi les botanistes qui nous donneraient la flore de la région des oliviers, de la région de la vigne, de la région où finit le chêne, rendraient à la géographie botanique des services éminens. Le grand Linnée avait senti l'importance de ce travail qu'il avait ébauché dans ses *Flora alpina et lapponica*. J'ai essayé ce travail pour notre région, qu'il me soit permis d'en présenter ici les résultats les plus généraux. Nous acheverons ainsi de caractériser ce pays intéressant, qui peut tirer vanité des productions spontanées de son sol, comme des monumens de l'histoire.

La région des oliviers possède, en France, cinq cent quarante-deux plantes phanérogames qui n'ont point encore été annoncées hors de ses limites. De ce nombre sont les végétaux ligneux suivans, qui, par leur taille, se font remarquer plus aisément et peuvent ainsi la caractériser mieux.

L'olivier,	— *olea europæa.*
Le pin à pignon ,	— *pinus pinea.*
Le pin d'Alep,	— *p. alepensis.*
Le genévrier faux-cèdre ,	— *juniperus oxycedrus.*
Id. de Phénicie ,	— *j. phœnicea.*
Le frêne à fleurs ,	— *fraxinus florifera.*
Le styrax officinal,	— *styrax officinalis.*
Le caroubier à siliques ,	— *ceratonia siliqua* (craint les froids du nord de la région).
L'anagyre fétide ,	— *anagyris fœtida.*

Si nous cherchons à caractériser l'ensemble de cette végétation, nous trouverons que les familles des plantes où les espèces sont en plus grand nombre sont celles des *graminées*, des *labiées*, des *composées*, des *légumineuses* et des *crucifères*, comme dans le reste de la France, et ainsi ce premier aperçu nous annoncerait que les différences entre le reste de la France et notre région ne consistent encore qu'en nuances plutôt qu'en couleurs bien tranchées, cependant la quantité proportionnelle de ces plantes entre les deux régions n'est plus la même dans ces différentes familles; ainsi le nombre des graminées de toute

la France étant à celui des graminées de la région
des oliviers. . . . . : : 100 : 84
celui des légumineuses est. . . . : : 100 : 72
celui des labiées est. . . . . . . : : 100 : 69
celui des composées. . . . . . . : : 100 : 62
celui des crucifères. . . . . . . : : 100 : 55

Ainsi la proportion tend à s'affaiblir dans les
crucifères, puis les composées, puis les labiées,
ce qui est conforme à ce que nous avions déjà
sur l'ensemble de la végétation du globe, où ces
familles décroissent du nord au midi dans le
même ordre. Après ces nombreuses familles végétales viennent celles du second rang, dont les
espèces n'atteignent pas cent, mais surpassent
cinquante, et ici nous avons les *cypéracées*, les
liliacées, les *euphorbiacées*, les *rosacées*, les *ca-
ryophyllées*, les *renonculacées*.

Dans la flore des oliviers elles marchent dans cet ordre.	Dans la flore française, dans celui-ci.
1. Caryophyllées.	1. Caryophyllées.
2. Rosacées.	2. Rosacées.
3. Liliacées.	3. Cypéracées.
4. Cypéracées.	4. Liliacées.
5. Renonculacées.	5. Renonculacées.
6. Euphorbiacées.	6. Euphorbiacées.

On voit par là l'augmentation proportionnelle des liliacées et la diminution des cypéracées.

Mais, dans la flore française, si l'on en retranche la région des oliviers, le nombre des espèces des euphorbiacées n'est plus que de trente-huit, et une multitude de familles l'excèdent en nombre.

On voit donc ici la tendance de la nature à introduire une nouvelle famille qui s'accroît encore en nombre en avançant vers le midi. Cette famille présente la dégradation suivante : dans la région de l'olivier, cinquante-cinq espèces, dans le reste de la France, trente-huit ; en Allemagne, dix-huit, en Laponie, trois (1).

D'autres familles, quoique moins nombreuses, surpassent en nombre d'espèces dans la région des oliviers ce qu'elles en ont dans le reste de la France, et sont ainsi caractéristiques de notre flore. Nous mettrons au premier rang les borraginées, qui ont dans la région des oliviers quarante-deux espèces, dans le reste de la France, trente-neuf ; en Allemagne, vingt-six, et en Laponie, six.

Les malvacées offrent dans la région des oliviers vingt-deux espèces, dans le reste de la

(1) Humboldt, *De distributione plantarum*, page 31.

France, seize ; en Allemagne, huit, en Laponie, zéro.

Les cistes ont, dans la région des oliviers, vingt-neuf espèces, dans le reste de la France, vingt-deux.

Enfin les urticées, les aristolochées, les paronychiées, les amaranthacées, les plombagi-nées, les jasminées, les convolvulacées, les ébé-nacées, les apocynées, les térébinthacées, les hespéridées : toutes ces familles, peu nombreuses en espèces, ont pris le dessus dans la région des oliviers, tandis que les amentacées, les primula-cée s les gentianées, les éricacées, les campanu-lacées, les saxifragées, les crassulacées n'offrent pas la moitié autant d'espèces dans la région des oliviers que dans le reste de la France, et que même quelques unes, comme les saxifragées et les gentianées, n'en offrent qu'un très petit nombre.

A ces caractères frappans, à cette riche végéta-tion si bien tranchée de celle de la France même, et qui en fait comme une avant-garde végétale de l'A-sie et de l'Afrique, on ne peut faire moins que de connaître que le climat de l'olivier est bien cir-conscrit, bien naturel, et qu'il possède en lui-même des propriétés de climat que la nature a refusées aux régions qui l'avoisinent.

CHAPITRE V.

Limites physiques et géographiques de la région des oliviers.

Le climat d'un lieu résulte toujours de plusieurs élémens : 1° sa latitude ; 2° sa hauteur, qui se compte au dessus du niveau des mers ; 3° ses abris ; 4° sa position sur les côtes est ou ouest.

1°. L'olivier se trouve en Europe jusqu'au 46e degré de latitude, sur les bords du lac de Côme, en Illyrie, et près de Bex, en Suisse (1). Il se trouve, dans ces différentes stations, à plus de 200 mètres au dessus de la mer. Si l'on admettait donc que 200 mètres fussent pour le climat l'équivalent d'un degré de latitude, il s'ensuivrait que, les autres circonstances étant les mêmes, l'olivier pourrait croître jusqu'au 47° degré au niveau de la mer ; mais ces circonstances ne se retrouvent pas en Europe à une telle latitude au delà du 46° degré (2).

---

(1) Il a été dans cette dernière station, où je crois qu'il pourrait vivre d'après la végétation qui l'y entourait ; je crois qu'il en a disparu entièrement : voyez, au reste, Grafenried, *Société économique de Berne*, 1764, page 196.

(2) Le calcul de M. De Candolle, qui prend son point de départ

2°. La hauteur, au dessus de la mer, est un élément important d'un climat ; et, si ce que nous venons de dire est vrai, il s'ensuit que l'olivier peut se trouver sous le 44ᵉ degré, près de la limite des oliviers en France, et, toutes les circonstances étant favorables d'ailleurs, jusqu'à 400 mètres d'élévation ; cette hauteur équivalant à 2° de latitude. Or, cette assertion est exacte. L'olivier se trouve à cette hauteur dans tous les lieux montagneux, où il arrive à sa limite, en Languedoc et en Provence (1). En Corse, Voluey a trouvé l'olivier à Corte à 1,000 mètres de hauteur (2). D'après les mêmes données, il doit se trouver dans l'Atlas jusqu'à 2,400 mètres de hauteur ; et cette élévation n'effraiera pas, si l'on songe qu'il vient sur le plateau du Mexique jusqu'à 2,274 mètres d'élévation ; il y gèle quelquefois, mais c'est l'olivier d'Andalousie, bien plus

d'Ancône sur les bords de l'Adriatique, au lieu de le prendre du lac de Côme, et qui fait abstraction de l'élévation de ce lac au dessus de la mer, me paraît manquer de justesse. Voyez *Géographie des plantes* dans les *Mémoires de la Société d'Arcueil*, t. III, p. 277.

(1) J'ai vérifié plusieurs fois cette assertion, surtout dans le voisinage du Vigan et en Dauphiné, au dessus de Vinsobre et ailleurs. De Candolle a fait les mêmes observations. Voyez l'ouvrage cité, page 277.

(2) *Voyage en Amérique*, tom. 1, p. 142.

sensible au froid que celui de Provence (1). Or,
la limite nord de l'olivier dans le Nouveau-Monde
se trouve à 37° 50' de latitude ; à Santa-Clara,
en Californie (2), la différence en latitude de ce
lieu avec Mexico étant d'environ 18°. Il s'ensuivrait que l'on devrait trouver l'olivier près de
Mexico, à 3,600 mètres d'élévation ; et je pense
qu'il y viendrait aux abris, quoiqu'on ne l'ait
encore cultivé qu'à une hauteur moindre. Ces
conjectures se vérifieront peut-être quand la libre culture de l'olivier sera permise aux Amé-
ricains.

3°. Les abris causent de grandes modifications
dans la température. Nous avons déjà vu quelques uns de leurs effets, souvent très fâcheux
dans les circonstances du dégel ; mais, en général, ils contribuent singulièrement à élever la
température moyenne d'un lieu. Ces abris sont
plus élevés, plus ou moins étendus, plus ou
moins parfaits. Leur effet est de forcer le vent
du nord qui nous amène les froids à se détour-
ner, de sorte que l'on n'en reçoit que ce qui
franchit au dessus de l'abri, et par conséquent
à empêcher le mélange immédiat de l'air froid
que le vent entraîne, avec l'air de l'abri échauffé

(1) Humboldt, *Nouvelle-Espagne*, tom. III, p. 150, édit. in-8°.
(2) *Ibid.*, tom. II, p. 441.

par le soleil qu'il réfléchit. Quand l'air n'est pas
vivement agité par le vent, le mélange de l'air
froid environnant se fait très lentement. Il est
donc probable que la puissance de l'abri croît
plus rapidement que la proportion de sa hauteur. La bise nous vient d'en haut, sous un angle que j'ai trouvé variant autour de 15°; d'où il
suit qu'une hauteur de 200 mètres préserve une
distance de 2,160 mètres : c'est une lisière de
près de demi-lieue, qui se trouve alors dans notre
région, presque entièrement consacrée à la culture de l'olivier ou de la vigne. La température
moyenne y est, au moins, d'un degré plus élevée
que hors de l'abri; ainsi, à Marseille, mal
abritée de plusieurs côtés, la température moyenne
est de 15', tandis qu'à Toulon, beaucoup mieux
couvert, elle est de 16° 70' : différence d'autant
plus essentielle, qu'elle affecte principalement
la température des saisons froides.

Nous trouverons ailleurs les mêmes résultats.
A Milan, la température moyenne n'est que de
13° 20, tandis qu'aux abris du lac de Côme,
plus au nord, elle dépasse 15°, ce qui donne une
différence de 1°,40' produite par l'abri. Si l'on
compte un degré de température par degré de latitude, il s'ensuivrait que l'olivier abrité pourrait
remonter vers le nord 1°,42' plus haut que l'oli-

vier sans abri, en supposant les autres circonstances égales. Or, les oliviers sans abri, les plus
avancés dans le nord, sont ceux qu'on cultivé en
France, dans la plaine d'Orange, en Italie, dans
les environs d'Ancône; un intervalle de 1,°42'
rencontre les oliviers abrités de l'Istrie; en
France, il remonterait jusqu'à Lyon. Mais cette
ville étant élevée de 170 mètres au dessus de la
mer, ce qui équivaut à 48' de latitude, il s'ensuivrait qu'à un bon abri l'olivier pourrait être
cultivé auprès de Valence. On dit que cette culture y a été portée autrefois; mais soit que les
abris n'y soient pas favorables, ou que d'autres
cultures y soient plus avantageuses, elle a ré-
trogradé aujourd'hui jusqu'à Beauchâtel, à trois
lieues au midi de Valence. Telle est l'influence
de l'abri bien vérifiée.

4°. La position sur les côtes de l'Océan ou
dans l'intérieur du continent influe beaucoup
aussi sur la température : dans la première de ces
positions, les saisons sont plus pluvieuses, on
jouit moins des effets de la lumière solaire, mais
la température moyenne à l'ombre est plus égale,
et les hivers sont peu froids; aussi l'olivier qui
pourrait y vivre ne pourrait pas y fructifier, et
cette circonstance fait beaucoup reculer au midi
la limite de la région des oliviers sur les bords de

l'Océan. Les premiers oliviers ne s'y trouvent
qu'en Portugal, vers le 42ᵉ degré. Les effets de
ce voisinage paraissent donc être de porter la limite des oliviers plus de 2 degrés de latitude
vers le midi. Il nous sera maintenant facile d'appliquer ce que nous venons de dire à la position
géographique des limites de la région en France.
Elles n'ont point la direction rectiligne qu'Arthur
Young leur avait donnée. Cet auteur, ayant le sentiment intime de l'effet des climats océaniques,
avait tiré une ligne de Carcassonne à Montéli-
mart, coupant ainsi obliquement les méridiens
sous un angle de 5o degrés. Cette ligne représentait assez bien la direction de la région des oliviers
dans cette partie ; mais, venant à rencontrer les
Alpes, elle manquait totalement d'exactitude sur
la rive gauche du Rhône. Il est remarquable que
cette ligne était parallèle à celle qui représentait
dans le nord les limites des climats de la vigne et
du maïs ; et l'obliquité singulière de ces lignes
et leur concordance assez générale avec les faits
ont bien pu donner le premier éveil aux savans
sur les effets des climats océaniques.

Pour nous faire une idée exacte de la véritable
direction des limites géographiques de la région
des oliviers, nous remarquerons que, selon les
faits connus, d'après notre théorie, les côtes

26

françaises de l'Océan ne se prolongeant pas jusqu'au 42ᵉ degré, les limites de la région ne peuvent pas s'y rattacher ; elles ne commencent, en
effet, qu'à l'est d'une chaîne de hauteur (les
Corbières), qui semble faire la démarcation
des climats océaniques et méditerranéens. La ligne frontière de notre région part donc des Pyré-
nées, suit les Corbières, en passant par Arles,
Olette, Carcassonne ; elle s'infléchit ensuite vers
l'est, ne pouvant plus remonter au nord, à cause
de sa rencontre avec les montagnes du plateau
central de la France et des Cévennes, qui s'avancent à sa rencontre vers le midi ; mais elle suit
toutes les sinuosités de ces montagnes, se glissant
dans les gorges les mieux abritées. On la suit alors
à la montagne de Sidobre, entre Saint-Chignans
et Saint-Pons, à Lodève, au Vigan, à Saint-
Jean-du-Gard, Alais, les Vans, Joyeuse, Au-
benas, Beauchâtel, où elle rencontre le Rhône.

Au delà du Rhône, elle rencontre les Alpes, et
se comporte, à l'égard de cette chaîne, comme elle
a fait pour la chaîne centrale de la France et des
Cévennes ; mais, ici, la direction des Alpes la force
à rétrograder vers le midi ; elle cesse donc de
suivre la ligne imaginaire d'Arthur Young ; et,
continuant à pénétrer dans différentes vallées,
partout où elle rencontre une température con-

venable, elle se dirige par Donzère, Monségur, Nions, Villeperdrix, le Buis, Sisteron, Digne, Bargemont, etc., jusque sur la rivière de Gênes, où elle rencontre la mer. Telle est l'enceinte à laquelle la nature a assuré dans notre patrie le privilége de la culture de l'olivier. Puissent ses habitans ne pas négliger ses précieux dons !

SECONDE PARTIE.

CULTURE ACTUELLE DE L'OLIVIER ET SES RÉSULTATS ÉCONOMIQUES.

La culture de l'olivier a reçu peu de perfectionnement. Elle est encore presque au point où nos aïeux l'avaient laissée ; ou, si elle s'est améliorée dans quelques points, comme la construction des moulins, l'extraction de l'huile, etc., elle n'a subi aucun de ces changemens importans et décisifs pour les résultats économiques d'une culture, de ces résultats qui la rendent tout à coup facile et profitable, de pénible et onéreuse qu'elle était auparavant. Aussi ne peut-elle plus soutenir aujourd'hui la redoutable concurrence des autres cultures ; et celles du mûrier et de la vigne surtout lui disputent le terrain dont, jusqu'à ce jour, elle était en possession. Il faut donc

rechercher et trouver les causes de l'infériorité
d'une industrie qui l'a si long-temps emporté sur
les autres ; et, pour y parvenir, il faut s'en faire
d'abord une idée distincte, bien reconnaître les
circonstances de culture dans lesquelles l'olivier
se trouve placé, et, partant de ces données, nous
rechercherons les moyens de perfectionnement
qui peuvent rendre sa culture moins coûteuse et
plus productive.

Les frais de culture de l'olivier résultent principalement, 1° de la rente du terrain ; 2° des frais
de plantation ; 3° de la culture annuelle ; 4° des
engrais; 5° des frais de récolte ; 6° des intérêts
des capitaux avancés les années précédentes, augmentés d'une prime contre la mortalité proportionnée aux risques. Nous allons examiner suc-
cinctement chacun de ces divers objets.

CHAPITRE I.

Nature du terrain.

On consacre généralement à l'olivier les fonds
les plus maigres, les plus improductifs, pourvu
qu'ils soient bien abrités. Quelquefois on ne lui
donne qu'un trou fait dans un rocher, et dans ces
positions défavorables il vivra, comme l'oranger

dans sa caisse, pourvu qu'on lui fournisse d'a-
bondans engrais. Dans beaucoup de ces fonds, la
vigne et le mûrier ne rendraient qu'un produit
incertain, et c'est un avantage pour nos contrées
de pouvoir les utiliser de la sorte. Cependant,
l'olivier prospère mieux encore quand il est au
large, et que le sol qui l'entoure est meuble et
fertile; mais aujourd'hui on lui consacre rarement ces bons terrains : les creux abrités des rochers, quelque petit vallon étroit, qui monte en
serpentant sur une colline de rochers, et où s'est
ramassé un peu de terre végétale, le pied des
collines où se trouve une terre calcaréo-siliceuse
mêlée de nombreux fragmens de rochers, les
terres caillouteuses où la vigne a fini, tels sont
les terrains qu'on lui destine généralement. Les
notes nombreuses que j'ai prises sur la valeur des
terrains analogues à ceux où étaient plantés des
oliviers me prouvent que, privés de plantation,
leur valeur ne s'élève qu'à 200 à 400 fr. l'hectare au plus. Dans ceux qui valaient mieux, j'ai
reconnu des terres à seigle valant au plus 30 fr.
de rente; il en est de bien mieux placés, mais ils
sont en petit nombre, et je pense qu'en portant
à 20 fr. la rente moyenne de la terre où viennent
les oliviers, je suis au dessus de la vérité. C'est
cependant la base que je crois devoir prendre dans

mes évaluations. J'observe cependant que, pendant de longues années après la plantation, et jusqu'à ce que l'olivier soit en production pleine, il est d'usage de continuer à recueillir sur le sol les mêmes récoltes qu'auparavant : cette coutume est mauvaise, non seulement parce qu'elle est épuisante pour le sol, mais parce qu'elle fait manquer le plus souvent les momens les plus favorables pour la culture ; aussi n'est-elle pas suivie par les bons cultivateurs. L'inconvénient devient moindre quand on se soumet à ne pas ensemencer le pied des arbres ; mais il n'est pas cependant complètement détruit.

CHAPITRE II.

Frais de plantation.

Nous voyons de toute part des pépinières d'arbres fruitiers et forestiers ; chaque espèce obtient de nous, dans sa jeunesse, des soins et une culture soignée ; jusqu'à présent on n'a employé, pour reproduire l'olivier, que les rejetons poussés au pied des vieux troncs. Cette ressource était peu suffisante, dans la ferveur des grandes plantations.

En 1788, les arbres remis du grand hiver de

1709 portaient avec abondance et stimulaient de
toute part les cultivateurs à multiplier l'olivier.
Quatre-vingt-un [ans semblaient une garantie
suffisante contre les retours des grands hivers ;
on cherchait partout des plants, on en manquait.
Rozier, écrivant son article de l'olivier, désirait
un grand hiver pour les multiplier et étendre la
culture de cet arbre. Son vœu indiscret fut
exaucé : l'hiver qui suivit détruisit les olivettes ;
mais l'agronome célèbre, qui n'avait pas fait entrer dans ses calculs les effets moraux d'une mortalité, put voir avec surprise le découragement
gagner les cultivateurs, et les souches mêmes qui
devaient reproduire tant de rejetons, détruites de
leurs propres mains, extirpées jusqu'à la dernière racine ; les plants n'en furent que plus rares, et ils se sont toujours maintenus au prix de
2 à 3 fr., jusqu'à la mortalité de 1820.

On diffère beaucoup sur la distance à donner
aux arbres, dans les vergers. En Languedoc,
on les plante de 6 à 8 mètres de distance. Dans
les Bouches-du-Rhône, suivant qu'on les cultive
à bras ou au labour, on les plante à 4 ou 8 mètres ; ailleurs, on les associe à d'autres cultures,
et leur distance varie encore plus ; les circonstances locales doivent beaucoup influer sur leur
éloignement. Là, où l'on est entouré d'une nom-

breuse population agricole, et où l'on est sûr que
lès journaliers ne manqueront pas, il convient
de resserrer les arbres et d'en faire le travail à
bras. Les frais étant alors supportés par un plus
grand nombre de pieds, le dividende se trouvera
moindre. Mais s'agit-il de planter de vastes étendues de terrain, là où les ouvriers sont rares, il
faut se résoudre à espacer les arbres pour pouvoir les travailler à la charrue, et alors il faut
les planter à 7 mètres de distance. Chaque pied
occupe, dans cet état, 49 mètres carrés, et il
entre 204 pieds d'oliviers dans 1 hectare de
terrain.

On fait les trous de grandeur convenable pour
planter les oliviers, à raison de 20 c. la pièce.
Quoique cet arbre ne pousse pas de nombreuses
racines latérales, il peut être utile, cependant,
de pratiquer de grands trous, parce que la terre
remuée contribue à maintenir la fraîcheur autour
des jeunes plants. Chaque centaine d'arbres exi-
gera six journées pour être mise en terre ; les
journées étant à 1 fr. 85 c., ce sera 0 fr. 11 c.
à mettre pour cet objet à la charge de chaque
plant.

Pour peu que l'année soit sèche, il faut compter sur un arrosage au milieu de l'été. Cette dépense est très variable selon l'éloignement de l'eau.

J'ai éprouvé qu'en la tirant d'un puits éloigné de
200 mètres il en coûtait trois journées d'homme
et une de cheval, c'est à dire 7 fr. 40 c. pour
cinquante arbres, et par conséquent 0 fr. 37 c.
pour chaque pied ; mais cette dépense peut ne
pas avoir lieu, si les pluies se succèdent à propos pendant l'été ; circonstance trop rare dans nos
pays.

Enfin, il faut ajouter un dixième aux frais,
pour remplacer les plants qui ont manqué la première année. Ainsi, les frais de plantation d'un
arbre sont les suivans :

Un plant.	2^f	50^c
Un trou.	0	20
Plantation.	0	11
Arrosement.	0	37
	3	18
Remplacement.	0	32
Total des frais.	3	50

CHAPITRE III.

Cultures annuelles.

Le prix de la culture varie beaucoup selon le
mode de plantation. Quand les arbres sont peu
espacés et qu'on cultive les olivettes à bras, elle
se fait à raison de 22 fr. par hectare pour la première œuvre, et 16 fr. 5o c. pour la seconde :
total 38 fr. 5o c. On ne donne guère, dans ce
cas, que ces deux cultures aux oliviers. S'ils sont
plantés à 5 mètres de distance, il en entre quatre
cents dans 1 hectare, et leur culture coûte 10 c.
environ; il en coûte 19 c. si les arbres sont plantés à 7 mètres. Et qu'on ne croie pas que le travail à la charrue a pour but d'obtenir quelque
économie sur la culture, c'est la nécessité qui
oblige d'y avoir recours ; c'est le défaut de manœuvres dans le voisinage qui prescrit impérieu-
sement ce choix. Ainsi, aux environs de Tarascon et de Nîmes, on donne trois labours croisés
ou six labours à l'araire; chacun de ces labours
coûte 13 fr. 75 c., et la totalité revient à 82 fr.
5o c., ou pour chaque arbre 41 c., et même, en
ne faisant que quatre labours, comme dans certains pays, où l'on soigne moins les arbres, ils

n'en reviendront pas moins à 55 fr., et 27 c. par arbre, et j'ose affirmer que même les six labours n'équivalent pas, pour la netteté du terrain, à des œuvres à bras, et que les oliviers qui coûtent 41 c. sont moins bien tenus que ceux qui n'en coûtent que 10. Comment donc expliquer que, dans les pays même où les journaliers sont abondans, il puisse y avoir des travaux faits avec des attelages dans les olivettes? La cause est que ceux qui font ces labours coûteux sont des métayers, des fermiers, qui, ayant des bêtes à faire travailler, aiment mieux les employer dans les saisons mortes à travailler des oliviers qu'à les laisser oisifs, et que le travail de ces olivettes est le plus souvent assigné comme une charge à ces fermiers. Tout homme qui paierait ces travaux à prix d'argent donnerait sans doute la préférence aux travaux à bras.

Outre le travail des attelages, on donne deux cultures à bras au carré qui reste inculte au pied de chaque arbre, parce que la charrue ne peut s'en approcher tout à fait. On fait cette culture à 3 fr. le cent pour la première, et 2 fr. pour la seconde; mais j'ai éprouvé que ce travail ne pourrait être bien exécuté à prix fait, et qu'il exigeait des soins particuliers pour enlever et détruire le chiendent et les autres mauvaises her-

bes. Dans une olivette négligée depuis long-temps,
il m'en a coûté jusqu'à 10 fr. le cent pour la première œuvre, et 5 fr. pour la seconde. Quand
les arbres sont bien tenus depuis long-temps, il
n'en coûte que 7 fr. 5o c. pour les deux œuvres,
ou 7 c. et demi par arbre.

La taille doit aussi être faite à journée. Cette
importante opération ne saurait être exposée à
la négligence ou à la précipitation des ouvriers;
à prix fait, on prend 49 c. pour les gros arbres
et 25 pour les petits. La taille est bisannuelle, et
coûte 20 c. par pied de moyenne grosseur, étant
faite à journée, ce qui est singulier, puisque les
travaux sont ordinairement plus payés à journée qu'à prix fait; les rameaux, qui sont un vrai
régal pour les brebis, et le bois, dont on se
chauffe, peuvent valoir la moitié de ce prix. C'est
donc 10 c. tous les deux ans, et par conséquent
5 c. par an, que coûte la taille de l'olivier.

Les cultures seront donc ainsi qu'il suit :

1°. Culture à bras, arbres espacés à 5 mètres.

Labours. . . . . . . 10 ^{c}
Taille. 5
_____
15

2°. Culture à bras, arbres espacés à 7 mètres.

Labours. . . . . . . 19^c
Taille. 5
_____
24

5°. Culture à la charrue.

Labours. . . . . . . 41^c
Déchaussage du pied. $7\frac{1}{2}$
Taille. 5
_____
$53\frac{1}{2}$

CHAPITRE IV.

Engrais.

Les coutumes locales sont loin aussi d'être constantes, quant à la manière de fumer les oli- viers. Dans certains pays, on ne les fume jamais qu'en engraissant le terrain pour une autre ré- colte que l'on fait sous l'arbre; dans d'autres, on leur donne de l'engrais en abondance tous les trois ou quatre ans; à Fontvieille, on les fume toutes les années avec des roseaux à peine imbibés de substances animales et en petite quantité. Dans le Gard, on les fume généralement tous les deux ans, avec deux ou trois quintaux de fumier

pour les vieux, et 1 à 1 ½ pour les jeunes ; à Tarascon et Maussane, on ne donne cette quantité
d'engrais que tous les trois ans ; à Marseille,
selon M. Sinetty, on dispose de 50 quintaux d'engrais par quarterée de 200 mètres carrés, contenant quarante oliviers ou 125 liv. par olivier
annuellement (1). Nous voyons par là qu'un olivier doit recevoir environ un quintal de fumier
annuellement, en prenant la moyenne de toutes
ces quantités.

La valeur du fumier est très variable selon les
pays, les voisinages des villes, les cultures, etc.
Ainsi, à Avignon, il vaut ordinairement 60 c. le
quintal. La culture de la garance lui fait acquérir ce prix. Il a la même valeur à Strasbourg, où
l'on cultive le tabac. A Tarascon, il vaut, en
moyenne, 35 c., ainsi qu'à Nîmes ; à Marseille,
près de 50 c. (2) ; et, comme dans les pays même
où le fumier est le plus cher, on voit prospérer
ceux qui se livrent à son achat, on a droit de conclure qu'il n'est pas encore là à sa véritable valeur. J'ai essayé de la déterminer par des expériences exactes et par plusieurs analogies, et je
l'ai trouvée de plus de 1 fr., le blé valant 24 fr.

(1) *Annales d'Agriculture*, tom. XXXIX, p. 191.
(2) *Ibid.*

l'hectolitre. Mais ce n'est point ici le lieu de cette discussion ; nous nous contenterons de l'évaluer par une moyenne prise entre 60 c., prix le plus haut, et 35 c., prix le plus bas dans la région des oliviers (1), et nous verrons que le fumier se paie, en général, près de 45 c. ; son transport est aussi plus ou moins dispendieux selon les localités ; en général, on le prend à une distance telle que l'on puisse faire deux voyages par jour, et alors il coûte environ 4 fr. la charretée de 45 quintaux, ou près de 9 c. par quintal ; l'engrais revient donc, dans le plus grand nombre des positions, à 54 c. par quintal et par pied d'arbre.

On ne passe rien pour enterrer le fumier. Cette opération tient lieu de la première culture à bras au pied des arbres.

On supplée au fumier, dans certaines positions, par des engrais végétaux qui ne peuvent pas se trouver généralement. Ainsi, le buis est excellent partout où on peut se le procurer à bon marché ; les roseaux frais sont un engrais médiocre et qu'il faut renouveler souvent. On a employé jusqu'au

---

(1) Dans quelques lieux où la litière est abondante et les communications difficiles, comme à Arles, le fumier est à beaucoup meilleur marché ; mais, outre que ce sont des cas trop particuliers, les frais de transport ne permettent pas de charrier ce fumier bien loin.

sainfoin coupé frais, mais à défaut de tout autre fumier, car celui-ci revenait très cher; le succès de ces méthodes dépend entièrement des résultats économiques que l'on peut en retirer, et ces résultats doivent varier beaucoup selon les lieux, et ne peuvent jamais être d'un usage général.

CHAPITRE V.

Frais de récolte.

Les frais de cueillette sont plus considérables dans les mauvaises années que dans les bonnes, proportionnellement à la récolte, parce qu'il faut parcourir un plus grand espace pour ramasser la même quantité d'olives. On compte, en général, un sac d'olives pesant un quintal pour une journée de femme. L'expérience me prouve que l'on va rarement là, et qu'il faut en compter seulement les trois quarts d'un sac par ouvrière. Un sac d'olives fraîchement cueillies représente, en général, un décalitre d'huile, plus ou moins, selon les années. Les journées d'olivage sont environ de 75 c. à 1 fr.; en moyenne, 85 c. Cette opération met donc 85 c. à la charge de chaque décalitre d'huile.

Les frais de mouture varient beaucoup aussi

selon le plus ou moins grand nombre de moulins
et la concurrence qu'ils se font. A Marseille (1),
la mouture coûte 4 fr. par motte, qui rend trois
décalitres et un quart d'huile environ : c'est donc
1 fr. 25 c. par décalitre. A Tarascon, on paie
1 fr. de la piagne qui rend deux décalitres, et,
en outre, on donne un vingt-cinquième de l'huile
au maître du moulin. Si nous partons du prix
moyen de 18 fr. pour le décalitre d'huile, nous
aurons 60 c. pour le droit du moulin, et 1 fr. 10 c.
par décalitre.

Je ne parle pas de la manière irrégulière de
se payer en eaux grasses, qui a lieu dans quelques parties du Languedoc. Cette coutume entraîne de grands abus, parce qu'il est impossible
d'évaluer l'huile qui reste à la surface de l'eau.

Pour estimer complètement les frais de récolte
qui sont proportionnels à son abondance, il est
donc nécessaire que nous nous fassions une idée
précise de cette récolte elle-même, et nous im-
puterons ensuite 1 fr. 95 c. à la charge de chaque
décalitre d'huile récolté.

(1) Sinetty, *loco citato.*

27

CHAPITRE VI.

Intérêts et assurances.

Il y a bien des personnes qui se récrient encore
quand on leur parle d'intérêt d'argent dans les
entreprises agricoles; mais que les consciences
les plus timorées veuillent bien se rassurer. Il
n'est question ici d'aucune espèce d'usure; c'est
une manière de compter et de s'entendre, c'est
un moyen de comparer une récolte à une autre,
et d'en apprécier les profits relatifs. Ainsi, j'a-
chète une prairie 1,000 fr., et j'en retire immédiatement, dès la première année, 40 fr.; ou bien
je plante une olivette qui me coûte 1,000 fr. de
frais, et qui me rendra, au bout de dix-sept
ans, la même somme de 40 fr., il est clair que,
si je veux me rendre un compte exact du profit relatif de ces deux genres de propriété, il faut que
je réunisse au prix primitif de 1,000 fr. toutes les
sommes de 40 fr. que j'en aurai retirées pendant
dix-sept ans, plus encore les fruits que j'aurai
pu retirer de ces sommes employées utilement en
nouvelles plantations, et il n'y a personne d'assez
dupe pour ne pas préférer le premier emploi au
second, après avoir fait ce calcul. C'est donc à

tort que l'on prétend que le propriétaire ne doit pas compter l'intérêt de son argent dans les entreprises agricoles , et qu'en faisant ainsi il n'entreprendrait jamais rien ; sans doute , il cessera d'entreprendre des choses peu profitables , mais l'État et lui trouveront leur avantage à ce qu'il y renonce pour placer ses fonds dans les entreprises qui sont relativement plus avantageuses.

Il y a , de plus , une autre considération à faire, c'est celle des risques du capital. L'olivier n'a que quarante-cinq ans de probabilité de vie ; il faut donc ajouter aux intérêts une prime d'assurance pour la vie de l'olivier, de manière que le capital se trouve entièrement remboursé au bout de quarante-cinq ans. C'est deux et un quart pour cent de prime annuelle.

La vie moyenne de nos vignes et de nos mûriers étant à peu près de la même longueur que celle des oliviers, on pourrait mesurer l'intérêt à exiger des oliviers à celui que l'on peut retirer des plantations de ces arbres. Dans certaines localités, cet intérêt est énorme ; mais, dans les localités moyennes, je pense qu'il est aisé, en donnant à ces cultures les soins que l'on donne aux oliviers , de retirer 12 pour 100 des fonds qui y sont consacrés. C'est l'intérêt que procurent les garances bien conduites. Il paraît que c'est

l'intérêt agricole le plus ordinaire du fermier.
Ainsi, le bénéfice moyen de nos métayers, qui
ont un capital de 3 à 4,000 fr., est de 3 à
400 fr. (1). Pour que l'olivier ne fût pas au dessous de toutes ces évaluations, il aurait donc fallu
imputer aussi 12 pour 100 d'intérêt au capital
de plantation et au capital des cultures annuelles;
cependant je l'ai réduit, y compris la prime d'assurance, à 10 pour cent, pour ne pas excéder
des limites qui pourraient paraître trop avancées
à quelques uns.

Nous passerons donc 2 $\frac{1}{4}$ pour 100 pour prime
d'assurance du capital primitif, et 7 $\frac{3}{4}$ pour intérêts annuels. Cet intérêt semblera encore élevé,
eu égard aux intérêts que produisent les biens-
fonds que l'on achète; mais si l'on observe qu'il
faut des soins, une activité soutenue, la présence
souvent répétée du maître ou celle d'un surveil-
lant gagé pour mener à bien cette entreprise, on
pensera qu'un tel placement d'argent est plus onéreux que celui d'un simple achat de fonds que
l'on met en ferme, ce qui n'est qu'un placement
très solide d'argent, où le propriétaire se distingue
à peine du prêteur d'argent sur hypothèque. Voilà

(1) Voyez, ci-dessus, le Mémoire sur la culture du blé dans le
département de Vaucluse.

les motifs qui m'ont guidé dans mes calculs, et dont je devais le détail à mes lecteurs, surtout à ceux qui n'ont pas l'habitude des matières économiques.

CHAPITRE VII.

Produits des oliviers.

On imaginerait difficilement combien de soins j'ai été obligé de prendre pour donner une idée un peu exacte du produit de nos oliviers. Je m'attends donc que ceux qui examineront superficiellement ce chapitre ne seront pas tous de mon avis, et je dois compte des efforts que j'ai tentés pour approcher de la vérité. J'ai dû d'abord faire abstraction des olivettes soignées d'une manière particulière; elles sortaient trop de la situation commune, et m'auraient induit en erreur. Je n'ai pas dû calculer non plus sur les produits des cultures négligées, et je me suis adressé, pour prendre des notes, aux cultivateurs qui n'avaient de réputation ni en bien ni en mal.

En examinant les notes dont je publie aujourd'hui les résultats, j'ai observé plus d'accord entre elles que je ne pouvais en supposer d'abord. J'ai reconnu que l'olivier, placé dans les mêmes circonstances, donnait des produits qui se rapprochaient les uns des autres, et qu'ainsi cette culture dépendait beaucoup des soins, et était beaucoup moins capricieuse que l'on ne le croit communément. Les notes que j'ai recueillies sur les cultures très soignées me l'ont prouvé également. Voici donc le dépouillement de mes notes prises sur des olivettes soumises à la culture commune, que j'ai décrite plus haut. Le produit réel de l'olivier ne commence guère qu'à dix ans; avant cette époque, il faut souvent cent arbres pour produire un sac d'olives. Quand les arbres, selon la coutume, n'ont pas reçu d'engrais de bonne heure, de dix à quinze ans nous trouvons que les arbres n'ont pas rendu, en moyenne, un sac d'olives pour vingt-trois arbres. Après quinze ans, les cultivateurs ont souvent perdu la date précise de leurs arbres, et cette nouvelle difficulté m'a forcé d'englober dans les mêmes informations toutes les olivettes de quinze à trente ans. On pourra ensuite, en supposant que l'augmentation du produit a été progressive, estimer année par année le produit de l'olivier. Dans cet intervalle, il a produit, en moyenne, un sac d'olives pour douze arbres.

Au dessus de trente ans nous retrouvons la date de nos arbres, puisqu'ils n'ont pas été frappés par le grand hiver de 1789. Ces arbres, quand ils ont continué à être soignés médiocrement, produisent un sixième de sac en moyenne des années bonnes ou mauvaises ; ceux qui sont les plus beaux produisent un demi-sac en moyenne ; mais ces arbres sont rares dans la plus grande partie de la région.

L'expérience seule pourrait avoir plus de précision que les données que j'ai recueillies ; et je crois que c'est tout ce que l'on peut attendre de l'observation seule, quand elle manque du secours des renseignemens écrits que si peu de propriétaires ont l'habitude de tenir, et que la plupart n'aiment pas à communiquer.

D'après ce qu'on vient de lire, voici le tableau que l'on peut former des récoltes annuelles de l'olivier, en prenant pour base les données de l'observation, et en supposant que les récoltes ont augmenté progressivement.

	Réc. par arbre. Décalitre d'huile.	Frais de réc. par arb. Francs.
A 11.	0,035.	0,07
12.	0,039.	0,08
13.	0,043.	0,08
14.	0,047.	0,09
15.	0,051.	0,10
16.	0,055.	0,11
17.	0,059.	0,12
18.	0,063.	0,12
19.	0,067.	0,13
20.	0,071.	0,14
21.	0,075.	0,15
22.	0,079.	0,15
23.	0,083.	0,16
24.	0,090.	0,17
25.	0,097.	0,19
26.	0,104.	0,20
27.	0,111.	0,22
28.	0,118.	0,23
29.	0,125.	0,24
30.	0,132.	0,26
31.	0,139.	0,27
32.	0,146.	0,28
33.	0,153.	0,29
34.	0,159.	0,30
35.	0,166.	0,32

Il est remarquable que le développement de mes observations concorde avec un fait reconnu des agriculteurs, l'augmentation subite des produits vers la vingt-quatrième année dans une progression plus forte que celle qui avait lieu auparavant. Si l'on a la justice de ne pas comparer cette table à tous les cas et à toutes les situations, mais seulement à la masse des cultures, j'ose croire qu'on la trouvera assez approchante de la vérité.

CHAPITRE VIII.

Résultats économiques de la culture de l'olivier.

Les résultats de la culture de l'olivier peuvent être présentés sous plusieurs points de vue qui diffèrent tous beaucoup les uns des autres. Nous considérerons successivement, 1° la situation du propriétaire d'une olivette qui a plus de trente ans ; 2° d'une olivette qui a vingt-trois ans, âge moyen entre quinze et trente ; et 3° d'une olivette plantée à neuf : par ce moyen, nous acquérons une intelligence suffisante de ce qui fait la difficulté de la culture de l'olivier et des moyens d'y remédier.

§ I. *Situation du propriétaire d'une olivette*
de 35 ans.

Le propriétaire d'une vieille olivette qu'il tient
de ses pères ne s'occupe plus du capital qui y a
été dépensé jusqu'à lui, il se borne à comparer
ses produits aux productions d'un autre genre
qui l'environnent ; si son olivette se cultive à
bras, elle lui coûte :

Culture annuelle.	0^f	24^c
Engrais.	0	54
Frais de récolte.	0	32
	1	10
Produits, 0,166 décal. d'huile à 18 fr.	2	99
Reste en bénéfice. . . .	1	89

Et par hectare 385 fr. 56 cent., si les arbres
sont espacés à sept mètres, et 756 fr. s'ils ne le
sont qu'à cinq mètres ; produit de beaucoup supérieur à celui qu'on pourrait attendre d'un pareil espace de terrain par toute autre culture.

Cet aperçu doit nous faire juger de l'avantage
dont serait la culture de l'olivier dans les pays où
l'on ne craint pas les hivers, s'il y était conduit,

taillé, fumé convenablement, et que l'huile en fût extraite avec autant de soin qu'ici. Je n'hésite pas à la regarder, dans ce cas, comme la première des cultures, et la base de la prospérité des peuples qui avoisinent la Méditerranée, sous des abris ou à des latitudes plus favorables que les nôtres.

Le propriétaire d'une olivette, telle que nous la décrivons, enthousiaste de cette magnifique culture, regarde sans doute comme un blasphème, ou tout au moins comme des sophismes, toutes les objections que l'on élève contre son arbre favori. Son voisin, dont nous allons examiner la position, ne pense déjà plus si favorablement de l'olivier.

§ II. *Situation du propriétaire d'une olivette de 23 ans.*

Celui dont l'olivette n'a que l'âge de 23 ans, s'en voit traité différemment. Voici son compte s'il cultive à bras :

Culture annuelle.	0ᶠ 24ᶜ
Engrais.	0 54
Frais de récolte.	0 16
	0 94

$$Ci\text{-}contre. \quad \dots \quad o^r 94^c$$

Récolte. Décal. 0,083 d'huile à

18 fr. 1 49

Bénéfice. . . . . o 55

Si son olivette est espacée à sept mètres, c'est 112 fr. par hectare, prix inférieur à celui d'un pareil terrain cultivé en vigne ou en mûriers ; si elle l'est à cinq seulement, c'est 220 fr. par hectare ; rente qui commence à être assortie aux autres cultures industrielles.

Mais s'il cultive à la charrue, son compte devient celui-ci :

Culture annuelle. . . .	$o^r 53 \frac{1}{2}^c$	
Engrais.	o 54	
Frais de récolte. . . .	o 16	
Total. . . .	$1\ 23\frac{1}{2}$	
Récolte.	1 49	
Bénéfice seulement. . .	$o\ 25\frac{1}{2}$	

Et par hectare, 39 fr. 78 c., ou 32 fr. environ, selon l'espacement des arbres : revenu totalement disproportionné à celui des autres cultures qui entourent le cultivateur.

Ce propriétaire ne vit donc que d'espérance ; il voit, dans l'avenir, le moment où ses oliviers parviendront à un produit plus élevé, et il se console ainsi de l'attente.

§ III. *Situation d'un propriétaire qui plante une olivette.*

La situation du propriétaire d'une olivette de 20 ans donne beaucoup à réfléchir à celui qui veut s'engager dans une plantation d'oliviers, et au point qu'il est à craindre, dans ce siècle calculateur, que cette opération ne devienne de plus en plus rare, et que nos pertes en oliviers ne se réparent jamais, si nous ne trouvons un moyen de parer aux énormes inconvéniens qui se présentent.

Il s'agit, en effet, d'une dépense primitive, dont le capital doit s'accroître pendant un nombre d'années par des intérêts accumulés, et qui, encore à 20 ans, ne doit pas représenter, en mettant en oubli les fonds déjà dépensés, un revenu égal à celui des autres entreprises agricoles. Une telle opération doit répugner à un grand nombre de cultivateurs. Le désavantage de cette entreprise paraîtra clairement dans le tableau suivant des dépenses qu'elle occasione. Jusqu'à 10 ans, nous ne comptons pas dans les frais la rente de terre ni sa culture ; les usages généraux étant de l'occuper à d'autres récoltes, les frais sont alors :

Taille. . . . . 6 $\frac{1}{2}$ ^c

Culture au pied. . . . . 7 $\frac{1}{2}$

_____

14

Cette somme devra être réunie, chaque année, aux intérêts des frais de plantation, et nous donnera le tableau suivant :

1re année. Frais de plantation. . . 3^f 5o^c

Intérêts et prime. . . . o 35

Culture annuelle. . . . o 14

_____

3 99

Nota. Dans le compte des années suivantes, nous additionnons toujours les frais antérieurs, les intérêts, plus 14 cent. de culture annuelle :

2e. . . . . 4^f 52^c

3e. 5 11

4e. 5 76

5e. 6 47

6e. 7 26

7e. 8 13

8e. 9 o5

9e. 10 11

10e. 11 26

Ainsi, à la 10e année, chaque arbre coûte au propriétaire 11 fr. 26 c. de déboursés ou d'intérêts accumulés du capital avancé.

De 11 à 15 ans, il commence à y avoir une
petite déduction sur les frais, consistant en récoltes perçues. Nous établirons donc nos calculs
comme il suit (nous développons ceux de la
11ᵉ année, par donner le type dont nous nous
sommes servis pour ceux des années suivantes) :

11ᵉ année. Rente de la terre. 0ᶠ 10ᶜ

          Culture. 0 24

          Engrais, ½ d'une fumure

            complète. 0 27

          Frais de récolte. 0 7

          Frais antérieurs comme ci-

            dessus. 11 26

                        11 94

      Intérêts d'un an. . . . 1 19

          Total. 13 13

A déduire pour récolte déc ᵉ 0,055 à 18 f. 0 63

        Reste dû. 12 50

   12ᵉ année. 13ᶠ 80ᶜ
   13ᵉ. 15 16
   14ᵉ. 16 59
   15ᵉ. 18 11

De 16 à 30 ans, il faut donner une fumure

entière; ainsi, les frais deviennent comme il suit :

$$\text{Frais fixes :} \begin{cases} \text{rente.} \ldots . & 10^c \\ \text{culture.} \ldots . & 24 \\ \text{engrais.} \ldots & 54 \end{cases} 88^c$$

Et nous avons, pour la 16ᵉ année,

Frais fixes	0ᶠ	88ᶜ
Récolte.	0	11
Frais antérieurs.	18	11
	19	10
Intérêts et prime. . . .	1	91
	21	01
A déduire pour récolte..	0	99
Total pour la 16ᵉ année.	20	02

17ᵉ année.	22ᶠ	06ᶜ
18ᵉ.	24	23
19ᵉ.	26	59
20ᵉ.	29	06
21ᵉ.	31	94
22ᵉ.	34	51
23ᵉ.	37	61
24ᵉ.	40	90
25ᵉ.	44	42
26ᵉ.	48	18
27ᵉ.	52	20
28ᵉ.	56	52

29ᵉ. 61 15
30ᵉ. 67 31

Ce tableau montre d'une manière évidente que
la masse des frais dépassera toujours la recette;
la dette croîtra toujours sans jamais pouvoir être
éteinte; et si l'on considère d'ailleurs qu'à 30 ans
les intérêts et la prime se montent déjà, pour l'année suivante, à la somme de 6 fr. 73 cent., et
l'impossibilité d'atteindre à un produit pareil par
arbre, on se convaincra que les frais de planta-
tation ne pourront jamais être payés; que, dans
l'état actuel des choses, on ne parvient à trouver
un produit, dans une olivette que l'on a plantée,
qu'au moyen d'une banqueroute qu'on se fait à
soi-même, en mettant en oubli toutes les sommes
précédemment déboursées, et qu'ainsi cette opération est actuellement une opération essentiellement mauvaise et qui ne peut plus être entreprise que par des hommes peu calculateurs, qui
ne voient pas dans l'avenir, et sur le nombre des-
quels on ne peut compter.

Ce tableau ne serait nullement propre à rani-
mer la culture de l'olivier : il est donc temps d'en
présenter de plus rassurans, et d'indiquer les
moyens réparateurs auxquels nous ne pouvions
arriver qu'après en avoir démontré la nécessité.

28

TROISIÈME PARTIE.

Les calculs qui précèdent sont faits avec un trop grand désir d'impartialité, j'ajouterai trop en faveur des oliviers, pour qu'il puisse rester à qui que ce soit le moindre doute sur les résultats qui en découlent. Il paraît donc certain qu'au prix actuel du fumier, des travaux, et en suivant les anciennes méthodes de culture, cette branche d'économie est prête à nous échapper. Un sentiment confus de cette vérité précède tous les calculs; déjà l'on ne plante plus, déjà l'on délibère pour restaurer les olivettes endommagées. Après avoir parcouru toutes les phases, toutes les chances de la civilisation et de la barbarie, l'olivier semble venir échouer contre de nouvelles combinaisons et de nouveaux perfectionnemens qui le feront entièrement disparaître, si on ne lui en fait pas partager les avantages. Pour qu'il puisse résister à ces chances, il faut qu'il s'adapte la culture perfectionnée, qu'il entre dans le nouvel ordre de choses, et alors, soyons-en certains, il ne s'y montrera pas d'une manière désavantageuse.

En effet, l'olivier se cultive encore comme lors de son introduction dans nos contrées, et dans les

siècles où les produits commerçables étaient en petit nombre. Ainsi, quand les communications commerciales entre les peuples étaient peu fréquentes,
que le produit en vin se bornait à la consommation locale, que la culture du mûrier n'existait
pas, que le blé même excédait les besoins de la
famille et ne pouvait s'employer qu'en le faisant
gagner en nature à des ouvriers; quand les
pailles, au lieu d'entrer dans les engrais, se brû-
laient au four; quand cet état de choses était établi chez nous, on devait rechercher, mettre au
premier rang une récolte qui s'exportait facilement à cause de son petit volume, et qui était
d'une vente aisée. Alors tout était profit dans la
culture de l'olivier, on s'y livrait avec activité;
aucune culture ne pouvait lui faire concurrence,
et quelle que fût l'imperfection des méthodes relativement au temps présent, c'était, pour le temps
d'alors, la culture la plus soignée, la plus perfectionnée, et celle, par conséquent, qui rapportait
les plus grands profits.

Aujourd'hui, la culture a pris un essor pro-
digieux; ceux qui veulent se traîner sur les traces de l'ancienne routine restent dans la gêne,
tout sourit à ceux qui se sont livrés, depuis quelques années, à de grandes plantations de vignes,
de mûriers, à ceux qui ont consacré des engrais

abondans à la culture de la luzerne, de la garance, intercalée à celle du blé : il faut donc que
l'olivier suive ces progrès ou qu'il échoue dans
la concurrence.

Si l'on ne prend pas le parti d'introduire les
changemens que nous allons indiquer et de
donner une forte impulsion à ces améliorations,
le cultivateur aura beau se lamenter de la
perte d'un genre de produit qui lui échappe, le
pays aura beau désirer de se rendre indépendant
de l'étranger pour sa consommation d'huile,
le prétendu moraliste aura beau dire que l'on
ne songe plus à l'avenir, que le présent seul nous
occupe, que nos pères faisaient un usage plus
utile de leurs richesses en les léguant à leurs
descendans transformées en beaux vergers d'o-
liviers, il aura beau s'écrier avec Horace :

Pejor avis......
Nos nequiores......

toutes leurs doléances échoueront contre la force
des choses; l'olivier rétrogradera vers le midi,
et à la prochaine mortalité il n'existera plus que
sur les revers les mieux abrités de la côte.

C'est à ce résultat douloureux, mais trop certain, que nous allons essayer d'opposer des re-
mèdes efficaces. Puissions-nous réussir à fixer

chez nous cette culture précieuse, privilége glorieux de la terre fortunée qui fut le berceau de
la civilisation des Gaules!

La culture moderne se distingue, par deux
points principaux, de la culture ancienne; amélioration des procédés mécaniques de culture,
emploi plus abondant et plus judicieux des engrais. Ainsi, tenir la terre meuble et nette au
moins de frais possible, et connaître et atteindre
le maximum de production d'une culture donnée au moyen d'engrais suffisans pour fournir un
aliment à cette production, diminuer ainsi les
frais de main-d'œuvre qui s'étendent sur une
moins grande surface pour obtenir les mêmes
produits, tel est le véritable secret agricole auquel on peut parvenir d'un grand nombre de manières diverses selon les localités, mais qui fait
pourtant la base de toute amélioration réelle de
notre art.

D'après ce que nous avons dit, les améliorations de la culture de l'olivier pourront porter
1° sur les moyens de se procurer du plant, 2° sur
les moyens de le planter et de le soigner en terre,
3° sur les moyens d'atteindre le maximum de production de l'arbre. Ce qui va nous fournir le sujet de cette troisième partie.

CHAPITRE I.

Moyens perfectionnés de se procurer du plant de l'olivier.

Si quelqu'un pouvait croire exagérée la pro-
messe de procurer du plant d'olivier à un prix
beaucoup moindre que ce qu'il valait avant la
mortalité, je me bornerais à lui citer un fait rap-
porté dans les voyages botaniques de M. De Candolle. M. Rusca, propriétaire toscan, a retiré
de grands bénéfices d'un petit terrain, par la
multiplication des oliviers, quoiqu'ils ne coûtent
dans son pays que 1 fr. 50 c., c'est à dire moitié seulement de ce qu'ils valent en Provence (1).
Ce succès tient aux méthodes que cet agronome
employait pour se procurer du plant ; il faisait
des pépinières.

On a tenté souvent en France d'encourager la
formation de ces pépinières. Un prix proposé par
la Société d'agriculture de Paris, pour les semis
d'oliviers, n'a jamais été adjugé. M. Gasquet, du
Var, et Bernardy, de l'Ardèche, obtinrent des
médailles d'encouragement pour des semis d'oli-

(1) *Mémoires de la Société d'agriculture de la Seine*, tom. XII,
page 246.

viers. J'ai vu les travaux de ce dernier ; ils annonçaient un succès décisif à celui qui voudrait marcher sur ses traces ; personne ne l'a imité en grand. Quelques personnes l'ont imité en petit et n'ont pas bien réussi ; il faut dire un mot des obstacles qu'elles ont éprouvés. Le premier et le plus grand est le temps fort long que le noyau de l'olive reste en terre avant de germer. Il est facile de perdre patience, quand il faut quelquefois, pendant deux ans, tenir un terrain net de mauvaises herbes sans voir paraître de résultat. Souvent aussi, dans ces sarclages, les jeunes pousses d'oliviers ont été confondues avec les mauvaises herbes. Le second obstacle consiste dans la persuasion que ce ne sera qu'après dix ou quinze ans que l'on obtiendra des plants propres à la vente. Mais comme ici l'engrais n'est pas sujet à être dispersé en pure perte au pied de faibles plantes, et qu'on peut au contraire avancer beaucoup la croissance des plants en les en faisant profiter, ils pousseront bien plus vite que dans les olivettes, et seront à fruit aussitôt que des plants de pruniers, abricotiers et autres arbres, c'est à dire à la sixième ou septième année après leur ensemencement, époque à laquelle nous avons l'expérience qu'ils ont acquis une grosseur suffisante pour être transplantés.

Outre la méthode du semis , on peut employer aussi d'autres méthodes pour se procurer du plant : voici le détail de ces opérations :

1°. On prend du vieux bois qui porte des protubérances gemmiformes, et on les plante au printemps dans une terre meuble. J'ai regarni plusieurs olivettes avec du plant que l'on s'était procuré de cette manière après l'hiver de 1789.

2°. On plante une branche d'olivier bien saine, de la longueur d'un mètre au plus et de cinq à six centimètres de diamètre; on l'enfonce en terre des trois quarts de sa longueur, et on la taille rez sol , en couvrant de mastic de poix , de goudron ou tout autre corps imperméable à l'humidité et à l'air, la coupe supérieure. Cette branche ne tarde pas à produire des racines et des jeunes sujets. Cette méthode est celle pratiquée en Toscane par M. Rusca. Elle était connue des anciens, et recommandée par les anciens auteurs des Géoponiques (1).

Il entre, dans un décare de terre, 1,564 plants. Les frais peuvent être estimés de la manière suivante : ils seraient les mêmes pour les autres méthodes de propagation.

(1) Lib. IX, cap. V.

1°. Rente du terrain pendant 7 ans. 140^f »^{c}

2°. Fumier, 5 charretées à 20 fr. . 100 »

3°. 1,564 plants qui n'ont coûté que les frais de semis et qui seront bien vendus à 1 fr. le cent. 15 64

4°. Travailler le terrain à deux profondeurs de bêche. . . . . 12 »

5°. Trois cultures à la houe par année à 3 fr. . . . . 63 »

6°. Pour greffer, ébourgeonner. . 78 20

7°. Intérêt de ces sommes à 10 p. $\frac{0}{0}$. 40 88

449 72

Si nous supposons que les plants se réduisent à 1,000, il y aura 0 fr. 45 c. à la charge de chaque plant, ce qui en forme le prix réel : on voit ce qu'il y aurait à gagner en les vendant seulement 1 fr.

Il est donc impossible de nier que l'on ne pût avoir des plants d'oliviers à un prix inférieur à tout ce que l'on pouvait imaginer jusqu'ici.

CHAPITRE II.

Des vergers d'attente.

Quelque avantage qu'il y ait à se procurer du

plant à bon marché, j'ai pensé qu'il ne suffisait pas d'obtenir ce résultat; et, réfléchissant à la propriété de l'olivier, qui se transplante à tout âge, reprend avec facilité et regagne en peu de temps le degré où il était parvenu auparavant, j'ai cru que le principal de l'amélioration devait porter sur la plantation d'arbres assez bien venus, assez gros pour pouvoir entrer immédiatement en production. Ce procédé nouveau est ce que j'appellerai des vergers d'attente.

J'entends, par ces mots, les pépiniéres éclaircies préalablement, par le prélèvement d'une moitié des plants. A partir de l'âge de sept ans, on les fume avec abondance tous les deux ans, de manière à avoir, à 14 ans, des arbres d'une venue, d'une grosseur et d'une production qui dédommagent immédiatement le cultivateur.

Voici les détails de cette opération :

A 7 ans, le décare de pépinière a coûté. 521ᶠ 24ᶜ

On prélève la moitié des plants à 52 c.
Ce sont 500 plants qui valent. . . . . 260 »

———————

781 24

1°. Reste pour le prix des plants

restans. 261 24

2°. Rente de la terre pendant 7 ans. 140 »

3°. Trois fumures à 5 charretées de
fumier à 20 fr. . . . . 300 »

4°. Culture annuelle. . . . . 72 »

5°. Taille et soins. 78 20
                                      ⎯⎯⎯⎯⎯⎯
                    Total. . . . 851 44

6°. Intérêts de la valeur à 10 p. ⁰/₀,
la dépense divisée par septième, ac-
crue, chaque année, des septièmes
précédens. 339 24
                                      ⎯⎯⎯⎯⎯⎯
                              1,190 68

Voici ce que coûteraient 500 plants, en ne
supposant aucune récolte d'olives; c'est 2 fr. 38 c.
par pied, c'est à dire un prix encore inférieur à
ce que nous payons des plants chétifs. Mais
comme il est impossible d'admettre la supposition que ces oliviers ne se mettront pas à fruit,
et qu'au contraire tout porte à croire que, vers
leur onzième année, ils porteront au moins une
récolte égale aux plants tirés des olivettes, après
qu'ils ont langui le même espace de temps en
terre, on voit qu'il faudrait admettre que, jusqu'à 15 ans, chaque olivier aurait produit 215 décal. d'huile, c'est à dire environ un cinquième

de décalitre qui aurait une valeur supérieure au
prix de l'olivier. Le verger d'attente n'aurait
donc rien coûté, en définitive ; et, au contraire, le
prix des arbres, à 15 ans, serait tout en bénéfice. Je crois ce résultat très probable ; mais, si on
ne veut pas l'admettre à *priori*, toujours est-il
bien certain que, pour 2 fr. 38 c., on peut se
procurer de superbes plants, prêts à produire,
et qui, après la plantation, n'exigeraient que
deux ans pour réparer leur ramure et se mettre
tout de suite en production équivalente au moins
aux arbres qui ont 10 ans de plantation. Ce résultat, qui ne peut être refusé, est ce qui doit
faire le succès de ce mode de culture ; il consiste
à planter de beaux plants, bien venans, prêts à
se mettre à fruit, et qui ne laissent pas attendre
long-temps les déductions qui doivent amortir la
dette et empêcher l'accumulation des intérêts ; et,
pour se les procurer, d'avoir des pépinières établies sur un terrain bien choisi, bien fumé ;
éclaircies à un âge où les arbres grossis pourraient se nuire par leur rapprochement. Ainsi,
les champs ne sont occupés qu'au moment où la
production va commencer ; l'on n'est pas obligé
de travailler à pure perte de vastes surfaces ; tout
l'engrais profite aux plants qui en sont abondamment pourvus, et n'est pas entraîné par les la-

bours et les déchaussemens hors de la sphère
d'activité de leurs racines.

CHAPITRE III.

Changement dans le mode de plantation.

Partout, où la classe ouvrière est nombreuse,
on ne doit pas hésiter à planter les olivettes à
5 mètres de distance, pour être travaillées à
bras; et, dans ce cas, on doit borner à 60 dé-
cimètres la hauteur des troncs, qui deviennent
beaucoup plus vigoureux et se chargent d'une
belle ramure, quand le tronc est moins élevé.
Cette amélioration importante m'a paru produire les meilleurs effets dans les plantations où
elle a été pratiquée. On doit interdire l'entrée
des troupeaux dans ces sortes de vergers; mais
cette interdiction ne devrait-elle pas être générale? et d'ailleurs ce genre de produit ne devient-
il pas peu important quand les arbres couvrent
aussi complètement le terrain, et rapportent des
produits si beaux en comparaison de la valeur de
quelques herbes qui croissent à leur pied.

Quand on est forcé de s'en tenir aux labours à
la charrue, on tombe dans les deux inconvéniens, d'être obligé d'espacer davantage les ar-

bres, et de ne pouvoir les tenir bas : il faut leur
donner une hauteur suffisante pour que les bêtes
de travail puissent les approcher beaucoup.

Une des dépenses principales de la plantation
consiste dans les arrosemens du premier été, indispensables dans beaucoup de circonstances. J'ai
trouvé la manière de les éviter, et elle favorise
singulièrement la reprise et la pousse des plants.
Elle consiste dans le changement de l'époque de
la plantation. L'olivier, planté à la fin de mars,
est souvent surpris par les grandes chaleurs et
les sécheresses, avant qu'il ait complété sa reprise ; alors il souffre beaucoup et ne pousse
quelquefois qu'au printemps de l'année suivante;
mais en le plantant en novembre ou en décembre, comme je le propose, l'arbre emploie l'hiver à s'enraciner, il pousse vigoureusement au
printemps, et se met ainsi à l'abri des sécheresses de l'été.

Il y a déjà long-temps que je soupçonnais que
l'époque du printemps pour la plantation de tous
les arbres verts était un préjugé importé du nord.
Je m'en suis convaincu par plusieurs plantations
de cyprès qui ont très bien réussi, quoique faites
en automne. Enfin, j'ai été assez hardi pour hasarder cette opération sur des oliviers, qui tous
ont très bien profité ; et même je citerai quel-

ques sujets transplantés dans l'automne de 1819, et qui ont échappé au froid de 1820, quoique leurs voisins en aient souffert. La théorie est ici bien d'accord avec la pratique, et pouvait nous faire prévoir ce résultat.

Knight a prouvé que la sève propre des arbres s'assimile, en circulant, dans les feuilles d'où elle descend le long de l'écorce (1); il a prouvé que le mouvement de la sève ascendante est presque arrêté dans l'automne et l'hiver, mais qu'à cette époque, la sève propre, descendant des feuilles, existe déposée dans les vaisseaux de l'aubier (2). Dans les arbres toujours verts, les fonctions des feuilles se prolongent pendant l'hiver, continuent à fournir de nouveaux sucs, de nouveaux matériaux à cette sève propre. D'où il suit qu'un des moyens les plus sûrs de prévenir la gelée de l'écorce en arrêtant la formation de cette sève serait d'effeuiller les arbres verts pendant cette saison. Or, en plantant les oliviers on les étête, on les prive de leurs feuilles, et par conséquent on arrête la production de cette sève, et l'on prévient ainsi les effets de la gelée. On sait, d'ailleurs, que la terre remuée est un moins bon

(1) *Philosophical transactions*, 1807. On the formation of the bark.
(2) *Ibid.*, 1804. *Experiments and observations* (1805) *concerning the state*, etc.

conducteur du froid que la terre compacte, et qu'ainsi les racines des arbres nouvellement plantés sont moins exposées que celles des autres. On évitera donc tous les accidens de la sécheresse d'été, sans compromettre le succès des plantations, en choisissant la fin de l'automne pour les faire.

Comment donc expliquer la coutume contraire, si ce n'est en disant que les acheteurs des plants ont voulu seulement ne pas courir la chance d'un grand hiver, qui les prive, dès le début, de leur capital? Il paraît, au reste, que les anciens conseillaient de planter en automne, et que cet usage s'est conservé en Italie.

Au reste, je suis loin de conseiller aucune diminution dans les autres frais employés à la plantation; je crois, au contraire, que, quand on plante des arbres serrés, il convient, pour leurs progrès futurs, de faire un défoncement complet du terrain à deux fers de bêche de profondeur, ou l'équivalent avec la pioche. Ce défoncement a des effets très prolongés, et les arbres y réussissent particulièrement bien; les intempéries des saisons pénètrent moins le terrain, la pluie ne séjourne pas dans les creux des arbres, mais se répartit dans tout le terrain, la fraîcheur s'y maintient mieux; la sécheresse ne le pénètre pas, non plus que la gelée.

D'après ces données, les frais de plantation
sont les suivans :

*Premier cas. Plantation à peu de distance, avec
des plants de sept ans pris dans la pépinière.*

Un plant. 0ᶠ 52ᶜ
Défoncement général du terrain,
  à 132 fr. par hectare et par
  arbre. . . . . 0 33 ⎫
Un trou fait dans la terre dé-   ⎬ 0 54
  foncée, ½ de la valeur ordinaire. . . . . 0 10 ⎭
Plantation. . . . . 0 11 ⎩
Remplacement, 1/10. . . . . 0 10
                         ———
                         1 16

*Second cas. Plantation à peu de distance, avec
des plants pris dans les vergers d'attente.*

    Un plant 2 38
    Autres frais comme ci-dessus. 0 54
                  ———
                  2 92

Troisième cas. Plantation à distance d'un arbre pris dans les pépinières.

Plant.		0ᶠ 52ᶜ
Un trou.	0 20	⎫
Plantation.	0 11	⎬ 0 31
Remplacement.		0 08
		———
		0 91

Quatrième cas. Plantation à distance d'un arbre pris dans les vergers d'attente.

Plant.	2 38
Frais comme ci–dessus. . .	0 31
Remplacement, $\frac{1}{10}$.	0 26
	———
	2 95

Que l'on remarque, dans ce tableau comparé à celui de la deuxième partie, les différences dans la perfection et dans les frais; d'un côté, nous plantons pour 3 fr. 50 c. un arbre chétif, destiné à languir de longues années ; ici, nous plantons un arbre qui l'égale au moins, et avec des soins beaucoup plus grands, pour 1 fr. 16 c., et par les mêmes procédés, avec 0 fr. 91 c. ; et

quand nous voulons planter des arbres bien supérieurs à ceux que l'on plante communément,
prêts à entrer en récolte, nous y parvenons pour
2 fr. 95 c., et pour 3 fr. 02 c. si nous lui consa-
crons un défoncement général. Voilà les avantages
immenses qui doivent découler de l'établissement
des pépinières et de leur transformation en vergers d'attente : nous les verrons bientôt d'une
manière encore plus positive.

CHAPITRE IV.

Cultures annuelles.

La réduction des frais ne peut s'opérer sur les
terrains cultivés à bras, dans les pays où les ouvriers sont communs, surtout si les oliviers sont
peu espacés; mais on peut diminuer beaucoup
ces frais dans ceux où les cultures se font à la
charrue.

Veut-on savoir quelles sont les cultures nécessaires pour entretenir les arbres dans un état de
prospérité? On trouve qu'il suffit d'un labour
profond chaque année, et de tenir ensuite la surface du terrain meuble et nette de mauvaises
herbes, par le moyen de plusieurs labours su-

perficiels. On emploie, pour cette culture, une charrue à versoir, telle que celle de Dombasle ou le *coutrier* usité dans nos provinces. Ainsi, au lieu des deux premiers labours à l'araire simple, sans versoir, je pense qu'il faut donner un labour croisé à la charrue; la terre est ainsi pénétrée profondément, et les plantes adventices sont renversées, et non pas seulement déplacées comme cela a lieu avec l'araire. Ce changement a, d'ailleurs, été opéré dans un grand nombre de localités, et on s'en est trouvé parfaitement bien. La charrue, attelée de deux bêtes, dont on fait usage, ne fait pas un travail plus cher que l'araire, quoiqu'elle creuse davantage; elle retourne aussi une tranche plus large : ainsi nous aurons, pour ces deux travaux, 27 fr. 5o cent. par hectare, comme pour les travaux à l'araire, et par conséquent o fr. 13 c. par olivier planté à sept mètres de distance.

Ce labour, commencé aussitôt après la cueillette des olives, doit se prolonger au plus pendant la première quinzaine de janvier. Quant aux autres labours de printemps et d'été, il y a une véritable duperie à les accomplir avec l'araire, qui effleure si chèrement la surface du sol. En voyant faire ce travail, il semble que l'on ait pour but de

procurer une promenade de santé aux animaux
de trait, tant leur force est peu employée. Quand
on veut purger la terre de mauvaises herbes et
en ameublir la superficie, la nouvelle agriculture
nous offre des instrumens bien plus utiles et bien
plus expéditifs. Au premier rang de ces instrumens, on doit mettre l'extirpateur, dont le meilleur modèle paraît être celui qui a été perfectionné par M. de Dombasle (1). Cet instrument
fait un ouvrage excellent; et sa simplicité, son
utilité, sont saisies et appréciées à l'instant par
les ouvriers, ce qui est une preuve non équivoque
de son mérite.

L'extirpateur à six socs veut être conduit par
quatre chevaux et deux hommes; il fait aisément
trois hectares dans la journée, et un hectare et
demi croisé. Sa journée coûte comme celle de
deux coutriers, c'est à dire 13 fr. 75 c., et 9 fr.
17 c. par hectare de labour croisé; c'est le tiers
de ce que coûte un beaucoup plus mauvais travail
fait à l'araire. On aura donc, pour chacun de ces
labours croisés, 4 $\frac{1}{2}$ c. par arbre; et pour deux de
ces labours croisés, l'un dans le printemps et
l'autre en été, 9 c.

En introduisant l'extirpateur dans nos oli-

(1) Voyez les *Annales de Roville*.

vettes, on obtiendra donc la culture totale de l'olivier au prix suivant :

Première culture à la charrue. . . 0ᶠ 13ᶜ
Seconde culture à l'extirpateur. . . 0 9
Travaux à bras. . . . . 0 7 ½
Taille.   5
                                 ――――――
                              0 34 ½

Mais quand on ne peut disposer que de deux bêtes de trait, on ne peut pas employer l'extirpateur, et alors j'ai vu faire un travail tout aussi bon avec une ratissoire à cheval (*shim* des Anglais), dont la lame avait quarante centimètres de largeur, et qui creusait la terre à plus de seize centimètres de profondeur, coupant toutes les mauvaises herbes et ameublissant le terrain d'une manière étonnante. Cet instrument se fabrique et se répand dans nos pays. Son travail veut être croisé par un coup de herse chargée, et il est infiniment meilleur que ce qu'on pourrait attendre de deux raies d'araire.

Une ratissoire pareille fait aisément son hectare dans la journée. 6ᶠ 80ᶜ
La herse fait, au moins, deux hectares. 3 40
                                              ――――――
                                              10 20

Et, pour les deux labours de printemps et d'été, 20 fr. 40 c., ou 10 c. par olivier par an : ainsi, par ce moyen, la culture de l'olivier coûtera :

Première culture à la charrue. . . .	0^f 13^c	
Seconde et troisième cultures à la ra-		
tissoire et à la herse.	0	10
Travaux à bras.	0	7 $\frac{1}{2}$
Taille.	0	5
		35 $\frac{1}{2}$

Ainsi, les frais de culture des bêtes de travail sont descendus de 53 $\frac{1}{2}$ à 35 $\frac{1}{2}$ c. C'est un bénéfice annuel de 18 c. par arbre ; et, quoique la culture à bras présente encore des bénéfices, il est bien douteux que les arbres soient tenus en aussi bon état avec deux seules cultures que celui qu'ils recevraient avec une culture aussi parfaite que celle que nous venons de décrire. D'ailleurs, ces moyens économiques généralisent la culture de l'olivier, la rendent praticable sur de grands espaces, loin des villes, d'où la cherté des méthodes actuelles ne devait pas tarder de la bannir.

CHAPITRE V.

Moyens d'atteindre le maximum de production de l'olivier.

Il est bien reconnu, de tous les agriculteurs instruits, que les cultures ne deviennent profitables qu'autant qu'on leur applique une quantité suffisante d'engrais. Alors la quantité de travail restant la même, les produits bruts augmentent, et par conséquent les produits nets.

Cette vérité, appliquée avec tant de fruit à d'autres cultures, reconnue même en partie pour les oliviers qui sont en pleine production, semble être ignorée pour les jeunes pieds qui ne produisent pas encore; et même, il faut le dire, nos gros oliviers ne reçoivent presque nulle part la quantité d'engrais propre à les saturer, et à obtenir ainsi le maximum de production qu'ils peuvent donner.

Il faut introduire à cet égard de grands changemens dans la culture des oliviers; il faut perfectionner à la fois le mode de placement du fumier, en augmenter la quantité, et examiner les effets qu'on peut en attendre sur les jeunes pieds.

Nous allons examiner ces différens objets dans ce chapitre.

§ 1. *Rapport des engrais à la récolte d'huile.*

Une série d'expériences très soignées pouvait seule nous apprendre le vrai degré de saturation de l'olivier, c'est à dire le point où ses organes ne peuvent plus suffire à s'assimiler l'engrais que l'on met à sa portée. Nous verrons que ce point est infiniment plus éloigné que nous ne pouvons l'imaginer. Il est très difficile d'apprécier aussi ce que le fumier peut ajouter à la production de l'olivier avant le point de saturation ; cependant, nous avons, au moins, quelques données pour résoudre cette dernière question ; c'est l'examen des arbres qui sont fumés et de ceux qui ne le sont pas, et la comparaison de leurs produits. Ayant examiné plusieurs situations qui m'ont paru semblables, et ayant comparé les produits de celles où les oliviers étaient fumés et de celles où ils ne l'étaient pas, ayant eu occasion ensuite de connaître des olivettes où les engrais étaient répartis beaucoup plus largement, nous avons vu que les produits en huile étaient toujours concordans avec la quantité de fumier accordée; point des plus importans pour fonder les spéculations en cette

matière, et qui peut servir à asseoir sur une base
solide celles des agriculteurs, quand, par une plus
longue série d'expériences, il sera mis entièrement hors de doute. En attendant, voici nos résultats.

Sept années du produit d'une olivette composée de seize cents jeunes pieds et non fumée
ont donné par produit moyen quarante décalitres d'huile pesant 20 liv. . . . . . . 800 liv.

Le même nombre d'années du
produit d'une olivette composée d'un
même nombre de pieds d'un même âge
et fumée a donné pour produit moyen
quatre-vingt douze décalitres d'huile. 1,840 liv.

Reste pour l'effet du fumier. . . . 1,040 liv.

L'olivette fumée recevait, tous les trois ans,
mille quintaux de fumier ; ce serait environ trois
livres d'huile par quintal de fumier qu'elle aurait
produites en plus. Cette série d'observations est
assez longue et prise sur un assez grand nombre
d'arbres pour offrir quelques motifs de sécurité.

Le produit des gros arbres nous donne à peu
près les mêmes résultats ; leur récolte varie dans
cette proportion selon la quantité de fumier qu'ils
reçoivent : ainsi, des arbres de trente ans, qui
n'avaient pas reçu d'engrais depuis long-temps,

produisaient un cinquième de décalitre d'huile,
et ceux qui étaient auprès et qui recevaient, tous
les trois ans, six quintaux de fumier ou deux par
an, produisaient, en moyenne, dix livres d'huile
ou un demi-décalitre ; cette observation, que j'ai
souvent renouvelée ; porte l'effet du fumier à une
même valeur.

Les anomalies que j'ai cru remarquer quelquefois ne proviennent que de la différence de
valeur du fumier : ainsi, j'avertis que j'entends
ici par fumier un mélange de paille et d'engrais
de cheval, fait dans une telle proportion et à un
tel point de fermentation, 1° qu'il soit chaud à
l'intérieur ; 2° que, sortant de l'écurie sans avoir
été entassé, il pèse vingt-deux kilogrammes le
pied cube ; 3° qu'ayant été entassé et pressé dans
la charrette ou dans la mesure, il pèse trente-deux
kilogrammes le pied cube. Ceci écarte d'abord,
1° tous les engrais trop pailleux, composés en
plus grande partie de roseaux : ceux-ci ne pese-
raient pas le poids requis ; 2° les engrais trop
humectés et qui contiendraient peu de parties
animalisées : ceux-ci manqueraient de chaleur.

Voilà donc quel paraît être le rapport du fumier à la récolte d'olives : cette donnée est précieuse, mais il serait utile aussi de connaître à
quel point une quantité d'engrais surajoutée ne

produirait plus d'effet; ou, en d'autres termes, le
point de saturation de l'olivier. En fumant, toutes
les années, ses olivettes situées à S., M. B. est
parvenu à en porter la production moyenne à
quarante livres d'olives, ou cinq livres d'huile, à
l'âge de quinze ans de plantation ; elles étaient en
produit depuis long-temps, et elles recevaient
annuellement un quintal et demi de fumier : ce
n'est pas tout ; des arbres plus particulièrement
soignés, parce qu'ils étaient près de la ferme, ont
porté à cet âge quatre-vingts livres d'olives ou dix
livres d'huile. Si l'on en jugeait par analogie, ils
avaient reçu trois quintaux de fumier par an ;
avaient-ils, même à ce point, atteint leur maximum de produit ? On voit donc que la faculté de
produire est beaucoup moins bornée qu'on ne le
croit, et que des soins et de l'engrais peuvent
augmenter, hors de toute limite connue, les produits d'une olivette.

Il fallait s'affermir sur ces bases, avant de procéder plus avant, et d'en tirer des conséquences
qui nous prouveront la possibilité d'améliorer et
de conserver utilement chez nous la culture de
l'olivier.

§ II. *Quantité d'engrais que l'on doit donner aux oliviers.*

D'après ce que nous venons de dire, il est clair que l'art de l'agriculture, par rapport aux engrais, doit être de fournir à la plante tout celui qu'elle peut consommer, au moins tant qu'il pourra s'acheter pour une valeur moindre que celle de trois livres d'huile. Mais quel est ce maximum de consommation? il varie selon les sujets; il serait peut-être difficile de le connaître précisément dans une grande olivette. Je pense cependant que tout propriétaire soigneux doit, chaque soir, peser ses olives et en diviser la quantité par le nombre de pieds d'arbres amassés dans la journée; il verra ainsi quel est le produit moyen de ces arbres, et alors il doit accorder pour l'année une quantité de fumier qui surpasse d'un quart au moins celui qui a été consommé par l'arbre pour fournir à une augmentation de produit. Ainsi, un arbre produit deux livres d'huile, il a consommé, par conséquent, soixante-six livres de fumier; je pense qu'il faut lui en accorder pour l'année suivante quatre-vingt-deux livres environ, et s'arrêter annuellement à cette dose, jusqu'à ce que sa production approche de 2 liv. 46. On augmentera alors de nouveau la dose d'un quart. On arrivera ainsi au maximum de production, sans faire des avances inconsidérées. Je pense même qu'une personne minutieuse devrait diminuer et augmenter la dose d'engrais selon le produit annuel, en restant toujours d'un quart au dessus, car il est certain que l'engrais qui n'a pas été consommé reste en partié pour l'usage de l'année suivante.

§ III. *Application.*

La valeur des engrais sera donc toujours proportionnelle aux récoltes et toujours remboursée presque immédiatement : il n'y a que ceux que l'on donnera les premières années, avant que les oliviers soient en production, qui pourront ne pas être immédiatement remboursés ; mais ce temps est court quand on fume les arbres dès leur plantation, et nous avons l'expérience qu'ils commencent alors à produire dès la cinquième année.

Si nous partons de l'expérience des olivettes bien soignées, nous trouverons que, vers cet âge, elles donnent déjà cinq livres d'olives ou une livre d'huile ; nous avons vu qu'à quinze ans elles produisaient huit livres d'huile ou quarante livres d'olives ; ainsi, en supposant que la production

augmente en proportion arithmétique, nous aurons les produits suivans :

	Décal.		A 10 ans. . . .	0,15
A 5 ans.	0,05		11 id.	0,17
6 id.	0,07		12 id.	0,19
7 id.	0,09		13 id.	0,21
8 id.	0,11		14 id.	0,23
9 id.	0,13		15 id.	0,25

Si dès le moment de la plantation on accorde
annuellement un quintal de fumier à chaque
pied, on voit que ce ne sera qu'à la neuvième
année que l'arbre sera sur le point d'atteindre à la consommation de cet engrais ; à cet
âge, nous portons le fumier à 125 livres, quantité que j'augmente graduellement à proportion
de la récolte , de manière à rester toujours d'un
quart au dessus de la production. Nous aurions
ainsi, pour l'engrais à accorder à cette olivette,
le tableau suivant :

Jusqu'à 9 ans. .	100 liv.	A 13 ans. . .	185 liv.
10 ans. .	125	14 ans. . .	191
11 ans. .	141	15 ans. . .	206
12 ans. .	157		

Ces bases hypothétiques seront sans doute modifiées dans la nature; mais comme nous partons

d'observations directes, elles ne peuvent pas nous
égarer dans leur ensemble, et les oscillations annuelles doivent être mises de côté quand on em-
brasse une culture sous un point de vue général.

§ IV. *Résultats économiques de cette culture.*

Pour ne pas nous égarer, nous partirons du
prix de plantation le plus élevé, de celui qui se
rapproche le plus des prix actuels; nous supposerons donc que la plantation de chaque arbre
nous revient à 2 fr. 92 c.

Les frais annuels se composeront du prix des
cultures, que nous portons à 35 c., et de la valeur
du fumier. Nous avons donc le tableau suivant :

Frais de plantation. . . . . ' 02'
Cultures. 35
Fumiers. 54

Première année. 3 91
Intérêt d'un an et assurance. . . . 3{

      Total. 4 30
Deuxième année. 5 68
Troisième année. 7 21
Quatrième année. 8 90

Les produits commencent à la cinquième année, et nous avons :

	Dette totale.	Récolte.	Reste dû.
Cinquième année.	10 65.	0 90.	9 75
Sixième année.	11 70.	1 26.	10 44
Septième année.	12 46.	1 62.	10 84
Huitième année.	12 90.	1 98.	10 92
Neuvième année.	12 99.	2 34.	10 65

A la dixième année, le fumier augmente et suit
la proportion indiquée ci-dessus dans le tableau
des engrais.

	Dette totale.	Récolte.	Reste dû.
Dixième année.	12 83.	2 70.	10 13
Onzième année.	12 36.	3 06.	9 30
Douzième année.	11 55.	3 42.	8 13
Treizième année.	10 42.	3 78.	6 64
Quatorzième année.	8 82.	4 14.	4 68
Quinzième année.	6 75.	4 50.	2 25

On voit donc qu'en suivant cette méthode la
dette de l'olivier est soldée dès la seizième année,
et qu'à la dix-septième il donne un produit plein,
de près de 5 fr. par arbre, qui peut se porter,
pour un seul hectare de terre, à une rente de
2,000 fr., et que cette rente, croissant toujours
avec le temps, donne l'espoir d'une jouissance
bien supérieure encore, et supérieure à tous les
produits connus.

§ V. *Moyens de se procurer des engrais.*

Une fois décidé à traiter l'olivier comme il
exige de l'être pour donner un produit plein, et
par conséquent à lui consacrer un capital suffisant, il peut rester de l'embarras sur les moyens
de se procurer les engrais nécessaires. On n'est
pas toujours à la portée d'une ville où l'on puisse
en acheter abondamment, et alors il faut absolument le créer. Une olivette, de l'âge de quinze
ans, exigeant 206 livres de fumier par arbre,
c'est à produire cette quantité qu'il faut s'atta-
cher, et on ne peut se le promettre qu'au moyen
de pâturages voisins ou de fourrage consommé
sur la ferme. Si l'on a des moutons au pâturage,
et auxquels on ne donne rien de dedans, hormis
dans les mauvais temps, on peut calculer sur
5 livres de fumier par nuit et par tête de mouton,
en les garnissant d'une litière suffisante, et par
conséquent quarante et une nuits par pied d'arbre.
Un mouton, tenu toute l'année à ce régime, ne
fumerait pas plus de neuf arbres. Si l'on donne
aux bêtes à laine quelque nourriture à l'étable,
on peut tripler le poids de cette nourriture et l'a-
jouter au produit précédent en fumier. Ainsi une
brebis qui consommera 400 livres de fourrage
par an aura besoin, en outre, de 200 livres de li-

tière de surplus, et produira 3,000 livres de fumier; ainsi elle donnera plus de 8 livres de fumier par nuit, et fumera un arbre en vingt-cinq nuits, et par conséquent quinze arbres environ dans l'année. C'est sur de telles bases que chacun peut calculer les provisions qui lui sont nécessaires pour bien fumer ses oliviers.

Je ne dois pas dissimuler cependant qu'il y a des supplémens avantageux à cette quantité d'engrais; mais je ne puis que les indiquer ici, n'ayant aucune donnée sûre pour en apprécier la valeur. Je dois mettre au premier rang le buis frais ou passé dans les cours des fermes; cet engrais me paraît recommandable, et est usité dans plusieurs pays voisins des montagnes, où l'on s'en trouve bien; mais comme dans ces positions on en alterne ordinairement l'usage avec celui du fumier, il m'est impossible d'estimer exactement ses effets.

On se sert, en Italie, des fanes du lupin cultivé entre les arbres et enterré frais, et l'on se trouve aussi très bien de cette méthode, qui faciliterait beaucoup tous nos procédés si elle était éprouvée, appréciée et usitée : je me propose de l'essayer comparativement par la suite.

Dans le même pays on use aussi, et avec plus de fruit encore, de la graine même de lupin ébouillantée pour en détruire le germe, et dont on dépose une certaine mesure au pied de chaque arbre. Ce procédé est décrit dans l'agriculture toscane de Sismondi.

On tire le plus grand fruit des cendres des gazons brûlés, et on peut en estimer la valeur poids par poids comme égale au moins à celle du fumier; mais c'est une ressource momentanée et qui ordinairement ne peut avoir aucune continuité, la provision des prés à brûler s'épuisant bientôt dans la plupart des situations.

Les urates, les poudrettes, le charbon animal, seront sans doute essayés et estimés, aujourd'hui qu'on les trouve dans le commerce. Il paraît que l'on se trouve bien des os moulus et de la râpure de cornes.

Mais, dans le nombre de ces ressources, tout homme qui voudra s'adonner sérieusement à la spéculation lucrative des oliviers bien fumés ne comptera que sur celles qui sont permanentes, toujours à sa disposition, et il ne regardera les autres que comme une ressource supplémentaire, dont il usera avec discernement, selon les temps, les prix et les circonstances. Je regarde donc la spéculation de planter des oliviers, en les entretenant convenablement, comme sûre, lucrative, et supérieure à un grand nombre d'autres spéculations agricoles. **Nos** méthodes perfectionnées promettent de grands bénéfices à ceux qui s'en empareront : leur perfection même pourra d'abord décourager quelques agriculteurs peu réfléchis ; mais elle deviendra bientôt la plus ferme assurance de la prospérité et de la continuité de cette culture. N'en doutons pas, ici comme dans les autres branches agricoles, l'esprit d'imitation et de perfectionnement entraînera les indolens, et les grands profits que ne manqueront pas de retirer ceux qui abandonneront la routine ordinaire dessilleront les yeux les plus aveuglés.

FIN.

TABLE.

www.ingramcontent.com/pod-product-compliance
Lightning Source LLC
Chambersburg PA
CBHW031621210326
41599CB00021B/3252